아이슬란드

너는 나에게 뜨거웠다

"무지개를 보고 싶은 자는 비를 즐기는 법을 배워야한다."
- 파울로 코엘료『알레프』

Chapter 3. East Iceland

Chapter 4. North&West Iceland

ICELAND

아이슬란드

너는 나에게 뜨거웠다

저 멀리 거대한 얼음덩어리가 차츰 눈에 들어오기 시작했다.
'Iceland' 그곳의 첫인상은 그리 아름답지만은 않았다.
하늘 아래서 내려다 본 그곳은 온통 얼음과 눈으로 뒤덮여 있었다.
문자 그대로 '얼음의 나라'였다.

'정말로 이곳에 왔구나.'

PROLOGUE

상상은 현실이 된다*

* 아이슬란드와 그린란드를 주 배경으로 한 영화 'The Secret Life of Walter Mitty'의 한국어판 제목 '월터의 상상은 현실이 된다'

처음 'Iceland'를 만난 것은 사회과 부도에서였다. 어려서부터 지도 보는 것을 좋아했다. 지도를 보며 그 속에 다른 나라들을 들여다보고, 다른 세계를 상상하곤 했다. 어릴 적 보았던 'Iceland'는 나에게 다른 세계의 끝이었다. 처음부터 그곳에 가보고 싶다는 생각을 했던 건 아니었다. 아마 그때는 갈 수 있다는 생각조차 하지 못했을 것이다. 그저 '호기심'일 뿐이었다.

시간이 흘러 여권이 생기고, 돈을 벌기 시작하면서 여행이라는 것을 시작했다. 사회과 부도에서 봤던 나라에 하나둘씩 가보기 시작했다. 지도에서 보았던 나라들은 실재했다. 여행은 또 다른 여행을 불렀다. 알아갈수록 다른 세상이라는 곳은 점점 더 궁금해지는 곳이었다. 이곳을 가보면 저곳도 가보고 싶어지는 것이 여행이라는 놈이었다. 계속해서 지도를 들여다봤다. 가본 곳을 회상하고, 가보지 않은 곳을 상상했다. 어느 정도 여행을 하고 나니 언제부턴가 지도가 한눈에 들어왔다. 그렇게 큰 세계가 한눈에 들어왔다. 그 세계의 끝으로 느껴졌던 '그곳'으로 다시 눈길은 옮겨갔다. 'Iceland' 이번에도 물론 호기심이었다. 하지만 이번에는 이 세계의 끝을 상상할 수 있었고, 그 상상을 현실로 만들 수가 있었다.

흩어진 구름 조각 하나 없는 맑은 하늘 아래로 거대한 '얼음의 나라'가 보이기 시작했다. '설렘'인지 '두려움'인지 구분할 수 없는 감정으로 심장이 요동쳤다. 기내에서는 곧 비행기가 착륙한다는 메시지가 흘러나왔다. 언제 들어도 설레는 말. '상상은 현실이 된다'라는 말이 흘러나오고 있었다.

Chapter 1
SOUTH ICELAND

Day 0. 새로운 세계 [Reykjavík]

기체는 여느 때와 다름없이 요란한 소음과 진동을 만들어내며 새로운 세계로의 진입을 알렸다. 잠시 후 기체의 떨림은 멎었지만, 내 몸은 아직도 떨리고 있었다. 기분 좋은 떨림이었다. 거대한 문이 열리고 사람들이 쏟아져 나갔다. 그 틈 사이로 이곳의 냉기가 스며들어왔다. 1월 한겨울의 늦은 오후, 아이슬란드와의 첫 맞남은 그리 차갑지만은 않았다. 아이슬란드의 추위에 대해서는 저마다 말이 많았다. 직접 다녀온 사람들은 생각보다 춥지 않다는 말도 했다. 여기서 중요한 것은 그 생각의 기준을 어디에 두는가 하는 것이었다. 그 생각이 아이슬란드라는 이미지 자체가 주는 것이어서 상당히 추울 거라 생각했는데, 생각보다는 춥지 않다는 것이었다. 현실은 추웠다. 아니 나는 추웠다. 겨우 조끼 패딩 하나 입고 이곳에 들어선 내 모습을 후회하기에는 너무 늦은 시간이었다.

공항에서 빠져나오자 선홍빛 석양이 공항 주위를 감싸고 있었다. 공기는 살을 에듯 차가웠지만, 그윽하게 저물어가는 석양만은 왠지 따뜻하게 느껴졌다. 하지만 무엇보다 놀라웠던 건 이곳의 추위도, 아름다운 석양도 아니었다. 해가 지고 있는 시간이 이제 막 오후 4시를 넘어가고 있다는 것이었다.

'4신데 해가 져?'

해가 떠오르는 시간은 오전 11시라고 했다.

'이곳 사람들은 정말로 어두울 때 출근해서 어두울 때 퇴근을 하겠구나.'

이곳은 아이슬란드였다. '새로운 세계'는 아직 실감이 나질 않았다.

공항버스는 천천히 레이캬비크 중심지로 들어갔다. 깨끗하게 눈이 쓸어져 있던 공항 주변과는 달리 시내로 들어가자, 이곳저곳에 눈의 잔여물이 흩어져 있었다. 그 흉물이 이곳 겨울의 흔적을 제대로 보여주고 있었다. '괜찮을 거야….'라고 스스로를 위로했다.

운 좋게도 도착한 첫날, 태어나서 처음 오로라라는 것과 마주했다. 경이로웠다. 신비로움에 가슴이 두근대기까지는 했으나 사진과 영상으로 봐왔던 것 그 이상의 감동은 없었다. 누군가 도시를 벗어나 바라볼 수 있는 것과 도시의 한가운데서 바라보는 오로라는 차원이 다를 것이라고 했다. 도심 속에서 눈부시게 빛나는 별을 바라보기 힘든 이유와 같을 것이다. 도시가 내뿜고 있는 불빛이 우리의 눈을 가리고 있기 때문이었다.

"아는 만큼 보인다."
누구나 다 알고 있는 말이다. 하지만 여행을 할 때, 나에게 이 말은 "아는 만큼만 보인다"는 말과 같았다. 나는 아는 것보다 더 많은 것을 보고 싶었다. 이런 그럴싸한 핑계로 지금까지 아무 대책 없는 여행을 즐겨왔다. 준비하지 않았기에 일어날 수 있었던 예상 밖의 일들, 미리 준비했더라면 상상도 할 수 없었던 그런 순간들을 많이 만나왔다. 지금까지는 운이 너무 좋았다고밖에 생각할 수 없을 정도로. 그런 행운이 이번 여행에도 이어질 수 있을지는 의문이었고, 그 의문이 풀리는 데까지는 그리 오랜 시간이 걸리지 않았다.

다음 날 아침,
'아, 잘못했구나…' 날은 정말로 11시에 다다라서야 밝아왔다. 그리고 날이 밝은
후에야 알 수 있었다. 밤새 내린 눈으로 온 세상이 새하얗게 뒤덮여있다는 것을,
준비되지 않은 자에게 얼음 왕국의 겨울은 냉혹했다. 지금이라도 정신을 차리
고 다시 생각해야만 했다.
'무엇을, 어떻게 준비해야 할까? 이곳에서 여행하기 위해서는, 어쩌면 살아남기
위해서는.'

첫 번째 눈과 추위에 대응할 최소한의 장비가 필요했다. 겨우 우의와 조끼 패딩
만 가져온 우매함은 그렇다 치더라도, 눈과 얼음 위를 걸어갈 신발만은 어떻게
해야 할 것 같았다. 이곳에서는 일반 여행자들도 눈에 잘 미끄러지지 않고, 보온
이 잘되는 부츠를 신고 있었다. 하물며 이곳을 걸어서 여행하겠다는 인간이 운
동화를 신고 왔으니, 스스로 생각해도 어이가 없었다. 그렇다고 곧바로 부츠를
살 수도 없었다. 가난한 여행자에게 이곳의 물가는 추위보다 더 냉혹했기 때문
이다. 겨우 생각한 대안은 신발에 씌울 아이젠을 사는 방법뿐이었다. 발이 시린
것은 견뎌내더라도, 눈이나 얼음 위에서 미끄러지는 것만은 막고 싶었다.

두 번째, 최소한의 정보가 필요했다. 여행 중에는 주로 현지에서 이야기를 듣고
계획을 짜는 것을 좋아한다. 이곳을 다녀온 사람들보다는 이곳에 머무르는 사
람들의 이야기를 듣고 싶었다. 지금 내가 잘 알고, 이곳을 가장 잘 아는 사람은
머무르는 게스트하우스의 스텝인 굴리뿐이었다.

"굴리. 걸어서 아이슬란드를 한번 돌아볼까 하는데 어떻게 생각해?"

굴리는 한동안 말없이 나를 바라보기만 했다. 잠시 동안의 침묵 속에 많은 말들이 잠겨있었다. 만화라면 생각을 나타내는 풍선 안으로 그 말들이 들어있을 것만 같았다. 질문한 나로서는 예상 가능한 생각이었다.

"왜 그래?"

모든 것이 다 담긴 질문이었다.

"그냥. 한번 해보고 싶어서."

나 또한 모든 것을 담은 대답을 했다.

잠깐 서로 눈이 마주쳤다. 그 사이로 또 한 번 얕은 침묵이 흘렀다. 장난이 아니라는 것을 확인한 굴리는 들리지 않을 듯 들리게 옅은 한숨을 내뱉었다.

"왜 꼭 걸어야만 해? 버스나 자전거를 타는 방법도 있을 텐데."

"음… 생각해본 적 없는데."

굴리는 다시 한번 한숨을 뱉고는 컴퓨터로 시선을 옮겼다. 조용한 가운데 꽤 무거운 키보드 소리만 이어졌고, 잠시 후 그가 입을 열었다.

"장난은 아닌 것 같으니 몇 가지 도움 될 만한 것을 알려줄게. 일단 교외를 벗어나면 숙소를 구한다는 것은 거의 불가능하다고 봐야 해. 그럴 때는 폐가를 한번 찾아봐. 그곳에서 자는 게 그나마 바람과 눈, 비에 완전히 노출되는 바깥보다는 나을 테니까. 대신 하룻밤 이상은 지낼 수 없고, 문이 있다면 꼭 닫고 나와야 해."

"폐가지만 문은 닫고 나와야 한다? 문이 있다면 다행이겠네. 일단 알겠어."

"사유지에서 캠핑할 경우에는 사전에 주인에게 허락을 구해야 해."

"당연히 그래야겠지."

"나무나 탈 것들을 모아서 불을 붙이는 행위는 어디에서도 안 돼."

"버너를 사용하는 것은 괜찮지?"

"불씨가 날아가지 않으면 상관없어. 또 한 가지, 걸어 다닐 때 도로 옆으로 난 풀들이 많이 보일 거야. 잡초처럼 보이기도 할 테고, 지금은 눈으로 덮여서 보이지 않을 수도 있는데 그것들을 밟지 말아줘. 그냥 잡초처럼 보이지만 봄이 오고 눈이 녹으면 그 녀석들이 자라 초록색으로 변하고, 시간이 조금 더 지나면 꽃이 피어. 그런데 무심코 사람들이 밟은 자리는 한동안 꽃을 피울 수가 없게 되네. 반드시 주의해줘."

"알겠어. 꼭 조심할게."

굴리뿐 아니라 이곳 사람들은 자연에 대해서 무척 진지하게 생각하는 것 같았다. 어떤 말보다 깊게 마음에 새겨졌다.

"레이캬비크를 벗어나면 바로 산이 나올 거고 꽤 긴 오르막이 이어지니까 시작부터 아주 힘들 거야. 물론 나는 차로 지나다니며 본거지만, 중간에 사막이 있는 곳도 있고 100Km 정도 아무것도 없는 지역도 있어. 많이 힘들 경우에는 지나가는 차에게 도움을 요청해. 이곳 사람들은 히치하이크에 상당히 관대하거든."

"명심해둘게. 더 하고 싶은 말은?"

"이거… 정말 할 거야?"

"뭐 도중에 포기하더라도 하는 데까지는 해봐야지."

"나라면 이런 짓 절대! 하지 않을 거야. 절대! 어쨌든 잘 다녀와"
"고마워. 무사히 돌아와서 다시 볼 수 있다면 좋겠다."
"그래. 행운을 빌어."

떠나기 전날 밤, 짐 정리를 마치고 덤덤하게 거실에서 쉬고 있을 때였다. 갑자기
이곳에서 와서 알게 된 프랑스 친구 파스쿨이 허겁지겁 거실로 뛰어 들어왔다.
"오로라야!! 오로라!!"
이곳에 온 이유가 오로라는 아니지만, 그렇다고 그 말을 듣고 설레지 않는 건
아니었다. 다들 혹시나 그 순간을 놓치게 될까 봐 뛰어나가고 있었다.
'뭐 대단한 일이라고 저리들 서두를까?'
고개를 저으며 나온 나는 제일 앞장서서 미친 듯이 뛰어가고 있었고, 두 발에는
시원하게 조리가 신겨져 있었다. 빨리 달릴수록 두 발은 점점 더 빨개졌다.
이번에도 오로라는 기대보다 선명하지 않았다. 그래도 파스쿨은 다 함께 오로
라를 보러 나온 순간을 기억하기 위해 사진을 찍자고 했다. 우리는 모두, 순간을
소중히 생각하는 여행자들이었다. 거절할 이유는 어디에도 없었다. 오로라를 등
지고 카메라 앞에 섰다. 다들 두툼한 부츠를 신은 가운데, 조리를 신은 내 발가
락 틈 사이로 눈이 사각사각 스며들어왔다. 조금씩 발의 감각이 사라지고 정신
이 아득해졌다.
"하나. 둘. 셋!" 타이머가 끝나는 순간 곧바로 숙소로 뛰어가려는 나를 향해 파
스쿨이 소리쳤다.
"잠깐만!!!"

"뭐야? 끝난 거 아니야!?"
"아직 안 끝났어! 이거 1분 타이머야."
"뭐!? 으아아아아아악!"
발가락도 함께 비명을 지르고 있었다. 1시간 같은 1분 동안, 한 명의 고통스러운 사람이 있었고, 그로 인해 다수의 즐거운 사람들이 있었다.

이제 내일이면 출발이다. 여전히 마음속엔 두려움 반 설렘 반, 사실 두려움이 조금 더 많을지도 모르겠다. 하지만 시작하지 않으면 아무 일도 일어나지 않는다. 용기를 내서 한 발씩 내디딜 수밖에 없다.
먼저 첫발을 내디뎌야 했다.

"이곳은 더 이상 낯선 세계가 아니었다. 새로운 세계였다."
- 파울로 코엘료 『연금술사』

Day 1. 지독히도 외로운 밤

오전 11시.

아직은 실감이 나지 않는 시간. 이곳에 날이 밝아 오는 시간.

10시에 맞춰 놓은 알람 시간에 쉽지도, 어렵지도 않게 눈을 떴다. 반지하 숙소의 한 뼘 남짓한 창문으로 소복이 쌓인 눈이 보였다. 그 위로 어렴풋이 아침의 기운이 감돌고 있었다. 시작해야 할 시간이 가까이 다가와 있었다. 어젯밤 대충 뿌려놓은 짐 정리를 마무리한 후, 짧은 시간을 함께한 친구들과 인사까지 마쳤다. 온몸으로 누르고 눌러 겨우 닫은 가방을 메고 일어설 엄두가 쉽게 나질 않았다. 그냥 봐도 내 몸의 절반 크기, 25kg에 달하는 무게, 가방끈에 어깨를 밀어 넣고 일어서는 순간 몸이 휘청거렸다. 보고 있던 사람들은 무식한 가방과 무모한 도전이 신기했던 건지, 아니면 그냥 우스웠던 건지 사진을 찍고 있었다. 렌즈를 향해 미소를 보일 정도의 여유는 아직 남아 있었다.

정확히 11시 2분 전, 일출 시간에 맞춰 숙소를 나섰다. 해는 조금씩 피어올라 눈 덮인 대지를 밝게 물들이고 있었다. 마음속에는 여전히 설렘과 두려움이 복잡하게 뒤섞여있었다. 지금 할 수 있는 건 한 걸음씩 걸어 나가는 것뿐, 1Km 아니 100m도 못 가고 그만둘지라도 그저 앞을 보고 걸어 나가는 것뿐이었다. 걷기 시작한 지 한 시간, 정오를 슬쩍 지난 시간에 첫 번째 휴식을 취했다. 그리고 눈과 냉기로만 둘러싸인 의자에 앉아 생각했다.

'과연 이게 가능한 일일까?' 답이 나올 리 없는 생각이었다. 더 복잡해지기 전

에 자리를 털고 일어섰다. 해보지 않고서는 모르는 것, 가보지 않고서는 볼 수 없는 것들이 있는 법. 일단은 조금이라도 더 가보자고 생각했다. 단 한 걸음이라도 더.

이 추운 날씨에도 땀이 나는지 갈증은 더해오는데, 물통에 물이 조금씩 얼어가고 있었다. 처음에는 살얼음이 어렸다. 두 번째 휴식을 취할 때는 물통의 좁은 구멍 사이로 혀를 밀어 넣고 얼음을 녹여 먹어야 했다. 심해지는 갈증에 답답하기만 했고 결국 혀가 얼음에 들러붙었을 때는 지금 내가 왜 이러고 있나 싶었다. 얼음이 흐르는 건지 물이 흐르는 건지 알 수 없는 강을 지났다. 아이슬란드 말을 보며 함께 뛰기도 했고, 눈으로만 덮인 길을 지나다가 길을 잃기도 했다. 잠시 후 드디어 Ring Road(1번 국도) - 아이슬란드를 전체를 순환하는 단 하나의 도로(1400Km) - 에 첫발을 내디뎠다. 여기서부터 정말 시작이었다. '반드시 해내겠다!'라는 비장한 각오 같은 건 없었다. 모험을 꼭 성공하기 위해서만 하는 것은 아니니까. 그저 이 아름다운 나라 아직은 차갑기만 한 나라를 두 눈으로 가능하다면, 두 발로 걸어서 볼 수 있다면 하는 바람뿐이었다. 한 가지 더 바란다면 부디 무탈하게….

도로 위에서 할 수 있는 것은 아무것도 없었다. 그 위를 지나다니는 차와 그 옆을 걷고 있는 내가 있을 뿐이었다. 추운 날씨에 몸과 마음은 빠르게 지쳐갔고, 시속 4~5Km의 풍경은 금세 무료해졌다. 그 무렵이었다. 거대한 몸집의 차가 제 어깨를 마주 대려는 듯 가까이 다가왔다. 곧이어 창문이 열리고 나는 평생 못 가

저 볼 금발의 턱수염을 가진 사내가 말을 건넸다. "이봐 어디가?" 나도 어디로 가고 있는지 좀 알고 싶었다. 잠시 머뭇거리자 그가 곧바로 말을 이었다. "괜찮으면 태워줄게." 잠시 말없이 길게 뻗은 도로를 바라봤다. 도로 위에는 며칠 동안 내린 눈이 차갑게 흩날리고 있었다. 높은 차창 너머로 보이는 안은 지저분해 보였지만, 따뜻해 보였다. 내가 먼저 원한 것도 아니었고, 누군가 먼저 도움의 손길을 뻗어왔다. 여행하며 수없이 많은 히치하이크를 시도했지만 이런 경험은 처음이었다. 마음이 흔들렸다. 50cm 너머로 따뜻하고 편안한 세상이 기다리고 있었다.

"아니 괜찮아요, 저 지금 걸어서 여행 중입니다." 말해버렸다. 마치 스스로 하는 다짐처럼. 거대한 차가 앞바퀴를 틀고 차체만큼이나 무거운 소리를 내며 다시 도로로 진입했다. 크기를 가늠할 수 없을 만큼 큰 자동차가 눈에 보이지 않을 만큼 작아질 때까지 바라봤다. 그리고 결국 시야에서 사라졌다. '누군가 먼저 내민 손길, 그대로 잡아버렸다면 얼마나 편했을까?' 하는 생각이 차갑게 식어가는 도로를 걷는 내내 계속해서 들었다.
그 뒤로도 두 번의 도움을 더 거절했다. 처음과 마찬가지로 쉽지 않은 일이었다.

11시에 떠올랐던 해는 4시가 되자 기울어갔다. 아직은 익숙하지 않은 상황이었다. 불행인지 다행인지 해가 지기 전에 폐가를 하나 발견할 수 있었다. 1번 국도에 진입한 뒤로는 꾸준히 오르막을 올라왔기 때문에 도착한 곳은 산 중턱쯤이었다. 그래서 해가 조금 더 빨리 지는 걸지도 모르겠다. 해가 지자 기온도 서서히

내려갔다. 길 위에서 맞는 어둠은 더 깊고 차가웠다.

좁은 폐가 안으로 들어서자 눈과 흙, 그리고 깨진 창문 조각이 셀 수 없이 흩어져 있었다. 심지어 바닥에 박힌 유리조각도 있어 다 정리하고 자리 잡기가 쉽지 않았다. 정신이 없었지만 완전히 어두워지기 전에 텐트를 다 치고, 간단한 저녁까지 준비할 수 있었다. 간편하기 때문만 아니라 무서운 물가 때문에, 한동안은 식빵에 잼을 발라 먹어야 할 것 같다. 손이 얼어서 잼 뚜껑을 여는 것도, 잼을 고르게 펴 바르기도 쉽지가 않았다. 잼을 아껴먹느라 마음껏 바르지 못하는 것은 조금씩 익숙해져야 할 일이었다. 빵은 차갑고 싱거웠지만 고맙게도 참 맛있었다.

잠자리를 준비하고 이른 저녁 식사까지 마쳤는데도 아직 5시가 채 되지 않았다. 저 멀리 보이는 산 능선으로 다 넘어가 버린 해가 마지막 빛을 뿌리고 있었다. 설레고도 두려운 이곳, 폐가에서의 첫날 밤이 다가오는 순간이었다. 문제는 지금부터 내일 아침 11시, 새로운 해가 뜰 때까지 적어도 18시간이라는 긴 시간 동안 눈과 추위뿐인 이 폐가에서 무엇을 하며 버티는 가였다. 지금껏 세계 여러 곳을 여행하며 혼자서도 나름 시간을 잘 보내왔다. 외로워도 어떻게든 잘 버텨왔다. 그런데 이곳의 외로움은 온도 자체가 달랐다. 이렇게 길고 긴 밤은 정말 태어나 처음이었다. 깜깜해져 가는 바깥 풍경과 함께 마음도 어두워져 갔고, 급하게 떨어져 가는 기온에 몸은 얼어붙어 갔다.
내 생애 가장 춥고 어두운, 그리고 외로운 밤이 시작되었다.

낮에 걸어오는 동안은 추웠지만, 계속해서 몸을 움직였기 때문에 추위를 실감하지 못했다. 그런데 해가 지고 멈춰 있자니 살을 에는 추위가 온몸으로 느껴졌다. 살기 위해 몸을 움직여만 했다. 가로등 불빛조차 없는 어둠 속에서 오직 달빛에만 의존한 채 폐가 주위를 조심스럽게 걸었다. 조금만 발을 잘못 디뎌도 깊은 눈밭으로 허벅지까지 빠져 버렸다. 눈이 얼어 있거나, 밟아서 다져진 곳으로 신중하게 걸어야만 했다. 눈밭 위의 산책은 아무리 즐겨보아도 겨우 30분밖에 지나지 않았다. 몸을 바쁘게 움직여도 바깥 기온과 함께 체온은 계속해서 떨어졌다. 잠시 텐트 속으로 피신했다. 언제 다시 충전할 수 있을지 알 수 없기 때문에, 가능하면 아끼고 싶었던 전등을 켜고, 비장의 무기로 가져온 공자님 말씀(논어)을 펼쳤다. 지루하고 무거울 수 있지만, 오랫동안 볼 수 있을 것 같아 가져온 책이었다. 일부러 그러려고 한 건 아니었는데 좁은 텐트 속에서 편한 자세를 찾다 보니 자연스레 무릎을 꿇게 됐다. 눈 덮인 폐가에서 무릎까지 꿇고, 공자님 말씀을 읽는 모습이 마치 진리를 갈구하는 성자의 모습같아 정신 나간 사람처럼 웃었다. 이미 그때 정신이 나갔는지도 모르겠다.

어려운 공자님 말씀을 읽고 나니 어렵게 한 시간이 지나있었다. 겨우 7시였다. 더 미치기 전에 마지막 친구를 만나야 할 것 같았다. 휴대폰 배터리는 무엇보다 아껴야 했지만 다른 방법이 없었다. 어젯밤 숙소에서 보다가 말았던 <About time>을 재생했다. 5인치 네모난 상자 속으로 반가운 인물들이 나왔다. 그런데 왜 하필 어제 그 장면까지 보다가 말았던 건지…. 영화를 재생하고 얼마 지나지 않아 주인공의 아버지가 돌아가시는 장면이 나왔다. 처음 볼 때는 참 많이 슬프

고 아렸다. 하지만 이미 스무 번도 넘게 본 장면이었다. 영화는 볼 때마다 새로 웠지만, 슬픔은 무뎌지기 마련이었다. 그런데 갑자기 눈가가 촉촉해졌다. 의지 와 상관없이 눈물이 한 방울씩 맺히더니 급기야 눈물샘이 터져버렸다. 추위에 눈 밑까지 끌어올린 침낭이 조금씩 눈물로 젖어갔다. 울음을 참으려 침낭을 입 에 물고 "아부지이"를 외쳐댔다. 아버지를 생각하고, 가족을 추억하다 그렇게 눈물이 났던 적은 아마 처음이었던 것 같다. 집에서 15시간 넘게 날아온 낯선 곳 에서 혼자가 된 첫날 밤이었다. 이제 겨우 첫날 밤인데…. 홀로 춥고 외로운 밤을 견디려니 가족이, 사람의 온기가 너무나 그리웠다. 지독히도 외로운 밤이었다.

새벽에 볼일 때문에 단잠에서 깨고 싶지는 않아 마지막 산책을 나갔다. 달빛이 내려온 설원은 소름끼치게 고요했고, 또 아름다웠다. 문득 인생은 정말로 한번 뿐이라는 생각이 스쳤다. 길고 길었던 오늘 하루도, 달빛 아래 눈을 밟고 서 있 는 지금 이순간도 결국은 다 한순간이었다. 모든 순간을 최선을 다해 살아야만 했다. 아니 최선을 다하지는 않더라도 순간순간을 살아가고 싶었다.
이제 겨우 첫날 밤이 지나가고 있었다.

Day 2. 귀신이 산다 [Hveragerði]

그야말로 지옥 같은 밤이었다.
"아이슬란드 폐가에는 귀신이 나온다니까 조심해!"
출발하기 전 굴리가 마지막으로 한 말이었다. '에이 설마' 하고 그저 농담으로만
생각했다. 아니 그렇게 생각하고 싶었다. 이미 한국 폐가에서도, 일본 폐가에서
도 몇 번 자본 경험이 있기에 폐가는 특별히 무섭지 않았다. 생각이 없는 사람은
겁도 많지 않은 법이다. 어젯밤도 '귀신은 무슨?'이라고 생각하며 단잠을 청하려
했다.

정확히 언제였는지는 기억이 나질 않는다. 기억할 수 없다는 편이 더 정확하겠
다. 잠이 들자 어느 정도 체온이 내려갔고, 다시 이곳의 추위가 느껴지기 시작할
때였던 것 같다. 갑자기 목 주위로 뻐근함이 느껴졌다. 누군가 내 앞에 있다는
생각이 들지는 않았지만, 확실하게 무언가 내 목을 조여 오고 있었다. 그 강도는
꿈처럼 느껴지다 점점 현실이 되어갔다. 살면서 사람에게든 귀신에게든 그렇게
목을 세게 졸리기는 처음이었다. 눈알이 빠져나올 것 같았으니까. 숨이 턱하고
막혔다. 정신 똑바로 차리지 않으면, 죽을지도 모르겠다는 생각까지 들었다. '아
이슬란드 온 첫날 밤에 다른 이유도 아니고, 귀신한테 목 졸려 죽는 건 너무 억
울하잖아…?'
나는 살고 싶었다.

바늘구멍처럼 좁아진 기도로 숨을 쉬려 하니 '하악 하악' 하고 바람 새는 소리만 났다. 어떻게든 숨을 내쉬고, 목을 조르는 무언가를 뜯어내 보려고 온 힘을 다했다. 가위에 눌려 본 사람은 알겠지만, 아무리 기를 써도 고작 손가락 하나에 힘주기도 힘들었다. 소리를 지르려 해도 목소리는 힘없이 새어나갈 뿐이었다. 게다가 소리를 질러도 달려와 줄 사람은 없었다.

'아, 이대로 정말 끝나는 건가…?'

얼마 정도의 시간이 지났을까? 오른손 검지 끝에 힘이 들어갔다. 드디어 귀신인지 헛것인지 모를 그 손마디를 잡을 수 있었다. 확 잡아 뜯고 싶었지만 그조차 마음대로 되지도 않았다. 겨우 손마디 끝을 잡고 꿈틀거리기를 몇 번이나 반복했을까? 그 알 수 없는 것에서 조금씩 힘이 빠져나가는 것을 느낄 수 있었다.

"푸하아아아아."

혼이 빠져나갈 정도로 깊은 한숨이 터져 나왔다. "하아아 하아아" 길고 짙은 한숨이 연달아 이어졌다. 안도의 한숨이었다. 졸렸던 목이 제대로 붙어있는지 확인이라도 하듯 목을 부여잡은 채로 한동안 멍하니 누워있어야 했다. 좁은 텐트 속을 아무리 둘러봐도 다른 누군가의 기척은 느껴지지 않았다. 이 추운 날씨에 온몸이 식은땀으로 젖어있었다. 그 식은땀이 다 마르는데 그리 오래 시간이 걸리지 않았고, 땀이 빠져나간 자리로 냉기가 스며들었다. 잠시 후 귀신보다 더 무서운 것이 다시 나를 덮쳐왔다. 아이슬란드의 지독한 추위였다.

폐가라는 테두리가 어느 정도 큰바람은 막아줬다. 집의 형태는 어느 정도 남아

있었으니까. 하지만 창문이 다 깨져있어 냉기는 사방에서 스멀스멀 스며들어왔고, 흙바닥 밑으로 한기가 올라오는 걸 느끼고 나서야 깨달았다. 이곳에 오기 전 런던에서 급하게 산 침낭은 겨울용이 아닌 삼계절용(겨울을 제외한 봄, 여름, 가을)이며, 친구에게 빌려온 텐트는 여름용이라는 것을. 깊은 후회를 해봐도 이미 난 아이슬란드의 추위 한가운데, 그것도 산 중턱의 폐가 속에 몸을 눕히고 있었다. 귀신에게 목을 졸릴 때는 아무리 깨고 싶어도 깰 수가 없더니, 이번엔 세보지는 않았지만 거의 100번을 넘게 잠에서 깨고 또 깨어났다. 조금이라도 따뜻한 방향을, 자세를 찾기 위해 몸부림쳐야 했다. 귀신에게 시달리고 추위에 시달리며, 지옥이 있다면 이런 곳일지도 모르겠다는 생각까지 들었다. 그러는 중에 길고 길었던 어둠이 차츰 밀려가고 조금씩 새로운 아침이 다가오고 있었다.

기어코 아침은 밝아왔다.
18시간의 밤. 그 밤은 정말 길고도 길었다. 어둠과 외로움의 터널 속에서 가위에 눌리고, 추위에 온몸을 떨었다. 그리고 맞이한 아침은 눈부신 축복이었다. 해가 있다는 것이, 빛이라는 것이 얼마나 소중한지 태어나 처음 온몸으로 깨달을 수 있었다. 눈부신 아침에 감격하는 것도 잠시, 새로운 아침이 밝았으니 새로운 하루를 시작해야 했다. 해가 있는 동안 서둘러 움직여야 산 너머에 있는 마을에 도착할 수 있을 테니까. 지난밤 같은 지옥을 또 겪고 싶지 않다면, 한시라도 빨리 마을에 도착해야 했다. 이번엔 귀신이 아닌 사람이 사는 숙소를 찾아야 할 테니까.

아직 얼어있는 몸을 바쁘게 움직여 침낭을 개고, 텐트를 정리한 후 깨끗한 눈을

모아서 끓였다. 얼어있는 물통에 뜨거운 물을 부어 오늘 마실 물을 보충했다. 그리고 아침 식사, 두유에는 살얼음이 있었지만 완전히 얼지는 않아 무슬리*에 부어 먹을 수 있었다. 맛은 고려하지 않고 가장 싼 것으로 샀더니, 처음엔 종이 씹는 맛이 났다. 덜덜 떨면서 살얼음 떠 있는 무슬리를 꾸역꾸역 밀어 넣었다. '아이고 내가 살려고 이걸 먹는구나' 했는데 길었던 밤 내내 추위에 떨며 굶었던 탓인지, 먹다 보니 꽤 맛있어졌다. 나중에는 배시시 웃어가며 먹었다. 식사를 마치고 짐을 다 챙겨서 폐가를 나갈 때는 인사도 잊지 않았다. 보이지 않는 그 누군가를 향해 정중히 고개를 숙이고 아이슬란드 말이라고는 겨우 하나 할 수 있는 고맙다는 말을 몇 번이나 하고 나왔다. 아무래도 어젯밤이 꽤 많이 무서웠던 것 같다.

빛이 있다는 것, 그리고 그 밝음 아래서 걷는다는 것은 감사한 일이었다. 무엇보다 지독한 어둠이 없었고, 무거운 배낭을 메고 걸으니 밤새 얼었던 몸이 조금씩 추위를 벗었다. 물론 혼자 열을 내지 못하는 물통의 물은 다시 얼어가고 있었다. 아무리 추워도 갈증은 나기 때문에 무언가 방법을 만들어야 할 것 같았다.
처음엔 그저 걸을 수 있다는 게 좋아 걷고 또 걸었는데 이게 정말 끝이 없었다. 작은 산 어쩌면 언덕 하나를 겨우 넘고 나면 또 하나를 더 넘어야 했고, '아 이제 저것만 넘으면 되겠지' 하고 힘을 내어 올라가면 또 다른 능선이 눈앞에 펼쳐졌다. 가방을 내려놓고 마땅히 쉴 만한 곳도 없었다. 말 그대로 눈과 도로뿐인 허허벌판이었다. 몸은 점점 지쳐 가는데 저 멀리 해가 벌써 기울고 있었다.

* 무슬리Müesli. 유럽 사람들이 주식으로 먹는 아침밥. 흔히 말하는 시리얼로 오트를 주원료로 만든다.

'이놈의 나라의 낮은 왜 이렇게 야박한 건지. 좀 넉넉하면 좋으련만.'
겨우겨우 산은 다 내려와 가는 것 같은데, 날은 그보다 더 빠르게 어두워져 갔다. 급하게 캠핑할 곳을 둘러봐도 주변엔 여전히 눈밖에 보이지 않았다. 절망하려는 순간 저 멀리 마을에서 뿌리는 불빛이 희미하게 보였다. 아마도 오늘 가려고 했던 마을 Hveragerði인 듯했다. 저 불빛이 신기루가 아니기를 간절히 바랐다. 더 어두워지기 전에 도착하기 위해 쉬지 않고 발걸음을 재촉했다. 그런데도 산을 넘어오느라 이미 힘을 다 써버린 탓인지 도무지 마을은 가까워지지 않았다. 결국, 해가 다 넘어가고 너덜너덜해진 몸이 탈진하기 직전에야 마을 입구에 도착할 수 있었다.

해가 저서 불안했던 마음은 불빛을 보자 이내 편안해졌다. 아마도 오늘 밤엔 따뜻한 방에서 귀신과 동침하지 않고 홀로 잘 수 있으리란 기대에 부풀었으리라. 불빛이 있는 마트 안으로 먼저 들어갔다. 잠시 늘어진 몸을 그대로 늘어뜨린 채 (마트에서 나오던 사람이 내 꼴을 보고 적지 않게 놀라는 표정이었다) 휴식을 취한 후 다시 거리로 나섰다. 날은 완전히 어두워졌지만, 그래도 가로등 불빛 아래로 걸을 수 있었다. 마을 입구에서 지도를 보고 마을 사람들에게 물어본 결과, 작은 언덕 위에 게스트 하우스까지 올라가야 했다.

'또 언덕이야?' 지쳤지만 따뜻한 방을 상상하며 남은 힘을 다 짜낼 수밖에 없었다. 저 멀리 숙소가 보이는데 두근대기보다 괜스레 불안해졌다. 조금씩 가까워지는 숙소가 생각보다 너무 좋아 보였기 때문이다.

'아… 비싸겠다.' 감 하나로 여행한 나로선 내 감이 틀리지 않았다는 걸 금방 알 수 있었다. 아무래도 아이슬란드 물가를 너무 우습게 봤던 모양이다. 레이캬비크는 중심지라서 많은 숙소가 몰려있어 보다 저렴한 게스트하우스를 구할 수 있었지만, 이렇게 외진 작은 마을에선 당연히 원래 물가대로 지불해야만 했다. 겨우 찾은 숙소의 문턱에서 넘어지자니 억울했다. 이제는 더 짜낼 힘도 없었다. 소파에 앉아 절망에 빠졌다. 최대한 불쌍하게 이 가난한 여행자에게 소파라도 내줄 수 없겠느냐고 부탁해봤지만, 마음 상할 겨를도 없이 단호하게 거절했다. 세상이 무너지는 것 같았다. 아니 세상이 무너지고 있었다. 무너지는 세상을 바라보는 표정으로 한동안 직원을 바라보았다.

"잠시만 있어 봐요." 그 눈을 피하지 못한 직원이 어디론가 전화를 걸었다.

"여기서 조금만 더 내려가면 캠핑장이 하나 있어요. 전화해뒀으니 거기로 한번 가보세요. 곧 닫을 거라고 하니까 서둘러야 할 거예요."

지옥의 문턱에서 넘어지지 않고 발끝으로 버텨낸 기분이었다. 캠핑장을 향해 몸은 느렸지만, 마음은 급하게 내려갔다. 겨우 잡은 실낱같은 희망이 어디론가 날아갈까 봐 불안했기 때문이다.

마지막 힘을 짜내 도착한 캠핑장에는 마음씨 좋아 보이는 아주머니가 활짝 웃고 있었다. 일순간 '아 이제 살았구나' 하는 마음이 들었다. 그분의 미소는 정말이지 천사의 미소 같았다. 그리고 이곳은 천국이었다. 아주머니는 캠핑장이 아닌 캠핑장 사무실을 내어주었다. 여름에 가끔 비가 너무 많이 올 때는 사람들에게 사무실을 내어주기도 하는데, 이렇게 한겨울에 찾아온 사람은 처음이라며 신기해했다. 여행하고 있는 스스로도 신기할 정도니 다른 사람이 보기엔 어떨까 싶었다. 천사 아주머니는 채비는 따뜻하게 잘해서 다니고 있냐면서 다른 손님이 두고 간 침낭 덮개와 따뜻한 음식을 해서 먹고 자라며 가스와 버너까지 주었다. 마지막으로 무슨 일이 생기면 캠핑장 옆의 자기 집으로 언제든지 찾아오라는 말과 함께 푸근한 미소도 보태주고 돌아갔다.

딱딱한 사무실 바닥에 털썩 주저앉아 온몸으로 느꼈다. 빛이라는 것이 얼마나 소중한 것인지를. 딱딱한 타일 위에 눕더라도, 집이라는 테두리 안에 있다는 것이 얼마나 따뜻한 일인지를. 우리가 아무 생각 없이 누리고 있는 것이 얼마나 고마운 것인지를.

그렇게 추웠던 어젯밤에는 꽁꽁 아껴뒀던 컵라면을 꺼내 먹었다. 비록 혼자라도 이 외로운 밤을 축하하고 싶었기 때문이다. 고작 두 번째 밤이지만 어젯밤을 생각하면 충분히 축하할 만한 아름다운 밤이었다. 텐트를 치는 수고도 없이 바닥에 그대로 침낭을 깔고 아주머니가 주신 덮개만 씌웠는데도 따뜻했다. 흐물흐물 늘어질 대로 늘어진 몸을 딱딱한 바닥 위에 뉘었다. 가만히 누워 천장을 바라보았다. 천장의 전등이 빛나는 별처럼 아름다워 보였다.

오늘 밤은 이대로 불을 켠 채로 잠들고 싶었다. 그런 밤이었다.

Day 3. 길 위에 잠긴 시간 [Selfoss]

감상적인 밤을 좀 더 누리다 잠들고 싶었지만 마음대로 되지 않았다. 피로는 감성을 밀어 넣었다. 전날 밤 가위와 추위에 잠을 뒤척인 데다, 꼬박 8시간 동안 쉬지 않고 30Km를 걸었던 탓에 불을 끄자 이내 잠들어버렸다. 딱딱한 바닥이 배겨서 자세를 바꾸느라, 몇 번 깬 것을 빼면 꿀맛 같은 잠을 잤다. 폐가에서의 하룻밤과는 비교할 수 없는 편안한 밤이었다.

자고 일어나니 이곳저곳 몸이 쑤시긴 했지만, 텐트를 정리하는 수고도 없이 침낭만 개니 너무 편했다. 눈을 끓여 마시는 수고도 필요 없었고, 그저 신선한 화장실 물을 받으면 됐다. 아침 식사는 전날과 같은 맛없는 무슬리지만, 떨면서 먹지 않는 것만으로 감사했다. 갈 채비를 마치자, 주인아주머니가 남편분과 함께 들어왔다. 어젯밤 대충 들었던 나의 여행이 아무래도 걱정됐는지 앞으로의 여행 계획에 대해 자세히 물어봤다. 자세히 말씀드리고 싶었지만, 자세히 할 말이 없었다. 애초에 계획이란 게 없었기 때문이다.

'걸어서 아이슬란드 한 바퀴, 일단은 Vik까지라도 가보자. 그다음은 그다음에 생각하자.'
지금 내가 가진 계획의 전부였다. 두 분은 몹시 황당하더니 말없이 서로를 바라봤다. 그리고 조심스럽게 얘기를 꺼냈다. 아이슬란드는 그렇게 만만한 곳이 아니라고, 좀 더 계획을 세워 여행하는 게 좋을 거라고 조언 아닌 당부를 했다. 삶

의 방식이라는 것을 쉽게 바꿀 수 있는 것은 아니지만, 지금까지 여행해왔던 곳과는 다른 곳이 분명했다. 다른 사람도 아닌 현지에 사는 분들 말씀이니 새겨듣고, 최소한의 계획과 준비를 지금이라도(?) 해야 할 것 같았다. 이곳이 결코 만만한 곳이 아니라는 것은 누구보다 뼈저리게 실감하고 하고 있었으니까.

두 분의 조언을 품에 안고 캠핑장을 나서자, 눈 덮인 운동장 너머로 해가 떠오르고 있었다. 다시 새로운 아침이 밝아왔다. 힘겹게 산을 넘어 내려왔더니, 이제는 맞바람이 다가왔다. 어제 무리해서 많이 걸었던 탓인지 어깨와 발목이 저렸다. 바람은 쉬지 않고 몰아쳤다. 역시나 만만치 않은 곳이다. 물통에 물이 얼지 않는 걸로 봐서 산을 내려온 후로, 기온이 조금 올라간 듯한데 매섭게 불어오는 바람 때문인지 오히려 더 춥게 느껴졌다.

오늘 목적지인 Selfoss까지는 15Km. 어제 30Km나 되는 거리를 산을 넘어서 왔으니까 이 정도쯤은 금방이겠지 하고 쉽게 생각했다. 가벼운 예상과 달리 결코 만만치 않은 거리였다. 아마도 맞바람 때문인 것 같았다. 어제 걸은 시간의 딱 절반인 4시간 정도를 지나자 목적지에 이르렀다. 오는 도중 바람에 모자와 카메라 케이스가 날아가 버렸지만, 다시 찾으러 갈 체력도 정신력도 남아 있지 않았다. Selfoss는 작은 마을이 아니었다. 패스트푸드점도 있고 은행, 도서관, 대형마트도 있는 도시에 가까웠다. 아니 도시였다. 앞으로 길을 더 나아가기 전에 무언가 준비해야 할 게 있다면, 이곳에서 준비해야 할 것 같았다.

일단은 숙소를 찾는 것이 우선이었다. 게스트 하우스와 유스호스텔을 찾아갔지만 예상한 대로 비싼 가격이어서 바로 나올 수밖에 없었다. 갈 수 있는 곳은 캠핑장뿐이었다. 어제처럼 마음씨 좋은 주인아주머니를 만날 수는 없었지만, 비교적 싼 가격(1200 크로나)에 라운지와 샤워장, 거기다가 물질문명의 완전체인 와이파이까지 쓸 수 있었다. 꽤 이른 시간에 도착해서, 짐을 다 풀고 나서도 여유시간이 꽤 남았다. 특별히 대단한 볼거리는 없었지만, 가방을 내려놓고 가벼운 몸으로 걸어 다닐 수 있는 것만으로 행복했다. 무거운 가방을 지고서 앞만 보고 도로를 걸을 때는 30분만 지나면 모든 풍경이 똑같아 보였다. 금세 몸이 지치고 그 후로 보이는 것은 발끝을 따라오는 풍경뿐이었다. 그런데 가벼운 몸으로 돌아보자 거리에 쌓인 눈, 이곳저곳 눈으로 덮인 집, 아직 떼지 않은 크리스마스 장식들이 눈에 들어왔다. 속도가 아닌 무게를 내려놓으니 볼 수 있는 풍경이었다.

마을을 둘러보고, 필요한 물품들도 보러(보기만 했다) 마트에 다녀왔다. 돌아오는 길에는 이른 시간임에도 어김없이 해가 넘어가고 있었다. 오늘은 돌아갈 곳이 있었다. 낯선 나라에 아는 사람 한 명 없지만, 해가 지고 돌아갈 곳이 있다는 것만으로 마음이 편안했다. 들어올 때는 몰랐는데 혼자 쓰기에 라운지가 꽤 컸다. 직원은 만약에 다른 사람이 오면 같이 나누어 써야 할 거라고 했지만, 이 한겨울에 캠핑장에 오는 정신 나간 사람이 나 말고 또 있을 리 없었다. 커다란

* 크로나: 아이슬란드 통화(Kronur/ISK). 2016년 1월 당시 환율로 1크로나는 9원 정도였다. 조금 간단히 계산하면 원화는 크로나에 0을 하나 더 붙이면 된다.

라운지에 혼자 덩그러니 남겨져 있는 기분이 들어 조금 쓸쓸해졌다. 내심 누군
가 오길 바랐던 걸지도 모르겠다. 하지만 첫날 밤 귀신님과 함께 벌벌 떨며 잔
생각이 들자 이대로도 충분하다는 생각이 들었다.

3일 만에 샤워를 했다. 그것도 따뜻한 물에. 온몸이 녹아내릴 것 같았다. 워낙
추워서 땀은 많이 나지 않았지만, 샤워 후 느끼는 개운한 기분은 역시나 좋았
다. 특히 발을 씻는 기분이 최고였다. 발은 이미 엉망이 되어있었다. 25Kg가 넘
는 짐을 메고, 거의 쉬지도 못하고 첫날 15Km, 어제 30Km, 오늘 15Km까지 총
60Km를 걸어왔으니 그럴 만도 했다. 양발에 잡힌 물집을 터트리려 했지만 바
늘이 없었다. 그런 준비성이 있을 리가 없었다. 하는 수없이 과도로 살을 살짝
찢는 수밖에 없었다. 기분은 별로였지만, 원래 굳은살이 있던 부위라 크게 통증
은 없었다. 앞으로 주인 잘못 만난 발의 고생이 이만저만이 아닐 것 같다. 오늘
까지 3일 동안 60Km 왔으니까 아이슬란드 한 바퀴 1500Km 다 돌기까지는 겨
우 1/25 온 셈이다.

한숨이 절로 나왔다. 라운지 벽에 걸린 아이슬란드 전도를 무표정하게 바라봤
다. 그렇게나 걸어왔는데 겨우 손톱만큼밖에 안 왔다니…. 사실 두렵기도 하다.
첫날의 그 어두움과 고독을 생각하면. 거기다가 맹추위와 눈, 바람까지 과연 그
것들을 얼마나 더 버텨낼 수 있을까. 네팔 히말라야에선 그렇게 매일 걷고 또
걸어도, 내일은 또 어떤 풍경이 펼쳐질까 하는 설렘이 앞섰는데…. 이곳에선 과
연 해낼 수 있을까 하는 두려움이 먼저 가로막아 선다. 3일 동안 벌써 8번이나

히치하이크를 시도하지 않았는데도 눈앞에 차가 멈춰 섰다. 그때마다 얼마나 마음이 흔들렸는지 모른다. 창문 너머로 흔드는 그 희망의 손을 꽉 붙들고만 싶었다.

'그냥 저 안에 타고 가면 얼마나 편할까?'

'따뜻한 집에서 따뜻한 밥 먹으면 얼마나 좋을까?' 하는 생각이 끝도 없이 밀려들었다. 무거운 생각에 발이 묶여 길 위로 다리가 잠겼다. 그럴 때면 시간도 함께 길 위로 잠겨 들었다.

'과연 이 길의 끝에는 무엇이 있을까?'

가보지 않고서는 알 수가 없으니 힘이 들어도 가보는 수밖에 없다. 호기심으로 시작한 여행. 해낼 수 있을지 없을지는 나중에 생각할 일이다. 겨우 3일일지 모르겠지만, 다르게 생각하면 벌써 3일이다. 지금은 그저 눈앞에 놓인 하루하루, 한 걸음 한 걸음을 소중히 여기며 나아가고 싶다.

언젠가 이 순간들을 추억하며 미소 지을 날이 올지도 모르니까.

Day 4. 어둠 속에서 별은 더 빛났다

넷째 날 아침.

어젯밤에 넉넉히 해둔 냄비 밥 덕분에 라면에 밥까지 말아 먹고 출발할 수 있었다. 차가운 두유와 무슬리를 먹을 때는 전혀 힘이 나질 않았는데, 라면에 밥이 뭐라고 기운이 솟았다. 출발하고 가장 든든한 아침이었다. Selfoss를 벗어나기 전에 저렴한 가격에 따뜻해 보이는 양말을 샀다. 잠잘 때면 온몸이 추웠지만, 가장 추웠던 부분은 역시나 발가락이었기 때문이다. 얼마나 효과가 있을지는 잘 모르겠다. 요가 매트는 망설이다가 결국엔 사지 못했다. 가격도 가격이지만, 부피가 너무 커서 포기했다. 이 이상 짐의 덩치를 키우고 싶지 않았기 때문이었다.

오늘의 아이슬란드는 온화함을 보여주었다. 여전히 춥기는 하지만 산을 넘어온 이후로 기온이 많이 올라온 것 같고, 무엇보다 바람도 많이 잦아들었다. 물통에 캠핑장에서 구한 설탕을 조금 섞어줬더니 확실히 물이 어는 속도가 더뎌졌다. 혼합물의 어는점이 더 낮다는 걸 살기 위해 배웠기 때문이다. 어젯밤 와이파이로 얻을 수 있었던 배움이었다. 어린 시절 학교에서 배웠던 것도 같았지만, 살면서 활용할 일이 없었으니 잊고 지냈던 것 같다.

아직 갈 길이 한참 멀었지만 일단은 Vik, 그전에 다음 마을인 Hella, 그보다 오늘 해가 지기 전 도착할 어딘지 모를 그곳까지 한 걸음씩 옮겨가기로 마음먹었다. 차츰 주변 풍경이 눈에 들어왔다. 처음 두 시간을 제외하고는 쉴 수 있을 때

조금씩 쉬면서 걸었더니, 보다 편하게 갈 수 있었다. 출발할 때 정확한 목적지는 없었다. 발걸음이 어디까지 닿을지도 알 수 없었다. 호텔처럼 폐가나 캠핑할 만한 장소를 예약할 수도 없기 때문에, 그저 갈 수 있는 만큼 걸을 뿐이었다. 단지 내일 들어갈 Hella의 절반 정도만 갈 수 있으면 좋겠다고 생각했다. 노을이 조금씩 설원을 붉게 물들여 갈 때쯤 저 멀리 다리 하나가 보였다. 가까이 다가서자 그 밑으로 얼음 강이 흐르고 있었다. 보는 것만으로 온몸이 얼어붙는 느낌이 들었다. 이미 해도 지고 있고, 여기서 그만 멈추는 것이 좋을 것 같았다. 무엇보다 이 아름다운 순간을 좀 더 제대로 느끼고 싶었다. 날씨가 좋아서 그런지 오늘의 노을은 다른 날보다 아름다웠다. 이 차가운 '얼음 왕국'도 해가 지는 순간만은 따뜻하게 느껴졌다.

이 순간을 카메라에도 담고 싶어 강 가까이 갔더니, 누군가 먼저 자리를 잡고 사진을 찍고 있었다. 미국에서 온 다니엘이라는 친구는 아이슬란드 전문 사진 작가라고 했다. 한동안 이곳에 머물면서 사진을 찍을 예정이라고 했다. (물론 차를 타고 돌아다니면서) 온종일 혼자 걷기만 하니 이렇게 사람을 만날 수 있는 시간이 더없이 소중했다. 고독한 여행자라고 고독을 온전히 즐길 수 있는 것은 아니었다.

다니엘은 이것저것 쓸모 있는 얘기들을 해주었다. 아이슬란드에 대해서도, 오로라를 볼 수 있는 날과 시간에 대해서도. 늘 원했던 현지에서 접하는 정보들이었다. 조금 쉬고 싶은 마음에 석양을 바라보며 바위에 걸터앉았다. 다니엘이 다가

와 내 모습을 사진에 담아도 되겠냐고 물었다. 거절할 이유는 없었다. 그런데 찍고 나서 사진을 보여주지 않았다. 아마 자신이 생각한 그림이 나오지 않았던 모양이다. 이번엔 내 카메라로 사진을 한 장 부탁했다. 사진을 확인해보니 역시나 아까 사진이 별로였던 것이 분명해졌다.

텐트를 치기 위해 주변을 둘러보았지만, 머물 만한 곳은 다리 밑뿐인 것 같았다. 진입로는 눈으로 막혀있고 다리 밑이라 바람이 꽤 많이 불긴 했지만, 혹시나 밤 사이 눈이나 비가 오더라도 안전할 것 같았다. 무엇보다 다른 선택의 여지가 없었다. 무릎까지 쌓인 눈을 헤치고 내려가자, 바닥에 작은 자갈이 수도 없이 깔려있었다. 아침에 사지 않은 요가 매트가 눈에 아른거렸다.

첫날 이후로 두 번째로 캠핑하는 날이지만 첫날보다는 마음이 편해졌고, 조금은 익숙해진 기분이었다. 적어도 첫날밤처럼 두렵지는 않으니까. 물론 내일은 또 어떠하나 하는 걱정도 되었지만, 텐트를 치면서 스스로 다짐했다. 하룻밤 돌밭에서 잘 수도 있고, 눈밭에서 잘 수도 있다. 오늘 일은 오늘로 끝내고 내일 걱정은 내일 하자고. 어쨌든 오늘 하루도 무사히 걸었고, 잘 준비를 마쳤다. 지금부터는 춥고 기나긴 밤을 지혜롭게 보내기만 하면 되었다. 다음날 해 뜰 때까지 멍하게 텐트에만 머무른다면 아마 미쳐버릴지도 몰랐다.

텐트 속에서 공자님 말씀도 듣고(읽고), 오들오들 떨면서 눈밭을 거닐기도 했다. 하늘 위로 쏟아지는 별들을 보며 이런저런 생각이 들었다. 낮동안 무거운 가

방과 함께 걸으며 하는 무거운 생각과는 달랐다. 거뭇거뭇한 어둠 속에서 나는 철저히 혼자였다. 스산하고 고독했지만, 분명히 의미 있는 시간이었다.

피곤한 몸으로 잠이 드는 데는 그리 긴 시간이 필요하지 않았다. 중요한 것은 쉽게 든 잠을 어떻게 유지하는 가였다. 잠이 들고 체온이 떨어지면 곧바로 한기가 덮쳐오기 때문이다. 첫날 100번 정도 깼으니, 그보다 적으면 다행이지 했는데 한 50번쯤 깼던 것 같다. 불행인지 다행인지 추위보다는 엉덩이에 자갈이 너무 배겨서 그랬다. 그리고 요가 매트를 사지 않은 걸 후회하느라 더 많이 깼던 것 같다. 물론 텐트를 뒤흔드는 바람소리와 세찬 물소리도 잠을 방해했지만, 첫날보다는 분명히 편해졌다. 조금씩이지만 적응해가고 있었다. 조금씩이지만 앞으로 나아가고 있었다.

Day 5. I'm your first fan [Hella]

알람 소리. 아마도 강물 소리와 바람 소리가 강렬했던 탓에 듣지 못한 걸 것이다. 깊은 잠에 빠졌던 건 아니었다. 그렇다 치더라도, 9시까지 잘 수 있었던 것은 꽤 놀라웠다. 밤새 자다 깨기를 수없이 반복한 끝에 새벽 무렵에야 겨우 잠다운 잠이 들었다. 짧지만 깊은 잠이었다.

일어나는 대로 주변에 널린 눈을 녹여 아침 식사를 준비했다. 마지막 하나 남은 라면이었다. 어제 캠핑장에서 먹고 남은 밥까지 보태 라죽이를 해 먹었다. 잘게 부순 라면에 밥을 함께 넣고 죽처럼 끓이는 요리다. 내가 아는 캠핑 요리 중 가장 간편하고 맛있다. 사실 지금 할 수 있는 요리가 이것 말고는 없다. 무엇보다 라면과 밥을 국물이 다 졸 때까지 끓이기 때문에 라면도 퍼지고 밥도 퍼져 양이 충분히 많아진다. 배고픈 여행자에게는 여러모로 장점이 있는 요리다.

텐트를 정리하려 했더니 바람이 세차게 불어왔다. 도저히 정리할 수가 없었다. 하는 수 없이 그나마 바람이 덜한 다리 위쪽으로 텐트 덮개를 들고 가서 정리를 마쳤다. 나머지를 정리하러 뽀득 뽀득 눈을 밟으며 내려간 다리 밑은 뭔가 허전했다.
'뭐지…? 오마이갓!'
텐트가 사라졌다. 경악하다 못해 기절할 뻔했다. 희미해지는 정신을 간신히 붙잡고, 주위를 둘러봤다. 텐트가 조금 떨어진 다리 난간 끝에 걸려 휘청거리고 있

었다. 마치 텐트가 벼랑 끝을 붙잡고 매달려있는 것 같았다. 짐을 빼고 나자 가벼워진 텐트가 바람에 날아가 버린 거였다. 가방이라도 넣어두고 가야 했는데 빈 텐트만 두고 갔으니 날아갈 수밖에. 장난삼아 바람이 길게 한숨을 내쉬었다면 얼음 강 위에 떠 있을 운명이었다.

텐트를 구조하고 두 가지 생각이 들었다. 첫 번째로 텐트를 빌려준 친구 얼굴이 떠올랐고, (그 녀석은 나에게 빌려줄 때 이미 이런 상황을 각오했을지도 모른다) 두 번째 텐트가 난간에 걸리지 않고 그대로 얼음 강으로 떠내려 가버렸다면, '어떻게 했을까? 과연 여기서 포기할 수 있었을까?' 끔찍한 상상이었지만 나도 모르게 '아 어쩌면 그냥 날아가 버리는 게 낫지 않았을까?' 하는 생각이 스쳐 지나갔다. 아주 잠시였지만. 정말 나도 모르게.

다음 마을인 Hella까지 18Km. 별로 멀지 않은 거리라고 생각했는데, 꽤 멀게 느껴졌다. 지난 5일 동안 추운 날씨 속에 걷고 자면서 생각보다 많이 지쳐 가고 있었다. 발가락, 발목, 어깨 전부 정상이 아닌 것 같았다. 쉴 수 있다면 어딘가에서 하루라도 편히 쉬어 가고 싶었다.
5시간 조금 모자라게 걸었을까? 겨우 해가 지기 전에 Hella에 도착할 수 있었다. Hella 입구에서 누군가 나를 부르는 소리가 들려왔다. 처음엔 날 부르는지도 몰랐다. 이곳에 나를 부를 사람이 있을 거라 생각해 본적도 없었고, 그냥 "Hey"라고 했기 때문이다. 혹시나 해서 뒤를 돌아봤는데 반대편 도로에서 한 남자가 손을 흔들며 다가오고 있었다. 전혀 본 적 없는 얼굴이었다.

'뭐지? 저 사람은?'

그는 가까이 다가오더니 대뜸 물었다.

"어디서부터 걸어온 거야?"

"레이캬비크부터 왔는데."

"그럼 며칠 동안 걸어온 거야?"라고 다시 묻는다.

"아마 오늘이 5일째일 걸."

"역시 너였구나."

"뭐?"

무슨 소리인지 도무지 알 수가 없었다. 내 머리 위의 떠오른 물음표를 보았는지 남자는 설명을 시작했다. 이 남자는 5일전, 내가 출발한 날 레이캬비크 부근에서 나를 봤다고 했다. 처음 봤을 때는 '이 한 겨울에 하이킹 하는 사람이 다 있나?' 생각하고 그냥 스쳐지나 갔다고 했다. 그런데 오늘 Vik까지 5일 동안의 여행을 마치고 돌아가는 길에 나를 다시 본 것이었다. 내 머리 위에 물음표는 조금씩 옅어졌고, 그 남자 머리 위의 느낌표는 조금 더 진해졌다.

아르헨티나에서 온 니코라고 소개한 그는 마치 고향 친구를 만난 것처럼 반가워했다. 그리고는 대뜸 "내가 너의 첫 번째 팬이야!"라고 선언했다. Facebook 아이디까지 물어보면서 이 여행을 끝까지 지켜보겠다고, 꼭 잘 해냈으면 좋겠다며 진심으로 응원해줬다. 여행에 왠지 모를 책임감이 보태지기는 처음이었다. 그렇게 첫 번째 팬이 된 니코는 "뭐 필요한 거는 없어? 도울 일은 없을까?" 하고 물어왔다.

갑작스러운 질문에 당황하는 나에게 니코는 초코쿠키(너무나 맛있었다)와 헤드
랜턴(어쩌면 정말로 필요한 거였다)을 선물했다. '첫 번째 팬'은 기념사진 촬영
까지 마치고, 힘내라는 말과 함께 유유히 사라졌다. 나에게, 나의 여행에 첫 번
째 팬이 생겼다. 지쳐 있던 발걸음이 왠지 모르게 경쾌해졌다.

걷고 있는 나를 배경으로 셀카를 찍는 아이슬란드 아이들과 함께 무사히 Hella
에 입성했다. 사람들과 나눈 즐거운 순간이 지나자 현실이 다가왔다. 오후 4시.
어스름이 깔리고 어둠이 가까워지는 시간. 하룻밤 잠자리를 구해야 할 시간. 가
장 먼저 찾아간 캠핑장은 다른 마을과 달리 문도 마음도 열어주지 않았다. 숙소
는 당연하게도 어마어마한 가격(10,000 크로나는 기본으로 넘겼다)이었다. 원
래 물가 자체도 비싸지만, 레이캬비크를 제외하고는 도미토리룸(여러 명에서
한방을 나눠 쓰는 방식)을 구하기가 힘들어 가격이 더 비싸질 수밖에 없었다.
거리는 급하게 어두워졌다. 어떻게든 빨리 잠자리를 찾아야만 했다. 어제는 고
민 없이 밖에서 잤는데 오늘은 숙소에서 편하게 자려고 생각하니 오히려 더 불
안했다. 선택할 수 있는 것이 많은 곳에서 더 피곤했다.

불안한 마음을 떨치고 '마지막이다' 생각하고 찾아간 곳에서 담판을 보려 했다.
불편한 기색으로 나온 주인아저씨는 먼저 5,000크로나(이것도 상당히 싼 가격
이다)을 제시했다가 내가 말도 안 되는 생떼를 부리자 4,000크로나로 조정했
다. 무슨 배짱인지 마지막으로 3,000크로나를 안 해주면 오늘 밖에서 얼어 죽
을 지도 모른다고 버텼다. 아저씨는 울며 겨자 먹기로 방을 내줬다. 키를 받고

숙소에 가보자 그가 왜 그렇게 안 깎아주려 했는지 이해가 됐다. 일단은 방이 아니라 집이었다. 말 그대로 독채. 문을 열자 자랑스럽게 붙여진 새파란 부킹닷컴 스코어 9.2가 나를 맞이했다. 아늑한 분위기의 거실에 웬만한 주방기기를 다 갖춘 부엌, 따뜻한 물이 펑펑 나오는 샤워실까지 갖춰져 있었다. 예쁘고 깨끗하고 세련되기까지 한 집이었다. 약속대로 두 개의 방 중에 하나만 쓰고 이곳에 있는 이불 대신 내 침낭을 쓰기로 했지만 횡재한 기분이었다. 아마 주인아저씨는 상당히 억울할 것 같았다.

어둠과 추위로만 가득 찼던 텐트에선 그렇게나 시간이 가질 않더니 따뜻하고, 아늑한 집안에서는 왜 이렇게 시간이 빠르게 흘러가는 건지. 시간을 잡고 있을 수만 있다면 붙잡고 있고 싶었다. 정말로 잠들기 싫은 밤이었다. 다행히도 잠은 쉽게 오지 않았다. 배가 고파서…. 숙소를 구하느라 시간이 늦어져 장을 못 봤기 때문이다. 방을 구하느라 밥을 포기하다니, 서글픈 현실이었다. 잠이 물러가자, 걱정이 다가왔다. '내일은 또 어쩌나?' 하는 걱정이 먼저 들었지만, 굳이 차디찬 내일의 걱정을 오늘의 따뜻한 침대 위로 불러오고 싶지 않았다. 폐가와 다리 밑에서 잘 때도 그날 밤만 생각했듯, 따뜻한 침대 위에서 잘 때도 오늘 밤만 생각하기로 마음먹었다.

'내일 일은 내일 고민하고 지금 이 순간에는 행복해지자'라고 되뇌며 밥보다 달콤한 잠을 청했다.

Day 6. Snow Flower [Hvolsvöllur]

절반. 이제 첫 번째 목적지 Vik까지는 절반(93Km)이 남았다.

마음은 추스르며 힘을 많이 내고 있지만, 몸은 꽤 지쳤다. 그래도 하룻밤 따뜻한 물에 샤워하고, 편안하게 잘 자서 그런지 전날보다 개운했다. 돈만 충분하다면 하루 더 쉬고 싶었다. 아마도 그전에 주인아저씨가 내쫓을 것 같았지만.

지금까지 걸어오며 힘들었던 것 중 하나는 도로 위에는 쉴 곳이 제대로 없다는 것. 쭉 뻗은 도로 옆으로 보행자를 위한 쉼터는 거의 존재하지 않았다. 하긴 도로는 차를 위한 것이니 이해는 간다. 그러다 보니 쉬고 싶을 때면 도로 끄트머리에 도로를 등지고 앉아서 쉬는 수밖에 없었다. 문제는 등에 멘 25Kg의 친구였다. 먼저 옆에 내려서 앉힌 다음 쉬고, 다시 그 녀석을 업고 일어나야 하는 게 너무 힘들었다. 가끔은 2~3시간을 가방을 멘 채로 서서 쉬거나 아예 쉬지 않고 걸었다. 그 덕분에 얼어붙은 몸이 더 상한 것 같기도 했다. 이대로는 몸이 못 버틸 것 같아 번거롭더라도, 중간중간 잘 쉬면서 가기로 마음먹었다.

도로 위에서 두 번째 휴식을 취할 때였다. 큰맘 먹고 사서 소심하게 아껴뒀던 소중한 스니커즈를 꺼냈다. 몰래 눈물을 훔치며 맛있게, 그리고 아쉽게 이빨 끝으로만 베어 먹는 중이었다. 누군가 뒤에서 "팍" 하고 나를 불렀다. 나는 수업 중에 몰래 먹다 걸린 사람처럼 소스라치게 놀랐다. 곧바로 뒤돌아보지도 못했다. '이 아이슬란드에 나를 아는 사람이 있나? 첫 번째 팬은 이미 레이캬비크로 돌

아갔을 텐데' 하고 반대쪽 차선으로 천천히 시선을 돌렸다. 웬 좁은 차 안에 네 명의 젊은 녀석들이 몸을 꾸겨 넣은 채 고개만 창밖으로 내밀어 웃고 있었다. '아. 이 녀석들 아는 녀석들이다' 이틀 전에 나를 아는 사람으로 착각하고 이름 까지 물어봤던 녀석들, 네 명이 타기에도 비좁은 차에 나까지 태워주려 했던 마음씨 좋은 녀석들이었다.

"너 아직까지 걷고 있는 거야?"
'아직 이라니 아직도 한참 남았어'라고 대답하고 싶었지만, 말없이 고개만 끄덕였다.
"근데 거기서 뭐 하고 있었어?"
"어…. 그냥 뭐 좀 먹느라고." 스니커즈라고는 왜인지 말 못 했다.
"추운데 밖에서 그러고 있지 말고 차에서 몸 좀 녹여."
'저 좁은 차에 나까지 들어오라는 말인가?' 망설이고 있는데 앞 좌석에 탄 녀석이 자기가 잠시 밖에서 쉬겠다며 자리를 비워줬다. (그 녀석 30초도 못 참고 너무 춥다며 다시 뒷자리에 꾸깃꾸깃 몸을 집어넣었다.) 따뜻한 차에서 얼은 몸을 녹이는 것만으로 고마웠는데, 뭘 좀 먹으라며 건네준다. 내 꼴이 불쌍해 보였나 보다. 빵에 바나나에 치즈에 햄까지….
"그렇게 다니면 배 많이 고프겠다. 많이 먹어."
'아 며칠만에 맛보는 고기 맛인지.' 햄이 마치 생고기처럼 느껴졌다. 거기다가 후식으로 쿠키까지, 눈물이 다 날 뻔했다. 좁은 차 안에 여러 사람이, 그것도 또래의 친구들과 서로의 얘기를 나누다 보니 혼자 걸어오며 느낀 외로움도 조금

해소되는 기분이었다. 며칠 간이지만 나의 여행 이야기, 그리고 이 녀석들의 이야기. 운전하는 여자애는 호주에서, 뒷좌석에 잘생긴 녀석은 독일, 옆에 인도 사람처럼 보이는 애는 런던, 마지막으로 나 홀로 집에 나오는 도둑 둘 중 키 큰 녀석(아마도 해리)을 닮은 녀석은 미국에서 왔다고 했다. 다들 레이캬비크 게스트 하우스에서 처음 만나 차를 렌트하고 함께 여행하는 거였다. 이래서 지금하는 여행이 참 좋다. 너무 사랑스럽다. 한 달 전까지만 해도 완전히 다른 나라, 심지어 다른 대륙에 살던 녀석들이 지금은 아이슬란드의 눈 덮인 시골길 어딘가에서 함께 대화를 나누고 있다. 어찌 즐겁지 않을 수 있을까? 그러던 와중에 좁은 차에 덩그러니 한 자리를 차지하고 있는 기타의 정체가 궁금해졌다.

"이건 누구 거야?"

"아, 그거 폴 거야."

독일에서 온 녀석 건데 아주 기가 막히게 연주를 한단다. 키야, 여행과 함께하는 음악이라. 평소에는 악기를 다루는 사람이 부러운 줄 모르겠다가도, 악기와 함께하는 여행자를 보면 왠지 모르게 부럽다. 음악과 여행 왠지 모르게 낭만적이다.

"나도 언젠가 될지 모르겠지만, 악기와 함께 여행해보고 싶어. 주로 걸어서 여행하니 기타는 너무 무거울 테고, 하모니카라도 들고."

그랬더니 갑자기 폴이

"연주 한번 들려줄까?"

"정말? 어디서? 설마 이 좁은 차 안에서!?"

"바로 저기 멋진 공연장이 있잖아." 하며 어디를 둘러봐도 펼쳐져 있는 눈밭을

가리킨다.
"좋아 Park! 너를 위해 한 곡 불러주지!"

우리는 좁지만, 따뜻한 차 안에서 나왔다. 한겨울의 차디찬 아이슬란드 1번 국
도 옆 눈밭 위에서 작은 콘서트가 열렸다. 폴은 낭만적이게도 "This song for
Park, Safe Travel!"이라고 말하는 것도 잊지 않았다. 상대가 여자였다면 반했
을지도 모르겠다. 폴은 바람이 불어오는 눈밭 위에서 연주를 시작했다. 손가락
이 얼얼할 텐데도 끝까지 멈추지 않고, 기타를 퉁기며 노래를 이어갔다. 우리는
춥지 않으려고 몸을 이리저리 움직이며 폴의 노래를 감상했다. 그리고 감동했
다. 이윽고 마지막 선율이 선을 타고 흘러나와 한기를 타고 흩어졌다. 너무나 아
름다운 마무리였다. 우리는 얼어붙은 손으로 박수치기를 마다하지 않았다.
"근데 폴, 이 노래 제목은 뭐야?"
"Snow Flower."

짧지만 진한 인연인 만큼, 여행 중에 만난 인연은 쿨하게 작별해야 한다. 그래도
받은 감동이 너무 진했고, 헤어짐은 아쉬웠다. 가방 밑바닥에 있는 여행용 명함
을 온 가방을 뒤져서 찾고 있는데, 이 녀석들 계속 뭘 가져와서 가방 옆에 둔다.
바나나랑 치즈, 게다가 한 녀석은 입던 내복을 내려놨다. 자기는 이제 따뜻한 나
라로 돌아가니 필요 없다며 입으라고 줬다.(깨끗이 빨았다고 했다.) 그렇게 길 위
에서 만난 친구들은 끝까지 즐겁고 안전한 여행하라며 차가 보이지 않을 때까지
손을 흔들고는 시야에서 조금씩 멀어져갔다.

차는 완전히 떠나갔다. 도로 끝에 앉아 받은 선물을 가방 구석구석으로 밀어 넣는데 문득 이런 생각이 들었다.

'나는 혼자가 아니었구나, 쓸쓸히 홀로 여행하고 있다고 생각했는데 차가운 도로 위에서도 이렇게 따뜻한 마음이 피어날 수 있구나.' 다시 혼자가 됐지만 덜 외로웠다. 어제도 느꼈고, 며칠 동안 걸어오며 많은 사람이 보내준 크고 작은 응원이 정말 큰 에너지가 될 수 있다는 것도 깨달았다. 또 한 번 큰 에너지를 얻은 덕분에 힘들지 않게 목적지인 Hvolsvöllur에 도착할 수 있었다. 물론 발가락과 발목은 다시금 비명을 지르고 있었지만 말이다.

제일 먼저 캠핑장을 찾아가 봤지만, 역시나 문이 닫혀 있었다. 처음 두 마을처럼 맞아줄 캠핑장은 앞으로 많지 않을 듯했다. 미리 각오하고 움직여야겠다. 다른 숙소(저렴한 숙소)를 찾으려 해도 쉽지 않았다. 솔직히 캠핑할 장소를 찾는 것보다 저렴한 숙소를 찾거나, 가격을 흥정하는 것이 더 힘들었다. 어렵게 찾아간 곳에서 30분 가까이 주인이 오기를 기다렸는데 단호하게 거절당했다. 온몸에 힘이 다 빠져버렸다. 따뜻한 실내에 30분이나 있다가 다시 나온 아이슬란드는 더 매섭게 차가웠고 마음은 서러웠다. 뒤돌아 나오는 길에는 혹시나 마음이 바뀌어 날 붙잡지 않을까 하고 몇 번이나 뒤돌아봤다. 처량하게 돌아보는데 태양이 저물어가고 있었다. 저기 저 석양은 내 마음을 아는 건지 짠할 정도로 붉게 아이슬란드를, 그리고 내 마음을 적시고 있었다.

캠핑하려면 일단 마을을 벗어나야 하는데 해가 진 후에는 도로를 걷는 것도 텐

트를 치는 것도 쉬운 일이 아니다. 이러지도 못하고 저러지도 못해 갈 길 잃은 양처럼 헤매고 있는데, 예쁜 조명 속에 빛나는 집들이 눈에 들어왔다. 다들 왜 그렇게 따뜻하고 행복해 보이는 건지. 나에게도 따뜻한 집이 있는데, 돌아가면 언제든지 나를 반겨줄 가족이 있는데, 비록 여기서 1만Km나 떨어져 있긴 하지만…. 혹시나 하는 희망을 가지고 지나가며 보았던 공사 중인 호텔로 다시 가봤다. 실내에 불은 켜져 있는데, 사람은 아무도 안 보였다. 호텔 앞 벤치에 가방을 던져두고, 일단 30분만 기다려볼 생각으로 주변을 서성이다가 앞쪽에 불 켜진 공장으로 가보았다. 공장에 재워달라고 부탁해 볼 수도 있겠다 싶어 다시 가방을 가지로 호텔로 갔더니 사람이 보였다.

아까 잠시 유쾌한 대화를 나눴던 목수 할아버지였다. 할아버지에게 사정을 설명했더니, 직원을 불러주겠다며 잠시 기다려 보라고 했다. 직원이 오자 상황을 설명하고 간절하게 소파에서 하룻밤 자고, 아침에 조용히 나가면 안 되겠냐고 부탁을 했다. 직원은 '무슨 이런 황당한 놈이 다 있냐'라는 표정으로 나를 잠시 쳐다봤다. 아마도 호텔에 일하며 이런 상황은 처음이었으리라. 처음엔 단호히 안 된다고 했지만 정말 갈 곳이 없다고 사정사정하자, 보스에게 전화를 해보겠다고 잠시 기다려 보란다. 알아들을 수 없는 아이슬란드어로 몇 마디 대화가 오갔고, 전화는 끊어졌다. 직원은 잠시 정적을 두었다가 말했다.
"You're lucky."
그 순간 25kg 가방을 메고 천장까지 날아오를 뻔했다. 사장이 아직 청소하지 않은 방을 그냥 내어주라고 했던 모양이다. 그 방이 나에겐 천국처럼 보였다. 지옥

59

같은 밤을 헤쳐 왔으니 천국으로 보이는 것도 무리가 아니었다.

또 하루를 버텼다. 내일 아침 눈을 뜨면 드디어 이 무모한 여행을 시작한 지도 일주일째가 된다. 아직도 갈 길이 한참 멀었지만, '과연 가능할까?' 하며 시작했던 일을 한 걸음씩 해나가고 있다. 조금씩이지만 가까워지고 있다.

Day 7. 희망을 두드리다

여행을 시작하고부터 아침은 늘 설렘과 두려움을 동시에 안은 채 시작하는 듯
하다. '언제쯤 이 출발을 온전히 즐길 수 있게 될까?' 특히나 얼어붙은 텐트가
아닌 따뜻한 숙소에서 나서야 할 때 망설임은 더해진다. 하지만 나서야 한다.
앞으로 가야 할 길이 있고, 지금 이곳에는 멈춰서야 할 이유가 없으니까.

호텔에서 나가는 길에 어젯밤 은혜를 베풀어 준 사장님을 만났다. 고개를 숙
여 진심으로 감사를 표했다. 그분은 나의 여행에 걱정이 아닌 경고를 해줬다.
아이슬란드를 쉽게 보아선 안 된다고 이쯤하고 그냥 돌아가는 게 어떻겠냐고,
돌아갈 차편이 없다면 경찰을 불러주겠다고까지 했다. 감사하지만 괜찮다고
사양하고, 도망치듯 뛰쳐나왔다. 잘못한 건 없지만 왠지 경찰한테 붙잡혀 갈
것만 같아서. 힘들지만 아직은 여행을 계속하고 싶은데, '정말 안 되는 여행인
걸까?' 멈출 때 멈추더라도 조금 더 가보고 싶었다. 힘든 길이 될지라도 아직
길이 끊어진 것은 아니었다.

날씨가 흐렸다. 아침 내내 파란 하늘을 볼 수 없었지만, 가끔 먹구름 사이로 얼
굴을 내미는 해를 볼 수 있어 마음이 조금씩 편안해졌다. 여행을 시작한 지 일
주일, 25Kg 배낭을 메고 걷기 시작한 지도 이제 100Km가 넘어섰다. 지치는
게 당연한 듯했다. 발가락, 발목, 유난히 어깨가 많이 지쳐왔다, 30분도 채 걷
지 못하고, 걸음을 멈추었다. 그냥 자주 멈추며 가기로 했다. 한 번 내려놓은

가방을 다시 짊어 메기 힘들지라도 적절한 휴식을 취하지 않는다면, 몸이 버텨내지 못할 것 같았다. 다행히 날씨는 흐리지만, 기온은 많이 오른 것 같았다. 쉬는 중에 땀이 식어도 심하게 추위에 떨지 않아도 됐다. 조금이나마 남쪽으로 내려와 날씨가 따뜻해졌거나, 아니면 이 추위 속에 조금씩 적응을 하는 건지도 몰랐다. 어쨌든 이제 이곳의 날씨가 나름 견딜만해 졌다.

오후가 되자 흐렸던 하늘에 짙은 먹구름이 더해지더니, 급기야 소나기를 뿌리기 시작했다. 미리 준비해 두지 않았기에 도로 위로 육중한 가방을 급히 던져 놓은 채, 우비를 꺼내 입고 가방 덮개를 씌웠다. 이번 여행 중에는 처음 있는 일이지만, 오랫동안 여행하며 많이 겪었던 일이다. 살짝 당황했지만 제법 능숙한 모습으로 소나기를 맞이했다. 그리 굵은 빗줄기는 아니라 고개를 들어 잠시 떨어지는 빗방울을 감상했다. '아, 내가 정말 여행 중이구나' 하는 느낌이 들어 왠지 모르게 기분이 좋아졌다. 여행도, 인생도 늘 예정된 일보다는 예상치 못한 일이 일어났을 때 곤란하지만 한편으로는 설레기도 한다.

그런 나를 놀리기라도 하듯이, 하늘은 다시 먹구름 사이로 해를 드러내며 환하게 웃어 보였다. 나도 덩달아 웃는 수밖에 없었다. 변덕이 심한 이곳 날씨는 얼마 지나지 않아 다시 비를 뿌렸고, 우비를 입은 채 계속 걸었던 결정이 아깝지 않게 되었다. 대처할 준비조차 하지 않았던 신발은 어쩔 수 없이 조금 젖게 됐지만…. 그 뒤로도 소나기는 몇 번이나 내렸다 그치기를 반복했다. 하늘의 변덕에 맞춰 걸음을 이어갔고 어느새 마의 오후 4시가 다가오고 있었다. 더 어

두워지기 전에 하룻밤을 보낼 곳을 찾아야 했다. 한동안은 마을이 보이지 않을 것 같았다. 아니 없었다. 더 늦기 전에 캠핑을 준비해야 하는데, 도무지 쭉뻗은 도로 옆으로 캠핑할 만한 장소가 보이지 않았다. 여름이면 도로 옆으로도 쭉 텐트가 늘어설 만큼 캠핑하는 사람이 많다고 했지만 그것 또한 위험한 일이라고 누군가 주의를 주었다. 그리고 지금은 한겨울이었다. 정신 나간 사람은 나 하나로 충분했다.

잔뜩 구름 낀 잿빛 하늘을 보니 아무래도 밤에 비가 올 것 같았다. 폐가나 비를 피할 수 있는 곳에서 야영해야 할 것 같은데 그럴 만한 곳이 보이지 않았다. 몇십 분쯤 더 걸어가자 멀리서도 보일 만큼 어마어마하게 큰 폭포가 보였다. 오늘 갈 수 있다면 도착하고 싶었던 Seljalandfoss(폭포)였다. 폭포는 강으로 이어져 있을 테고, 강 위로는 다리가 있으리라 생각했다. 다리 밑에서는 이미 한 번 자 본 경험도 있었다. 그런데 가까이 다가갈수록 주위만 점점 어두워질 뿐, 폭포는 마치 신기루처럼 가까워지질 않았다. 몸은 무거워지고 머리까지 복잡해질 무렵, 도로 오른편으로 소로가 나 있는 것이 보였다. 시선을 길의 끄트머리까지 이어가자 작은 집이 하나 보였다. 집이라기보다 창고처럼 보였다. 가까이 다가서자 절망처럼 철조망이 처져 있었다. 아쉬움을 접고 다른 방법을 찾아야만 했다. 끝날 것 같은 곳에서도 늘 길은 이어졌다. 아니 이어가야 했다.

창고에서 해지는 방향으로 시선을 돌리자 조금 멀리 떨어진 곳에 자그마한 집이 하나 보였다. 컨테이너처럼 보이기는 했지만 불이 켜져 있고, 확실히 사람

이 사는 듯했다. 집으로 다가가 조심스럽게 문을, 희망을 두드렸다. 잠시 동안 차가운 적막이 흘렀고 한 사람이 문을 열고 나왔다.

"무슨 일이세요?"

상황을 설명해야 했다. 최대한 침착하게 또한 예의 바르게.

"저는 지금 아이슬란드를 걸어서 여행 중입니다. 마을에서는 숙소를 구하지만, 그 외의 지역에서는 캠핑하며 다닙니다. 오늘 밤은 근처에 마을도 없고, 날은 저물어 가는데 아직 캠핑할 장소를 찾지 못했습니다. 실례가 안 된다면 집 앞마당에서 하룻밤만 캠핑하고 싶습니다."

또 한 번 정적이 흘렀다.

"죄송한데 제가 집 주인이 아니라서" 라며 멋쩍게 웃는 여자는 이곳에서 아이를 돌보고 있는 보모라고 했다. 뭔가 말이 더 이어질 것 같아 잠시 기다렸다.

"주인에게 전화를 한 번 해볼 테니까 잠시만 기다려줄래요?"

기다렸던 대답이었다.

잠시 후 나온 그녀는 안타깝게도 주인이 지금 전화를 받지 않는다고 했다. 이제는 시간이 너무 늦어 다른 방법을 찾을 수도 없었다. 연락이 올 때까지 잠시 집 앞에 가방을 내려두고 기다리기로 했다. 그런데 그 잠시라는 시간이 꽤 길어지고 있었다. 어느덧 두 시간이 훌쩍 지나갔다. 해가 완전히 떨어졌고, 기온도 함께 떨어지기 시작했다. 체온은 그보다 더 급하게 떨어져 가만히 서서 기다리기는 너무 추웠다. 집 앞에서 계속해서 몸을 움직였다. 비가 조금씩 묻어 있는 바람까지 불어오자 더 기다릴 수가 없었다. 주인의 안부가 궁금해졌다.

'혹시 사우나라도 간 것일까?'

한 번 더 문을 두드리고는,

"어떻게 됐나요?" 하고 묻자 아직도 감감무소식이라고 했다. 기다리는 것 말고는 할 수 있는 일이 없었다. 그 후로 얼마간의 시간이 좀 더 흐른 후에도 주인은 연락이 없었고, 결국 보모는 나를 집안으로 초대했다. '이럴 거면 좀 더 빨리 들어오라고 하지 그랬어요' 하고 말하고 싶었지만, 절대 말하지 않았다. 결코 받아들이기 쉽지 않은 인상이라는 것을 스스로도 잘 알기 때문이었다. 게다가 꼬마와 여자만 있는 집에 남자를 들이기에는 상당한 용기가 필요했을 거란 생각에 고마운 마음이 들었다. 그리고 곧바로 건네준 따뜻한 차 한잔과 함께 얼어있던 몸도 마음도 쉬이 녹아내려 버렸다.

독일에서 왔다는 비올라는 이 집에서 함께 살며 아이를 돌보고 있다고 했다. 아이슬란드는 유럽연맹에 속하는 국가는 아니지만, 유럽 사람들이 자유롭게 비자 없이 일할 수 있는 나라였다. 유럽이라는 테두리는 굉장히 좋은 측면이 많은 것 같다. 비슷한 테두리 일지라도, 그 테두리를 벗어나 다른 나라에서 일한다는 것은 다른 문화를 경험하고, 생각이 다른 사람들을 만나 새로운 것을 받아들일 수 있는 좋은 기회가 될 것이다. 자유로운 경험 자체가 상당히 매력 있게 느껴졌다. 우리나라도 워킹홀리데이 비자를 받아 외국에서 일할 수 있는 기회를 얻을 수 있지만 이들에 비하면 나이의 제약도, 기간의 제약도 많은 편이라 조금 아쉬운 면이 있다. 집주인의 남편도 겨울이면 노르웨이(노르웨이의 임금이 더 좋다고 한다)로 가서 일하느라 지금은 집에 없다고 했다. 기다리고

있는 안주인은 말 농장을 한다고 했다. 말을 타기도 하고, 말을 빌려주기도 하는. 가끔 전화를 안 받는 것 말고는 좋은 사람이라며 아마 허락해줄 테니 걱정 말고 기다리라는 말도 보탰다. 덕분에 마음을 좀 놓았다.

잠시 후 주인의 전화보다 주인이 먼저 왔다. '내가 만약 여자고 일을 마치고 집에 돌아왔는데 낯선 남자가 예고도 없이 집에 있으면 어떤 생각이 들까?' 그런 생각이 들자 머릿속에 새하얘졌는데, 비올라가 먼저 나를 자신의 친구라고 소개했다. 고마웠지만 솔직하고 싶었다. 갑자기 찾아온 것도 실례인데, 거짓말까지 할 수는 없었기 때문이다. 앞서 비올라에게 말 한 대로 차분하고 공손하게 상황을 설명한 후 하룻밤만 앞마당에서 캠핑하고 싶다고 말했다. 안주인 안나는 아무렇지 않은 표정으로 나를 잠시 보았다. 순간 표정에 아무런 감정이 느껴지지 않아 조금은 섬뜩했다.
"밖에 바람도 많이 불고 추운데 괜찮으면 그냥 소파에서 자고 가는 게 어때? 물론 본인이 원한다면."
'아마 카우치 서핑*이란 것이 유래된 것도 아이슬란드에서부터였지.'

가끔 스릴러 영화를 방불케 하는 뉴스들로 검게 물든 내 마인드로는 눈처럼 순수한 이곳 사람의 마인드가 그저 놀라울 따름이었다. 놀랐지만, 차분하게 괜

＊카우치 서핑(Couch Surfing)은 잠을 잘 수 있는 소파를 의미하는 카우치(Couch)와 파도를 타다는 서핑(Surfing)의 합성어로 숙박 혹은 가이드까지 받을 수 있는, 여행자들을 위한 비영리 커뮤니티이다. 보스턴의 케이지 펜튼이라는 남자가 아이슬란드로 여행을 가기 전에, 좀 더 싼 여행을 위해서 1500명의 아이슬란드 대학교의 학생들에게 자기를 재워줄 수 있냐는 메일을 보냈는데, 재워줄 수 있다는 50여 통의 답장을 받게 되면서 시작되었다.

찮다고 말했다. 아니 너무너무 좋다고, 그리고 고맙다고 몇 번을 말했는지 모르겠다. 사실 따뜻한 집안에 들어와 풀어진 마음이 다시 밖으로 나가기 싫다고 외치고 있었다. 간사하지만 솔직한 마음이었다. 이제 춥고 어두운 밖으로 나가지 않아도 된다고 생각하자, 이 집 소파가 내 집 침대처럼 편안하게 느껴졌다. 여행은 사소한 것 하나에도 감사함을 갖게 하지만, 이런 상황은 말로 표현할 수 없는 그런 고마움을 피어오르게 한다.

안나는 배고프면 스파게티를 좀 먹으라며 건넸다. 소파를 내어줄 때처럼 아무렇지 않다는 표정이었다. 한국인의 미덕으로 '과분한 친절은 이제 더 받아들일 수 없어'라고 말하고 싶었지만, 손은 이미 스파게티를 받아 들고 있었다. 손은 마음보다 빨랐다. 거절하기에는 온종일 배가 고팠다. 말이 필요 없는 맛. 너무 맛있었다. 쌀밥에 김치는 없지만, 일주일 만에 먹는 집밥(집에서 먹는 밥)이었다. 한 그릇을 다 먹자, 한 그릇을 더 권했다. 이번엔 정말 괜찮다고 사양했다.
"그럼 이제 더 먹을 사람도 없으니 이건 버려야겠네."
"아니! 잠깐만! 버릴 거면 내가 먹을게."

남은 스파게티를 그릇째 박박 긁어먹었다. 정말로 따뜻한 집밥에 굶주려 있던 것 같다. 늘 그렇듯 돌아가면 금세 잊어버리겠지만 이번 여행에서는 집의 소중함을, 그 따뜻함을 뼈저리게 느끼고 있다. 집을 떠나기 위해 여행을 왔는데 떠나서는 늘 집이 그리우니 참 아이러니하다. '이곳에 있으면 그곳이 그립고,

그곳에 가면 다시 이곳이 그립다.' 딱 그런 마음이 아닐까 싶다. 그래서 사람들은 여행하고, 다시 돌아가고, 그리고 또다시 떠나나 보다.

소파에 앉아 이런저런 이야기를 나누고, 알아듣지 못하는 얘기가 TV 속에서 흘러나와도 마냥 행복했다. 아마 안나가 내일도 괜찮으니까 하루 더 쉬고 가라고 해서 그럴 것이다. 자기가 키우는 말도 보여주고 싶다고 했다. 염치없어도 너무 염치없이 알겠다고 대답해 버렸다. 마을에 핫스프링(온천)도 있다고 하니, 일주일 동안 지친 몸과 마음을 다 풀어줄 수 있을 것 같았다. 정확히 일주일 만에 얻는 휴식이었다. 늘 걱정 반, 설렘 반으로 잠들 때와 달리 오늘 밤은 온전히 설렘만으로 내일 하루가 기다려진다.

"삶이란 지금 이 순간에만 누릴 수 있는 것이다.
지금 이 순간을 살아갈 때 참된 행복을 누릴 수 있다"
- 틱낫한 『틱낫한의 행복』

Day 8. 결정을 해야 했다

무사히 이번 여행을 잘 마무리하게 된다면, 오늘 하루의 휴식이 큰 도움이 되었다고 말하고 싶다. 하지만 아직 여행의 마무리를 얘기하기에는 많은 시간이 남아있다.

어젯밤은 다음 날 아침에 일어나 어디로, 얼마나 가야 할지 아무런 고민 없이 편안하게 잠들었다. 그리고 기분 좋은 아침을 맞을 수 있었다. 해가 아직 떠오르기 전 차를 타고 안나네 목장으로 이동했다. '아, 차를 탄다는 것이 이렇게 편안한 것일 줄이야.' 물질문명의 달콤함에 젖으면 안 된다고 생각하면서도 어쩔 수가 없었다. 힘든 일에 적응하는 데는 늘 오랜 시간이 걸리지만, 편한 것에 적응하는 것은 눈 깜짝할 사이다. 알면서도 잠시 흐름에 몸을 맡기기로 했다. 일주일 동안 힘들었던 것을 생각하면 이 정도 편안함은 충분히 이해할 수 있었다. 얼마 지나지 않아 지평선 너머로 해가 조금씩 고개를 내밀었다. 10시가 되기 조금 전이었다. 구수한 말똥 냄새를 맡으며, 시작되는 하루를 향해 잠시 멈추어 섰다. 춥고 어두운 밤을 보낸 뒤, 바라보는 일출도 아름다웠지만 편안한 마음으로 보는 일출 또한 아름다웠다. 우리는 오후에 다시 만나기로 하고, 안나는 승마교육장으로 나는 고대했던 온천으로 향했다.

어젯밤부터 온천 생각에 얼마나 설레였는지 모른다. 사실 온천이라 해도 수영장 옆에 온탕이 하나 더 있는 거라고는 하지만, 일주일 내내 추운 아이슬란드에 있으면서 온천과 짬뽕 생각이 얼마나 간절했던지. 꿈을 다 꿀 정도였다. 기대했던 수영장은 기대 이상이었다. 영하의 추위를 벗고 따뜻한 물속으로 들어가면 오징어마냥 흐물흐물 늘어졌다. 물 밖으로는 콧구멍만 꺼내 놓은 채 지친 심신을 원 없이 위로했다. 이곳은 어쩌면 천국일지도 몰랐다. 온탕에서 몸을 풀어 준 후에는, 미지근한 물에서 수영하며 뻐근한 관절과 뭉친 근육을 이완시켜줬다.

이곳의 백미는 냉탕이었다. 온기가 아닌 냉기로 김이 모락모락 피어오르는 냉탕. 과연 저곳은 천국 속의 지옥일까 하는 호기심과 함께 왠지 모를 도전 욕구를 자극했다. 마을 아주머니들과 70이 지긋이 넘어 보이는 할아버지들도 들어가시는데 내가 들어가지 못할 이유가 없었다. 냉탕 앞에 서서 이리저리 몸을 풀고, 심호흡하며 혹시 모를 불상사에 대비하는 모습을 지켜보시던 할아버지 한 분이 한마디 하셨다.
"어이 자네 그냥 빨리 들어가, 별거 아니야!"

무엇이든 망설이면 더 망설여지는 법. 호흡을 크게 한번 내쉬고는 얼음물로 그대로 쑤욱 들어가고 싶었는데…. 소심하게도 한 발 한 발 들어가 손끝으로 살짝 물을 찍어 심장 마사지까지, 한바탕 호들갑을 떤 후에야 들어갔다. 할아버지가 고개를 절레절레 흔들고 계셨다. 온몸을 냉탕에 다 담그자, 발끝부터 머리까지 혈액과 피부가 바짝 쪼여 붙는 것 같았다. 신세계였다. 한국에서도 목욕탕에 가면 자주 냉수마찰을 즐겼는데, 이곳의 냉탕은 차원이 달랐다. 머리까지 다 얼어붙어 사고가 정지되는 기분이었다.

'나는 누구인가? 여기는 도대체 어디인가?'

확실히 여기는 냉탕이었고, 아이슬란드였다. 그리고 나는 제정신이 아니었다.
잠시 후 번개처럼 빠르게 몸을 빼자 빨갛게 언 온몸에서 김이 모락모락 피어오
르고 있었다. 냉동 참치가 된 기분이었다. 한 10분은 지난 줄 알았더니 겨우 1분
이 지나있었다. 따뜻한 물로 몸을 옮겼다. 역시나 온탕의 고마움은 냉탕이 있기
에 더 잘 알 수 있다. 냉탕에 한 번 다녀와야 온탕이 얼마나 따뜻했는지 깨달을
수 있다. 냉탕에만 있을 수도 없다. 그랬다가는 얼어 죽을지도 모르니까. 그러기
에 우리는 적절히 온탕과 냉탕을 오가며 살아야 하는 걸지도 모르겠다. 차갑게
때로는 뜨겁게, 아무래도 아직 제정신이 아닌 것 같다.

꿈에도 그리던 짬뽕은 먹지 못했지만, 생각지도 못한 호사를 누렸다. 이 수영장
은 아침마다 손님에게 모닝커피를 나눠주고 있었다. 노천탕에 앉아 마시는 따
뜻한 커피. 너무 맛있고 아까워서 몇 번이나 홀짝거리며 마셨다. 마무리로 반신
욕을 하고 밖으로 나왔다. 다시 태어난 기분이었다. 지쳤던 몸이 제법 회복된 것
같았다. 다시 태어난 몸으로 마을을 천천히 둘러봤다. 이틀 전에 숙소 구하겠다
며 지친 몸으로 둘러봤던 마을과는 확연히 달라 보였다. 지쳐서 보지 못했던, 보
고 싶지 않았던 아름다운 모습까지 눈에 들어왔다. 행복한 산책이었다. 돌아갈
집이 있다니. 곧 떠나야겠지만. 하루라도 어디로 갈지, 어디서 자야 할지 하는
걱정이 없는 것만으로 한결 여유로웠다.

집으로 돌아가서는 잉바(안나의 큰아들)에게 체스를 배웠다. 머리 쓰는 게임은

별로 좋아하지 않지만, 아이가 가르쳐주는데 배우지 않을 수도 없었다. 소통이 힘들긴 했지만 그래서 더 재밌었다. 잉바는 처음 보는 나에게 여러 가지를 보여주고 싶어 했다. 자기 방도 보여주고, 스타워즈 로봇에 앵무새까지. 추운 겨울 마을과는 떨어져 외딴곳에 홀로 있는 집, 나는 이 집에 오랜만에 찾아온 손님일 지도 모르겠다.

잉바가 보여준 것 중 가장 반가웠던 건 해리포터였다. 예전에 해리포터는 애들이나 보는 거라며 거들떠보지도 않았다. 하지만 서른이 넘은 어느 날 해리포터를 처음 만났고, 완전 팬이 되어 버렸다. 특히나 마지막 편은 대형 스크린에서 보려고 아껴두고 있을 정도였다. (다른 편은 편당 10번 가까이 봤다) 잉바가 집에 있는 영화 목록을 쫙 보여줬다. 그 속에 해리포터가 눈에 날아 들어왔다. 심지어 마지막 편이었다. 너무 보고 싶었다. 지금까지 아껴온 시간이 마치 오늘을 위한 시간처럼 느껴졌다.

'두근두근.' 아껴두고 기대했던 해리포터 마지막 편이 드디어 시작됐다. 해리가 보이지 않았다. 아니 볼 수 없었다. 영화가 시작하자 스크린 앞으로 해리포터보다 잉바와 스바바(둘째아들)가 더 많이 날아다녔다. 마법을 쓸 수 있다면 저 둘을 잠시 정지시켜 놓고 싶었다. 중간쯤에는 아예 포기하고, 잠이 들어버렸다. 아무래도 다시 봐야 할 듯하다. 무슨 내용이었는지는 하나도 기억이 나질 않고, 결말만 뇌리에 남았다. 슬픈 결말이 아닌데도 나는 울고 싶어졌다.

따뜻한 물이랑 냉탕을 오가며 물에서 놀았던 것이 많이 피곤했는지 금방 잠들 어버렸다. 마치 내 집처럼. 꿀 같은 휴식 후 내일은 결정해야 했다. 사실 결정을 먼저 해야 했는데 먼저 잠이 들어버렸다.

나아갈지, 아니면 잠시 머무를지를….

Day 9. 어떤 선택

새로운 아침이 다가왔다. 새로운 결정을 내려야 했다.

내일이면 보모로 일했던 비올라가 고향으로 돌아가는데, 다음에 일하게 될 보모가 2주 뒤에야 온다고 했다. 안나는 계속해서 일을 나가야 하는데 2주가 비게 되었다. 어제 비올라는 나에게 해보는 게 어떻겠냐고 물었다. 솔직히 고민이 많이 됐다. 때마침이라고 해야 할지 날씨도 점점 나빠지고 있었다. 어떻게 이런 타이밍에 이 집에 오게 된 건지, 마치 신의 장난처럼 여겨졌다. 아직 돌아가는 비행기 티켓도 끊지 않았다. 아직 이곳에서의 시간도 최대 3개월가량 남아 있으니 2주 정도 머물더라도 괜찮을 것 같았다. 아이슬란드를 여행하는 것도 특별한데, 거기다가 보모라…. 새로운 경험에 대한 기대는 언제나 나를 설레게 했다. 어쩌면 여행을 시작한 지 일주일 만에 조금은 지쳐버렸다는 게 더 솔직한 기분일지도 몰랐다. 나는 조금 멈추고 싶다고 생각했다.

안나가 출근하기 전 내가 먼저 얘기를 꺼냈다. 안나도 2주간 사람이 없어서 고민하던 모양이었다. 내가 해줄 수 있다면 고맙겠다며 남편과 상의한 후, 저녁에 다시 얘기하기로 했다. 어떤 선택을 하고, 어떤 일이 일어나든 모든 것이 다 나의 여행이었다. 자유롭게 흘러가는 대로 두고 할 수 있는 일은 그 선택에 대한 책임을 지는 것뿐이었다. 이 집에서 잠시 더 머무르게 될지 아직 확실한 것은 아니었지만, 일단은 저녁까지 기다려야 했다. 아무것도 하지 않는 하루는 지루했지만 편안했다. 밥 먹고 커피 마시고, 여전히 알아들을 수 없는 TV를 봤다. 비올

라와 스바바를 데리고 마당에 나갔을 때 말고는 오전 내내 집에만 있었다.

오후가 되자 날씨가 조금씩 거칠어졌다. 안나가 생각보다 일찍 돌아왔다. 안나의 친구라는 여경도 함께 왔다. 여경은 아마도 나 때문에 들른 것 같았다. 그녀는 나의 여행에 대해서 자세히 물었다. 진지하게 이야기를 다 듣고는 지금 하는 일이 상당히 위험한 일이라고 했다. 얼마 전, 이곳에서 멀지 않은 곳에서 하이킹하다 죽은 여행자가 둘이나 된다는 섬뜩한 이야기까지 해주었다. 그들도 나처럼 여행하고 있었지만, 준비가 잘 된 숙련된 여행자였다고 했다. 그리고 지금 내 복장은 이곳에서 여름옷이나 마찬가지라고 덧붙여 말했다.(동의할 수밖에 없었다) 이런 심각한 이야기를 들어서 겁이 나는 건 아니었지만, 불안해지는 건 사실이었다. 날씨도 험악해져 앞으로 일주일 넘게 강한 비바람만 불 거라고 했다. 불안감은 더 커졌다. 잠시 멈춰 서고 싶은 생각은 더욱 강해졌다.

경찰이 돌아가고, 저녁엔 안나가 전화를 한번 받아보라며 수화기를 넘겼다. 수화기 너머로 반가운 모국어가 들려왔다.
"안녕하세요?"
자신을 아이슬란드에 살고 있는 한국 사람이라고 소개했다. 그분은 나에게 주의가 아닌 권고를 했다.
"안나에게 얘기를 대충 들었는데요, 지금 하는 여행 그만두는 게 어떻겠어요?"
많이 당황스러웠다. 외국어가 아닌 모국어로 들으니 그 충격이 더 컸다. 실례인거 알지만 같은 한국 사람으로서 꼭 말해주고 싶었다고 했다. 젊은 패기로 그러

는 것은 좋지만, 지금까지는 운이 좋았던 거라며. 이곳에 살고 있는 분이 이렇게까지 얘기하는 걸 보면 아마 맞는 말일 것이다. 그저 기어들어 가는 목소리로 "네 알겠습니다" 하고 대답하는 수밖에 없었다. 그분은 마지막으로 가슴 아픈 말을 하나 더 보태고는 전화를 끊었다. 안나가 지금 곤란해하고 있다는 말이었다. 남편이 남자 보모를 탐탁지 않게 생각하는데, 그 말을 어떻게 전해야 할지 몰라 난처해 한다는 거였다.

마음이 씁쓸했다. 창밖으로 먹구름이 몰려오고 있었다. 바깥에는 아직 걷히지 못해 외롭게 펄럭이는 빨래가 보였다. 왠지 지금 내가 그 빨래가 된 기분이었다. 갑자기 찾아와 나 조금 편하자고, 다른 사람을 곤란하게 하고 있었다. 무언가 선택할 때는 다른 사람도 배려해야 했는데…. 미숙했던 자신이 부끄러웠다. 전화를 끊고 고개를 숙인 채 안나에게 말했다.
"곤란하게 해서 정말 미안해. 내 생각만 하느라 네 입장을 생각 못 했네. 내일 날이 밝는 대로 곧바로 나갈게."
안나는 직접 말하고 싶었는데, 먼저 말을 못 꺼내서 정말 미안하다고 했다. 안 그래도 낯부끄러울 정도로 미안한데, 오히려 미안하다고 말하는 안나를 보니 더 미안해졌다. 마음이 좋을 리 없었다.
"제발 미안해하지 마. 네 입장도, 마음도 충분히 알겠으니까 절대 미안해할 필요 없어. 너희 집에 있을 수 있어서 너무너무 고마웠어. 진심이야."

늦은 밤 안나는 비올라를 공항에 바래다주고, 내일 아침 돌아오는 남편을 마중

하러 공항으로 떠났다. 아이들도 함께였다. 안나는 무사히 여행을 마무리하라며 따뜻하게 안아주었다. 그리고 또 한 번 미안하다는 말을 남기고 떠났다. 고맙다는 말밖에 할 말이 없었다. 모두가 떠나고 텅 빈 집에 혼자 남겨졌다. 비바람 소리는 점점 더 거칠어졌고, 마음은 더 쓸쓸해져 갔다.

다시 혼자라는 기분에 외로운 마음이 사무쳤다.

나는 멈추고 싶었지만, 계속 나아가야 했다. 나아가지 않으면 돌아서야 했기 때문이었다. 앞으로 더 힘들고 외로울지도 모르지만, 갈 수 있는 만큼 더 가보고 싶었다. 누군가 걱정해주고 조언해주는 것은 고마웠지만, 멈춰 서더라도 내 의지로 멈춰 서고 싶었다. 그래야 납득할 수 있을 것 같았다. 다만 길 위에서 그런 선택의 순간이 온다면, 그 선택의 순간이 너무 늦지 않기를 바랄 뿐이다.

Day 10. 잊고 싶지 않은 순간들 [Selijalandfoss]

텅 빈집에서 홀로 눈을 떴다. 날씨는 점점 험악해져 가고 있었다. 하지만 안나에게 받은 낡은 요가 매트와 그 전날 마트에서 거금을 들여 산 울 양말이 있다는 것이, 적게나마 위안이 되었다. 다른 선택은 없다. 그냥 조금 더 용기를 가지는 것뿐. 다시 길을 나서야 했다.

이틀을 편하게 쉬었다. 몸은 거의 회복한 듯했지만, 마음은 오히려 더 약해진 것 같았다. 비바람을 막아주는 테두리 속에 있다가, 거센 폭풍 속으로 들어서니 불안해지는 건 어쩔 수가 없었다. 비바람은 무겁게 나를 짓눌렀다. 마치 이틀 동안 편하게 쉬었던 것을 질책이라도 하는 것 같았다. 몸은 앞으로 나아가려고 움직이는데 자꾸만 뒤로 밀려났다. 힘을 주고 몸을 숙인 채 걷지 않으면 앞으로 나아갈 수가 없을 정도였다. 지독한 맞바람이었다. 상대가 마주 보고 화를 내니, 나 또한 화가 났다. 울분에 받쳐있는 얼굴 위로 빗물인지 눈물인지 알 수 없는 물이 계속해서 흘러내렸다. 홀로 이 비바람 속을 걷고 있다는 게 너무 서러웠다. 순간 다 포기하고 돌아가고 싶었다. 날씨가 험악해 더 나아갈 수가 없었다고 다시 안나네 집으로 돌아가 레이캬비크로 돌아가는 버스를 알아보고 싶었다. 그냥 집으로 돌아가고만 싶었다. 하지만 동시에 마음속 깊은 곳에서 악 같은 것이 치고 올라왔다.
'좋다 한번 불어봐라. 힘껏 밀어내 봐라. 누가 이기는지 한번 해보자.'

이를 악물고 걸으니 발걸음에 힘이 실렸다. 계속해서 비바람에 밀렸지만 조금씩 앞으로 나아가고 있었다. 한 걸음 뒤로 밀리면 두 걸음씩 앞으로 나아가고 있었다. Selijalandfoss를 앞에 두고는 적지 않게 고민이 됐다. 한 발 나아가는 게 이렇게 힘이 드는데 폭포를 보러 가려면, 지금 걷고 있는 1번 국도에서 잠시 벗어나 1Km 정도 안으로 더 들어가야 했다. 평소 같으면 고민 안 하고 들어갔을 것이다. 보고 싶었으니까. 하지만 지금은 날씨가 험해도 너무 험했다.

고민 끝에 결국 마음 가는 대로 하고 말았다. 나중에 보지 않은 걸 후회하고 싶지는 않았기 때문이었다. 힘겹게 마음을, 발걸음을 폭포 쪽으로 돌렸다. 잠시 후 도착한 그곳에서는 거센 비바람과 함께 거대한 폭포의 물줄기가 흔들리고 있었다. 과연 엄청나게 물을 뿌려댔다. 덕분에 시야는 엉망이지만, 마주한 폭포는 굉장했다. 거대한 물줄기가 가슴을 관통해 울분을 씻어주는 것만 같았다. 살면서 잊고 싶지 않은 순간들이 있다. 지금이 그런 순간이었다.

눈으로, 마음으로 이 순간을 담기 위해 자연이 빚어낸 창조물 앞에 말없이 서 있었다. 마음에 충분히 담고 나자 카메라에도 담고 싶었다. 때마침 한 커플이 눈앞에 보였다. 폭포를 바라보던 애절한 눈빛으로 커플을 바라보았다. 그런 마음을 알아채고는 남자가 물었다. "사진 찍어 드릴까요?" 놀랍게도 한국인이었다. 역시 한국인은 눈치가 빨랐다. 그는 자신의 카메라에도 내 사진을 담고 싶다고 했다. 조금 쑥스러웠지만 거절하지는 않았다. 또다시 강렬한 눈으로 폭포를 바라보며, 최대한 멋진 표정과 포즈로 그의 피사체가 되었다. 그는 사진을 공부하는 학생이라고 했다. 썩 좋은 비주얼과 비율은 아니지만 진지한 눈빛만은 잘 담아줬으면 하고 바랐다. 언제가 될지 모르겠지만 사진을 받을 수 있다면 더할 나위 없겠다.

폭포에서 내려와 정식으로 인사를 나눴다. 그들은 자신들도 Vik 방향으로 간다며 원한다면 태워주겠다고 했지만, 지금까지 열 번도 넘게 히치하이크를 거절했던 나였다. 게다가 이미 다 젖은 몸으로 탄다면 보통 민폐가 아닐 것 같아 고마운 마음만 받기로 했다. 대신 'Made in Korea'가 당당히 찍힌 핫팩은 감사히 받았다. 받는 순간 한국인의 정이 느껴져 벌써부터 따뜻해지는 기분이었다. 폭포를 보러 걸어온 보람은 충분히 있었다.

왔던 길을 다시 돌아나가 1번 국도에 올랐다. 비바람은 여전히 세차게 불었고, 옷은 비에 흠뻑 젖어 계속 무거워졌다. 무거운 몸을 이끌고 걷다 보니 이틀간 잘 쉬었던 것이 무색해졌다. 일찍 멈추고 싶었다. 날씨도 험하고, 몸도 지쳐 그냥 쉬고 싶었다. 첫 번째 찾은 캠핑 장소에서 머뭇거려졌지만, 아직 시간도 쥐어짤 체력도 조금은 남아있는 것 같았다. 오늘 남은 것은 오늘 다 쓰기로 마음먹고, 조금만 더 걸어가 보기로 했다. 신발은 다 젖어 이제 '찌걱찌걱' 소리를 냈고, 통풍 구멍으로 거품이 나오고 있었다. 축축한 비와 불어오는 바람에 얼어붙은 손으로 젖은 장갑을 꼭꼭 짜며 걸었다.
'조금만 더, 조금만 더' 하며 계속 걸었다.

흐린 날씨라 평소보다 더 빨리 어두워졌다. 더 남은 기운도 없었다. 체력이 아닌 정신력으로 걸어가는데 저 멀리 커다란 집과 그 옆으로 폐가처럼 보이는 건물이 하나 보였다. 1번 국도를 벗어나 언덕 방향으로 조금 올라가야 했지만, 늦은 시간이라 선택의 여지가 없었다. 가까이 다가가자 원래 사람이 살던 집인데 오랜 시간 집을 비운 것 같았다. 폐가처럼 보인 건물은 그 집에서 쓰던 창고처럼 보였다. 창고에는 문이 없었다. 안으로는 들어서기 전에 식당으로 사용했던 것 같은 장소가 있었다. 오랜 세월을 증명하듯 먼지가 소복이 내려앉아 있었다. 첫날 귀신의 집을 한번 경험한 터라 조금 무섭기도 했지만, 귀신이 있을 것 같지는 않았다.
"실례합니다."
그래도 혹시 모를 보이지 않는 주인에게 깍듯이 인사를 하고 들어갔다.

먼지 쌓인 테이블을 쓸 수 있어서 오늘은 편하게 앉아 밥을 먹을 수 있게 됐다. 얼룩진 유리컵 안에 자그마한 초도 하나 켜두니 비 오는 밤, 분위기가 제법 그럴싸해졌다. 어느 가사처럼 작은 촛불 하나에 달라지는 게 너무나도 많았다. 어둠이 다 달아나지는 않지만, 촛불을 보고 있으니 따스해지는 기분이었다. 더 어두워지기 전에 먼저 텐트를 치고 테이블에 앉아 라면을 끓였다. 젖은 신발과 양말을 벗었다. 온종일 젖어 퉁퉁 불어버린 발이 안쓰럽게 보였다. 조금이라도 말려보려 라면을 끓이고 있는 냄비 옆으로 가져다 댔다. 그런 꼴이 우습기도 하고 짠하기도 했다. 라면에 길 위의 친구들에게 받았던 햄을 넣어서 푹 퍼지게 끓였다. 촛불 옆으로는 좋아하는 영화 중 하나인 '3 Idiots'(이 영화도 20번 가까이 봤다)를 틀어놓았다. 영화 속 명대사인 'All is well(다 잘 될 거야)'을 외치며 얼마 되지 않는 라면을 꼭꼭 씹었다. 과연 이런 순간들은 시간이 지나도 쉽게 잊히지 않을 거란 생각이 들었다.

따뜻한 집을 떠나 다시 어둠 속으로 돌아왔지만, 잘 적응해 나가고 있었다. 기대했던 울 양말의 효과는 30분이 지나자 사라졌다. 얼어붙은 발을 녹이기 위해 파리처럼 양발을 비벼야 했다. 푹신하리라 믿었던 요가 매트 효과도 30분을 넘기지 못했다. 아무래도 엉덩이에 살이 빠져서 그런 것 같았다. 핫팩은 더 추운 날 쓰기 위해 아껴뒀다. (오늘도 충분히 추웠지만) 여전히 밤은 춥고 외로웠다. 그래도 길 위에서 만난 소중한 인연들 덕분에 조금씩 따뜻해져 가고 있었다. 지금은 그것만으로 충분했다.

Day 11. 세상은 감사하는 자들의 것 [Skógafoss]

깨진 창문 밖으로 아직도 비가 오고 있었다. 창문을 두드리는 아름다운 빗소리
는 없었다. 바람 또한 어제와 다름없이 거세게 불고 있었다. 하지만 길을 나서야
했다. 어제 이미 최악의 날씨를 경험한 터라, 오늘 상대적으로 약해진 비바람이
다행처럼 여겨졌다. 적어도 맞바람은 아니었다. 짙은 먹구름 아래로 옅게 부서
지는 햇살이 새어 나왔다. 어쩌면 갤지도 모르겠다는 희미한 희망을 품고서 열
한 번째 출발을 했다. 나는 지금 어제보다 1%라도 나아지는 게 있다면 그것만
으로 감사할 수 있는 그런 여행을 하고 있다.

희망을 안은 채 2시간쯤 넘게 걸었을까? 어제 온종일 보고 싶던 해와 그 아래로
그리던 바다가 펼쳐졌다. 왠지 모르게 울컥해 눈시울이 붉어졌다. 여행이 겨울
바다를 보고 눈물짓는 감성적인 남자로 만들고 있었다. 잠시 감상에 젖을 겨를
도 없이, 다시 비가 내려 발걸음을 재촉했다. 그래도 바다를 보고 나니 발걸음에
조금은 생기가 생겼다. 누군가 뒤에서 밀고 있는 것처럼 발걸음이 가벼웠다. 그
마저도 그리 오래가지는 못했다. 점심때는 이미 지났고, 아침에 먹은 라면은 발
걸음의 연료가 되어 사라진 지 한참이 지났다. 아끼고 아끼던 식량도 거의 다 떨
어져 갔다.

마침 보이는 레스토랑에 길도 물어볼 겸 잠시 들렀다. 식사 시간이 지나서 그런
지 식당 안은 한산했다. 어차피 지금 가진 돈과 여유로 사 먹을 수 있는 것은 없

었다. 그냥 길만 묻고 나가야겠다고 생각하고 카운터로 갔는데 딱 한 조각만 남은 조각 케이크가 눈에 들어왔다. 눈을 뗄 수가 없었다. 너무 먹고 싶었다. 찰나의 순간에 먹고 싶다는 기도마저 드렸던 것 같다. 직원에게 길을 물을 때도, 친절한 대답을 들을 때도 심지어 나의 여행 이야기를 하면서도 마음은 오직 케이크에만 있었다. 순간 케이크가 먹고 싶다고 생각만 하고 있었던 게 입 밖으로 나올 뻔했다. 결국 생각은 입 밖으로 터져 나왔다.

"그냥 궁금해서 그러는 건데 이 케이크 얼마예요?"

"아, 그거 너 먹을래? 오후에 새것 만들어야 해서 어차피 그거 치워야 해. 먹고 싶으면 먹어도 돼."

'정말 괜찮나요?'라는 예의는 생략하고 바로 감사의 인사를 전했다.

"감사합니다. 잘 먹겠습니다."

남자는 태어나 세 번 울어야 한다는데, 아이슬란드가 오늘만 벌써 두 번이나 울리고 있다. 아 눈물 젖은 조각 케이크가 눈물 나게 맛있었다. 케이크 하나에 이렇게 마음이 따뜻해질 줄이야. 어제오늘 비바람에 얼어붙은 마음이 다 녹는 것만 같다. 진심으로 고마워 몇 번이나 감사의 인사를 더했다.

"케이크 먹어서 그런지 힘내서 잘 갈 수 있을 것 같네요."

직원이 대답했다.

"그럼 케이크는 어디로든 갈 수 있게 해주는걸"

마법의 주문 같은 그 말을 듣고 나니, 정말 어디로든 갈 수 있을 것만 같았다.

레스토랑을 나오니 세상이 달라 보였다. 아이슬란드가 고마웠다. 단지 케이크 한 조각 때문이 아니었다. 생각해보면 짧은 기간 동안 이곳에서 너무 많은 것을 받았다. 나도 할 수 있다면 무언가 해주고 싶었다. 지금 내가 할 수 있는 것을 생각해보았다. 처음엔 걸어가며 도로의 쓰레기를 주웠다. 하나, 둘, 쓰레기 하나 주울 때마다 25kg 가방을 멘 허리를 숙였다. 이러다가 나도 버려질 것 같았다. 두 번째로 생각한 것은 다른 사람들에게 웃음을 주는 거였다. 걷고 있는 방향의 사람들에게는 인사할 수 없어도, 반대편 도로에서 오는 사람들과는 잠시지만 마주 볼 수 있었다. 이때 반갑게 인사를 하는 거였다. 물론 허리 숙여서가 아니라, 손을 흔들며 환하게 웃는 얼굴과 함께. 그러면 이곳의 현지인이든, 여행자든 잠깐 웃을 수 있는 여유가 생기지 않을까?

처음엔 어색하고, 쑥스러웠다. 사람들이 어떻게 반응할까도 생각해 봤다. 만약 우리나라에서 이렇게 했더라면 아마도 '저 사람 누구지? 아는 사람인가?' 하고 눈에 레이저가 나올 만큼 나를 노려볼 것이고, 심지어 차에서 내려 "혹시 나 알아요?" 하고 물어 올지도 모른다. 그냥 지나친다면 나를 좀 모자라거나 미친 사람이겠거니 생각할 게 분명하다. 애초에 선팅이 심해 차에 탄 사람의 표정조차 볼 수 없을 것이다.

이곳에선 놀랍게도 90%의 사람이 환하게 웃으며 화답해줬고, 10%의 사람만이 못 본 척하거나 미친놈 보듯 쳐다보며 지나갔다. 고작 인사가 뭐 그리 도움이 될까도 생각했다. 내 밝은 미소가 누군가에겐 썩은 미소처럼 보일 수도 있었다. 단

지 나는 무엇이라도 하고 싶었을 뿐이고, 행동했을 뿐이다. 무언가 돌려주고자 시작한 일이었는데, 정작 행복해진 사람은 다름 아닌 나였다. 건네는 인사에 돌아오는 환한 미소를 보며 가슴속 깊이 미소가 피어올랐다. 그렇게 길 위에서 행복해졌고, 누군가도 행복하길 바랐다.

한 시간에도 수십 명이 넘는 사람들과 인사를 주고받으며 걷다 보니 외롭지가 않았다. 길 위에서 더 이상 혼자가 아니었다. 힘들어도 고개 숙이지 않았다. 한 사람이라도 많은 사람을 바라보려면 고개를 숙여서는 안 됐고, 인사를 하기 위해서는 웃음을 잃지 않아야 했다. 몸은 지치더라도 마음은 지치지 않겠다고 다짐했다. 나는 생각했던 것보다 강했고, 여행 속에서 더 강해지고 있었다. 힘이 들 때는 땅을 향해 고개를 숙이는 게 아니라, 하늘을 향해 고개를 들었다. 먹구름 사이로 옅게 퍼져있는 파란 하늘과 나지막이 비치는 햇살 너머로 희망이 보였다. 희망을 찾았다. 아 이제는 어쩌면 하루를 버티는 게 아니라 즐길 수도 있겠다는 생각이 들었다.

감상에 흠뻑 젖어있는 나에게 하늘은 장난이라도 걸듯 굵은 빗방울을 뿌렸다. 세차게 얼굴을 때렸다. 인정사정없었다. '진짜 아프네!' 하고 비를 피하기 위해 반대편으로 얼굴을 돌렸다. 굉장한 것이 눈앞에 있었다. 앞만 보고 갔더라면 보지 못했을 것이었다. 너무나도 가까이, 너무나도 아름다운 무지개가 펼쳐져 있었다. 가까이, 넓게 퍼져있어 카메라 렌즈에는 다 담을 수조차 없었다. 한두 장을 찍고는 이내 포기하고, 그저 바라보는 수밖에 없었다.

그저 마음속에 담아두는 수밖에 없었다.

케이크 한 조각의 힘으로 어디든 갈 수 있다던 점원의 말대로, 7Km를 더 걷자
오늘의 목적지 Skógafoss 마을이 나왔다. 이틀 연속 비를 쫄딱 맞아 젖은 옷과
신발을 말리기 위해서라도 숙소를 구해야 했다. 입맛과 가격이 맞는 숙소가 있
을지는 모르겠다. 혹시 몰라서 일단 캠핑장으로 먼저 향했다. 역시나 이곳 캠핑
장도 텅 비어 있었고, 주인 또한 찾을 수 없었다. 몇 개의 숙소를 더 돌아다녀 봤
지만 가격 흥정은 그리 쉬운 것이 아니었다. 다들 매우 친절했지만, 가격에 관해
서만은 단호했다. 끈질기게 늘어질 여지조차 주지 않았다. Hvolsvöllur에서처럼
행운 아니면 요행을 바라며, 수리 중인 호스텔에도 부탁해보았지만, 행운이 두
번 연속해서 찾아오지는 않았다. 아쉬움을 집어삼킨 채 돌아서는 뒷모습이 불
쌍해 보였던 건지, 아니면 그냥 한번 던져보는 소리인지는 모르겠지만, 호스텔
사장이 한마디 했다.
"저기 캠핑장 화장실은 어때? 어차피 밤이 되면 아무도 오지 않으니까, 자고 아
침에 나가면 될 텐데."
'지금 사람을 뭐로 보고!!'
그렇게 좋은 아이디어는 또 없을 것 같았다.

화장실은 기대 이상의 선택이었다. 일단 화장실 밖으로는 테이블이 있어 앉아
서 밥을 먹을 수 있었다. 게다가 전등, 전기도 있고 물까지 나와 씻을 수가 있었
다. 자다가 화장실 가고 싶을 때는 눈 뜨면 바로 화장실이니 얼마나 편리한가 하

고 스스로를 참 많이도 위로했다. 마음을 비우니 멋진 곳이란 사실은 분명했다.

너무 밝지도 그렇다고 너무 어둡지도 않은 전등 아래 테이블에 앉았다. 젖은 양말과 신발을 벗어두고 식사를 준비했다. 오늘 저녁도 물론 라면이지만, 라면은 아무리 먹어도 질리지가 않는다. 라면과 함께 어제 보다가 만 영화를 봤다. 아무도 없는 어둠 속에서 홀로 큰 웃음 지어가며 행복한 시간을 보내고 있었다. 얼마쯤 시간이 흘렀을까? 칠흑 같은 어둠을 베기라도 하듯 자동차 헤드라이트가 눈앞에서 부서졌다. 손님이 찾아오기에는 조금 늦은 시간이었다. 누군가 다가오고 있었다. 반가운 손님일지 아닐지는 잠시 지켜봐야 했다.

나의 숙소 앞에 차를 대고 내린 손님은 네 명이었다. 그들은 조심스럽게 다가와 말을 꺼냈다.
"혹시 여기서 자?"
"응, 그런데."
조심스럽게 말을 아꼈다. '혹시나 문제가 되지 않을까?' 걱정이 됐다.
얼마간 서로의 눈치를 살폈다. 네 명 중 유일한 여자가 말을 건넸다.
"우리도 오늘 여기서 자도 괜찮을까?"
그들은 반가운 손님이었다.

집이 북적거리는 건 싫지만, 길고 외로운 밤 동행이 있다면 유쾌한 밤이 될 것 같았다. 그렇게 내 집도 아닌 심지어, 화장실을 새로운 친구들에게 내어놓았다.

남자 3명에 여자 1명. 폴란드에서 왔다는 이 친구들은 첫인상만 보아도 따뜻하고 바른 사람처럼 보였다. 나처럼 가난하게 화장실에서 하룻밤을 버틸지라도, 나보다는 부유한 여행자들이었다. 차를 타고 여행하고, 그 차안에는 식량이 아주 풍부했다.(나에 비하면) 첫인상처럼 따뜻한 그들은 자비롭게 음식도 베풀었다. 집주인이 가난해서 반대로 손님들에게 대접을 받았다. 솔직히 라면 하나로 긴긴밤을 버티기가 늘 힘들었다. 고마운 친구들이었다. 외로울 거라 생각했던 밤에 누군가와 함께 대화를 나누고, 웃음을 나누었다. 마치 추운 밤 화톳불을 피워놓고 둘러앉아 있는 것처럼 따뜻한 시간이었다.

잠자리로 돌아갈 시간 유스티나만 차에서 잠을 자고, 남자 넷은 여자 화장실에 자리를 폈다.(여자 화장실이 조금 더 깨끗했다.) 좁지만, 따닥따닥 붙여서 침낭을 펴니 딱 네 명이서 잘 수 있는 자리가 나왔다.
'생전 처음 보는 친구들과 어깨를 마주 붙이고 하룻밤을 함께하다니, 그것도 화장실에서!'

'세상은 감사하는 자들의 것'이라는 말이 가슴으로 와닿았다.
세상은 감사하면 할수록 더 감사할 일을 만들어주었다.
소중히 해야 할 삶의 진리를 여행 속에서 배워가고 있었다.

Day 12. 좋은 잠을 잘 수 있는 자격

화장실에서의 하룻밤은 아늑하고 따뜻했다. 환풍구 너머로 밀려오는 비바람 소리에 잠을 조금 설치긴 했지만, 발에 땀이 나 양말을 벗어 던질 정도였으니 최고의 밤이었다. 상쾌하게(?) 맞이한 아침, 하룻밤을 화장실에서 함께 보낸 친구들이 나누어준 오렌지 잼은 무척이나 달콤했다. 거기에 향긋한 모닝커피까지 함께 나누었다. 잔뜩 찌푸린 날씨와는 상관없이 기분 좋은 아침이었다.

어제 늦은 시간 도착해 볼 수 없었던 Skógafoss를 보기 위해 우리는 폭포로 향했다. 무언가 굉장한 것을 홀로 마주할 때의 감동과 누군가와 함께 그 감동을 나누는 느낌은 다르다. 이틀 전 Selijalandfoss에서 느끼던 감동과 오늘 Skógafoss에서 느끼는 감동은 달랐다. 같은 폭포라 할지라도 두 폭포가 주는 매력이 달랐고, 누군가와 함께 감동하고 있다는 느낌이 달랐다. 폭포의 크기로만 보자면, Skógafoss가 더 거대했다. 폭포가 수면을 셀 수 없이 때려 만드는 물방울로 인해 자욱하게 물안개가 피어오를 정도였다. 신비로웠고, 묵직한 울림이 전해졌다. 폭포 옆으로는 폭포를 위에서도 내려다볼 수 있게 정상으로 올라갈 수 있는 길이 있었다. 가방을 메고 있었다면 위로 올라가는 건 아마 상상조차 하기 싫어겠지만, 가방 대신 함께 올라갈 친구들이 있었다. 위에서 내려다본 폭포는 또 다른 신비로움이 있었다. 너무 가까이서 바라보다가 하마터면 빨려 들어갈 뻔했다.

하룻밤 화장실에서 함께한 친구들과는 폭포를 등 뒤로 하고 작별했다. 그 친구들은 이제 집으로 돌아가는 길에 올라야 했고, 나는 아직 언제까지가 될지 모르는 길을 향해 계속 나아가야 했다. 그들의 되돌아간다는 말이 왠지 모르게 가슴 한구석을 찔렀다. 나도 언젠가 돌아가는 길에 오르겠지, 어쩌면 길에 오르는 그 순간부터 돌아가고 있었는지도 모르지만. 쿠바, 크리스토퍼, 유스티나, 사이먼 그들을 만나서 유쾌했다. 아마도 살면서 화장실에서 함께 밤을 지새울 수 있는 인연은 그리 많지 않기에 하룻밤이었지만, 쉬이 잊지 못할 것 같다. 그들의 유쾌함과 따뜻함까지도.

폴란드 친구들과 작별한 후, 마을에 유일하게 있는 마트로 갔다. Vik까지는 아직 35Km 남았고, 도중에 큰 마을이 없기 때문에 식량을 미리 사둘 필요가 있었다. 안 그래도 비싼 물가에, 호텔 안의 마트는 물건 값을 거의 두 배로 올려 팔고 있었다. 쉽게 살 수 있는 물건이 없었다. 어차피 생존을 위한 최소한의 물품을 사러 들어갔던 것이었다. 결국 옥수수 수프 하나와 초콜릿 세 개만 사 들고 나와야 했다. 이제 가방에 조금 남아있던 음식과 이것들과 함께 내일까지는 Vik에 들어가야 했다. 그렇지 않으면 도중에 굶어 죽을지도 모른다.

하늘은 비를 잔뜩 머금은 채 인상을 찌푸리고 있었다. 언제 비를 퍼부어도 이상할 게 없었다. 그렇지만 찌푸린 얼굴 사이로 조금씩 웃음을 보이는 파란 조각을 보며 희망을 품었다. 오늘도 역시 몇몇 사람들이 앞에 차를 세우고 '괜찮은 거냐'라고 물었고, 원한다면 태워 주겠다고 말을 걸어왔다. 타고 싶은 마음이 갑자기 튀어나올까 봐 꼭 부둥켜안고서, 애써 괜찮다고 말했다. 계속해서 누군가 도

움이 필요한지 물어왔고, 정중히 거절하는 것의 반복이었다. 그런데 어느 순간
부터 잠시 멈춰 차 안의 사람들과 대화를 나누기 시작했다. 걸어서 여행한 지도
이제 10일이 넘자 여행은 조금씩 나름의 스토리를 만들어가고 있었다. 사람들
은 그 스토리를 듣고 때로는 함께 웃었고, 때로는 안타까워했다.

한 번은 타이완 남자와 말레이시아 여자 커플이 무언가 필요한 것은 없냐고 물
어왔다. '먹을 것. 먹을 것이 필요해' 생각만 했는데 이미 입은 먹을 것이 필요하
다고 말하고 있었다. 그만큼 배가 고팠다. 그들은 일단 물통부터 달라더니 물을
채워주고는, 차에서 뭔가 주섬주섬 꺼내기 시작했다. 바나나, 빵, 햄, 과자까지
일용할 양식을 나누어 주고는, "춥지는 않느냐?"라고 물었다. 그리고 자기들은
이제 필요 없다며 핫팩까지 나누어 줬다. 길 위에서 사람들의 따뜻함에 또 한 번
감동했다. 헤어지기 전에는 정말 대단하다며 같이 사진까지 찍자고 했다. 고마
운 사람들 나 또한 기억하고 싶어 함께 사진을 찍었다. 뒤돌아 서서 차가 시야에
서 사라질 때까지 손을 흔들었다.
'아 이제 초콜릿 하나로 버티지 않아도 되겠구나' 하는 생각이 가장 먼저 들었다.

지금껏 한 시간마다 초콜릿 한 조각 녹여 먹으면서 배고픔을 달래고 있었다. 이
제 당이 아닌 배를 채울 수 있었다. 그들에게 받은 식빵을 아무것도 바르지 않은
채, 한입 덥석 베어 먹은 다음 나머지도 꾸깃꾸깃 입안으로 밀어 넣었다.
'식빵이 이렇게 맛있는 거였구나.'
받은 식량을 가방 구석구석에 집어넣자, 내일까지의 밥걱정이 떨어져 나갔다.

흥겨운 콧노래가 흘러나오고, 이어서 목청껏 노래를 부르며 걸어갔다. 어차피 아무도 듣지 못할 노래였다. 오직 나를 위한 노래였다.

    힘이 들 땐 하늘을 봐
    나는 항상 혼자가 아니야
    비가와도 모진 바람 불어도
    다시 햇살은 비추니까
    눈물 나게 아픈 날엔
    크게 한 번만 소리를 질러봐
    내게 오려던 연약한 슬픔이 또 달아날 수 있게

    앞만 보고 걸어갈게
    때론 혼자서 뛰어라도 갈게
    내게 멈추던 조그만 슬픔도 날 따라오지 않게
    - 서영은 [혼자가 아닌 나 中]

평소보다 늦게 출발해서, 금세 4시가 가까워졌다. 흐린 날씨 때문에 더 빨리 어두워졌고, 가까이 보이는 민가 근처에 농장 같은 것이 보였다. 캠핑할 수 있을까 민가에 가서 물어보았더니, 농장 주인이 지금 휴가 가고 없다고 했다. 아쉽게 등을 돌리고 털레털레 내려오는데 앞으로 차가 한 대 섰고 누군가 내렸다. 반가운 사람들이었다. 이틀 전 Selijalandfoss에서 만난 한국인 커플이었다. 그때는 악

수하며 작별했는데 다시 만날 땐 포옹하며 재회했다. 다시 만난 반가움과 모국의 사람에게서 느껴지는 따뜻함이 있었다. 사진을 찍어 준 그는 나를 꼭 다시 만나고 싶었다고 했다. 폭포에서 찍은 사진이 다 필름 사진이었는데, 실수로 사진을 다 날려 버리고 말았단다. 다시 한번 내 사진을 찍고 싶었다는 거였다.

'뭐 그 강렬했던 눈빛과 포즈를 다 날려 먹었던 말인가?'

어쨌든 이렇게 다시 만난 것도 인연이라 생각하고, 강렬한 눈빛과 포즈(나 혼자)를 취했다. 두 번째라 그런지 덜 민망하고 어색했다. 그리고 이번엔 다 같이 만난 기념으로 함께 셀카도 찍었다. 한마디 더 보태자면, 그들은 나를 만났던 그 폭포 이름을 '박종성 폭포'라고 지었단다. 낯간지럽고 우습기는 했지만 왠지 모르게 흐뭇한 기분도 들었다. 한 번 더 다시 만났는데도 헤어지고 생각하니 그들의 이름도 몰랐다.

'한국에 돌아가면 사진을 보내준다고 했으니까 그때가 되면 알 수 있겠지' 하고 희망을 품었다. 무엇보다 이번에는 제발 필름을 날려 먹지 않기를 간절히 바랐다. 반가움에 시간 가는 줄 몰랐는데, 어느새 길은 어둑어둑해졌고, 바람은 매서워져 갔다. 그때 즈음에 또 한 대의 차가 옆에 섰고, 누군가 대뜸 "어디 가세요?" 하고 물었다.

여행 계획을 말씀드리고, 정중히 사양했다. 그분은 힘내라고 격려해주고 갔다. 그런데 50m 채 가지 않고, 차가 다시 멈춰섰다. 그분은 차에서 내린 후 빠른 걸음으로 내 쪽을 향해 다가왔다.

'뭐 먹을 것이라도 주시려나?' 하고 못된 기대를 했다.

"정말 대단한 일을 하고 있는 겁니다. 사진 한 번 같이 찍어도 될까요?"
쑥스러웠다. 나는 전혀 대단한 사람이 아닌데, 왠지 대단한 사람이 된 기분이었다. 앞만 보고 걸어가며 사람들에게는 많은 격려와 응원을 받아왔지만, 스스로는 한 번도 대단하다고 생각하거나 격려해준 적이 없었다. 이제 곧 2주 차 200Km, Vik까지 무사히 도착하게 되면 많이 칭찬해줘야겠다.

어두워져 가는 시간 또 한 분의 응원에 힘입어 앞으로 나아갈 수 있었다. 5시가 넘어서 작은 마을에 도착했다. 창고 같은 곳이 눈에 띄어 몇몇 민가에 물어보았지만 번번이 거절당했다. 그 대신 마을 안쪽에 있는 게스트 하우스를 하나 알게 되었다. 레이캬비크를 제외하면 게스트하우스는 호텔보다 비쌀 텐데…. 걱정스러운 마음을 안고 게스트하우스로 향했다. 역시나 이곳도 무척 좋아 보였다.(비싸 보였다) 실제로도 비쌌다.(10,000 크로나) 그나마 다행인 것은 주인아주머니가 마음씨 좋아 보인다는 거였다. 해볼 수 있는 것은 적절한 흥정, 그것도 안되면 간절한 호소뿐이었다.

"저는 아이슬란드가 보고 싶어서 왔습니다. 이곳을 걸어서 한 바퀴 돌고 싶어 여기까지 걸어왔지만, 아직 가야 할 길이 더 멀어 여비를 최대한 아끼면서 가야 합니다. 그런데 물가가 생각보다 비싸서 쉽지가 않습니다. 이곳 식당 소파라도 내어 주시면 조용히 자고 아침 해가 뜨기 전에 나가겠습니다. 부탁드리겠습니다."
진심으로 간절히 부탁했다. 아주머니는 말없이 나를 바라보셨다. 나도 모르게 꿀꺽 침이 넘어갔다. 잠시 후

"식당은 안 되고, 3000이나 4000크로나 정도면 방에서 자고 갈 수 있겠니?"

지극히 개인 사정으로만 얘기했는데도 아주머니는 기분 좋게 웃으며 말했다. 호탕한 아주머니 인심에 염치없게도 "2,000크로나는 안 될까요?"라는 말로 되받았다. 아주머니는 전보다 더 기분 좋게 웃었다. 그리고는 고개를 끄덕이며 이야기했다.

"그래 내가 도와줄게. 피곤하고 힘든 여행일 텐데 좋은 잠을 자야지. 넌 충분히
그럴 자격이 있어." 하며 따뜻한 손으로 키를 건네줬다.

열두 번째 밤, 또 한 번 사람들의 배려 덕분에 따뜻하게 잘 수 있었다. 이제
20Km만 더 가면, 드디어 첫 번째 목적지 Vik다. 그곳에 도착하는 꿈이 내일은
현실이 되기를 바라며 깊은 잠 속으로 빨려 들어갔다. 따뜻한 밤이었다.

Day 13. 길은 희망으로 이어졌다

길을 나서기 전에 어머니 목소리가 듣고 싶어 전화했다.(물론 와이파이로) 추운 날씨 덕분에 코가 조금 막혀 있었는데, 역시나 목소리가 변한 걸 눈치채셨다.

"감기 들었나?"

"괜찮아요, 비염 기가 있어서 그런 거예요."

"밥은?"

"잘 챙겨먹어요. 집밥이 그립기는 하지만…."

"안 그래도 아들 밥 못해줘서 다른 사람들한테 많이 해주고 있다."

그 말을 듣는 순간 가슴 한구석이 저려왔다.

'어쩌면 어머니의 베풂이 나에게 아이슬란드 사람의 따뜻한 친절로 되돌아오고 있던 건 아닐까?' 생각하니 목이 메어왔다. 어머니는 내가 여행을 떠났을 때도 돌아왔을 때도, 하루도 빠짐없이 기도하셨다. 아낌없이 주는 사랑이 언제나 등 뒤에서 지켜보고 있었다. 여전히 부끄러운 말이지만 잠긴 목소리로 조심스럽게 말씀드리고 전화를 끊었다.

"사랑합니다."라고

아침마다 짐을 싸도 늘 정신없고 복잡하다. 어젯밤에는 텐트도 치지 않았고, 침낭도 꺼내지 않았는데도 그렇다. 오늘은 꼭 Vik에 가고 싶은 마음에 서두르느라 더 정신이 없는 것 같았다. 잠시 창문을 내다봤다. 매서운 바람소리가 들리는 곳 너머로 따뜻하게 비추는 햇살이 보였다. 서둘러 가야 할 이유가 있어도, 눈길을 잡

아끄는 무언가가 있다면 멈추어야 할 이유 또한 충분하다. 백색의 아이슬란드에 새하얀 드레스, 이 추운 날씨에 맨살을 드러낸 드레스는 눈길을 잡아끌기에 충분했다. 웨딩촬영이었다. 타이완 예비부부가 색다른 웨딩촬영을 위해서 아이슬란드까지 날아온 것이었다. 웨딩촬영은 언제나 생기가 넘치고 눈길을 잡아끄는 매력이 있다. 가야할 길이 멀다는 것도 잊은 채, 넋을 놓고 구경하다가 그들에게 초대받았다. 향긋한 아프리카 원두로 내린 핸드드립 커피를 마시며 이런저런 얘기를 나누던 중, 그들이 추락한 비행기 사진을 하나 보여주었다. 묵직한 느낌의 사진이었다.

"혹시 여기 가봤어?"
본적이 없는 곳이었다. 어딘지 물어봤더니 이미 지나쳐온 곳이었다. 이곳은 1번 국도에서 꽤 안으로 들어가는 곳이었다. 사실 1번국도 주변의 장소 말고는 거의 가본 적이 없었다.
'어디, 어디에 가보아야지, 이곳만은 꼭 가보고 싶어' 해서 온 것이 아니기 때문이었다. 나는 아이슬란드를 보기 위해 아이슬란드에 있는 거였다. 솔직히 아무런 정보가 없으니 특별히 가보고 싶은 곳도 없었다. 하지만 꼭 가야하는 곳이 없다는 건 아무데고 가볼 수 있다는 뜻이기도 했다. 특히나 이렇게 누군가 함께 가보지 않겠냐고 물어보는 행운이 생긴다면 더욱 그랬다. 차를 타고 가야하지만, 어차피 지나온 길이었고 다시 이곳으로 돌아올 거라고 했다. 잠시 바람 쐬고 다시 출발한다고 생각하면 되는 거였다. 도착이 조금 늦어지긴 하겠지만, 어떻게든 오늘 안에 Vik에 도착할 수는 있을 것 같았다.

그렇게 결혼하는 예비부부와, 그들의 친구인 촬영 커플과 함께 웨딩촬영에 동행했다. 추락한 비행기가 있는 곳은 도로가 나 있지 않았다. 길을 찾기 힘든 데다가 검은 모래와 자갈만 깔려있어 4륜 구동차가 아니라면, 가기 힘든 험한 곳이었다. 검은 모래 해변에 있는추락한 비행기의 첫인상은 무척 진했다.(Wreck plane-Iceland*) 적절히 구름 낀 날씨와 진득한 무거움이 보이는 검은 모래 위에 세월의 잔해가 그대로 느껴지는 비행기의 조화가 멋스러웠다. 그리고 그곳에서 웨딩촬영을 하는 커플의 모습도 눈부시게 아름다웠다. 이곳까지 날아온 그들의 선택에 박수를 보내고 싶었다.

비행기 앞에서 촬영하는 그들을 뒤로 한 채, 바다 쪽으로 걸어 나갔다. 아니 뛰어갔다. 추락한 비행기의 잔해보다 더 오래전부터 부서지고 또 부서져, 흩어져 있을 검은 모래와 바다가 보고 싶었다. 해변이라기보다 검은 사막 같은 곳이었다. 언덕이라고 표현하기에는 작은 언덕을 하나 넘자 바다가 보였다. 검은 모래에 비친 파도는 검었다. 끝도 없이 길게 펼쳐진 바다 앞에 숨이 막혔다. 입은 더 벌어질 수 없을 만큼 크게 벌어져 있는데, 숨은 턱하니 막혔다. 압도적인 풍경이었다. 많은 사람들이 비행기의 잔해에 시선을 빼앗긴 채 그 너머는 보지 못하고 발걸음을 돌리고 있었다. 조금 숨이 차오를 정도의 뛴 걸음으로 숨이 막힐 정도의 아름다움을 보았다. 오늘 나는 여러모로 운이 좋은 것 같다.

* 1973년 미군 수송기가 해안가가 비상착륙했는데, 따로 처리하지 않고 그대로 둔 것이 40년이 지났다. 다행히도 항공기에 타고 있는 모든 승객과 승무원들은 구조되었다고 한다.

촬영을 마치고, 오늘의 출발점으로 다시 돌아왔다. 가방을 짊어 메고 발걸음을 서둘러야 했다. 벌써 두시가 다 되어가고 있었다. 타이완 친구들은 자기들도 Vik로 간다며 원한다면 태워주겠다고 했다. 이제 눈앞에 Vik가 보이는데 원할 리가 없었다. 두 발로 도착해서 느낄 그 희열을 위해 수십 대가 넘는 호의를 거절해왔다. 이제 아마도 한두 번의 호의만 더 거절하면 그곳에 도착할 수 있을 것이다. 아직 아이슬란드를 걸어서 다 볼 수 있을지는 모르겠지만, Vik까지는 가보자는 게 첫 번째 목표였다. 이제 그곳까지 20Km가 남지 않았다.
오늘 안에 반드시 도착하고 싶었다. 반드시 두 발로 걸어서.

점심을 먹지 못해 어제 남은 초콜릿으로 허기를 달래며, 아니 누르며 꾸역꾸역 걸었다. Vik까지의 길은 생각보다 험난했다. 오르막, 내리막이 반복해서 이어졌다. 거리는 20Km라도, 몸이 느끼는 피로는 그것보다 훨씬 더 길게 느껴졌다. 땀이 흘렀다 다시 마르기를 반복하는데, 하늘에서 굵은 소금이 쏟아졌다. 우박이었다. 강원도에서 보냈던 군대 시절에 우박을 체험한 후 10년 만이었다. 하지만 굵기 자체가 달랐다. 갑자기 때려 부을 때는 얼굴이 따가워 고개를 숙이고 걸어야 했다. 우박이 몇 번이나 쏟아지고 그치기를 반복하더니 급하게 날이 어두워져 갔다. 늘 해가 지면 초조해지고 마음이 불안했는데 오늘은 쉽게 약해지지 않았다. 오늘 안에 Vik에 도착할 수 있다는 희망과 도착하겠다는 의지가 있어서였다.

마지막 고개로 보이는 듯한 곳에 이르렀을 때 해는 완전히 넘어가버렸다. 헤드 랜턴은 가방 깊숙이 넣어둔 탓에 허리춤에 걸어둔 작은 손전등을 입에 물고 걸었다.

얼어버린 눈길이라 조심히 걷는 수밖에 없었다. 짙은 어둠에 차가 나를 못 보면 어쩌나 하는 불안감도 들었다. 그나마 다행인 것은 차들도 눈길이 미끄러워 천천히 다닌다는 것이었다. 어둠 속의 눈길을 더듬더듬 걷기 시작한 지 1시간이 넘어서자 저 멀리 희미한 불빛이 눈에 들어오기 시작했다. 아마도 마을일 것이고, Vik일 것이다. 아니 그것은 Vik여야만 했다. 13일 만에 드디어 첫 번째 목적지에 도달했다.

나는 미끄러운 빙판길 위에서 조심스럽게 환호했다.

Chapter 2
VIK

Day 13-2. 전부 내가 선택한 것이었다 [Vik]

Reykjavík 186.

무거운 몸으로 반대편 도로까지 넘어가 표지판을 바라보았다. 레이캬비크에서 186Km. 한동안 멍하니 서있었다. 잠들어 있는 마을을 흔들어 깨울 만큼 크게 환호성이라도 지르고 싶을 줄 알았는데. 이상하게 차분해졌다. 믿기 힘든 성적 표를 받아 든 아이처럼 잠시 동안 차갑게 얼은 표지판만 바라보았다. 마을 쪽으로 조금 더 걸어가자 심플하게 Vik라고 적힌 간판이 보였다. 잘못 들었던 길, 일부러 더 들어갔던 길까지 200Km를, 한겨울의 아이슬란드를 걷고 또 걸어 정말로 Vik에 도착했다. 이곳이 종착지가 될지, 앞으로 가야 할 길이 더 멀지 아직은 알 수 없지만, 적어도 지금 이 순간만은 다른 생각들을 지우고 싶었다. 모든 걸 잊고 지금 이 순간에만 존재하고 싶었다.

그만큼 행복한 순간이었다.

순간이 지나자 다시 현실이 다가오는 것은 당연한 일. 마을에 도착했으니 숙소를 구해야 했다. 늦어도 이미 한참 늦은 시간, 최대한 빠르게 잘 곳을 구하고 싶었다. 냉기가 아니라면 피곤해 녹아내릴 것 같은 몸을 이끌고 제일 먼저 눈에 들어온 게스트하우스로 들어갔다. 지금은 머리로 생각하는 것보다 일단 몸을 빨리 움직이는 것이 나을 것 같았다. 문을 열자 누가 봐도 한국 사람처럼 보이는 분이 나를 한국 사람을 보듯 바라봤다. 일순간 정적이 흘렀고 그분이 먼저 말문을 열었다.

"한국분이시죠?"

'한국분이세요?'가 아니라 '한국분이시죠?'였다. 역시나 서로 확신하고 있던 모양이다. 가볍게 인사를 나눈 후 일단 안으로 들어갔다. 반가운 마음을 잠시 접어두고, 직원에게 가격부터 확인했다. 혹시나 한 가격은 역시나였다. 마을 입구에 있는 데다 시설도 좋아 보였으니 당연한 결과였다. 지금은 흥정할 힘도 남아 있지 않았다. 무엇보다 뭘 어떻게 해야 할지 머리가 돌아가지 않았다. 나가더라도 특별히 좋은 방법이 없을 걸 알면서도 발걸음은 다시 차가운 입구 쪽으로 향하고 있었다. 그때 다시 한국분이 말을 걸어왔다. 믿기지 않는 말이었다.

"혹시 괜찮으면 제 방에서 자도 괜찮아요. 대신 저를 조금 도와주면 좋겠어요."

'응? 이건 첫 번째 관문을 통과한 상인가?'

잠시 내 머리 위에는 물음표가 무수히 떠 있었다.

"그런데 돈을 추가로 받을 수도 있으니 직원한테 먼저 물어보세요."

처음부터 마음에 들지 않았던 직원은 끝까지 깐깐했다. 그냥 한 방을 나누어 쓰겠다는데 5,000크로나를 더 달라고 했다. 그것도 무표정으로. 그건 정해진 규정일 것이다. 그분의 성의는 너무 고마웠지만 신세 지면서 5,000크로나까지 내고 싶지는 않았다. 신세는 지지 않게 됐지만, 도와드릴 일이 뭔지 물었다. 도울 수 있는 일이 있다면 돕고 싶었다. 그분은 내일 빙하동굴 체험 예약을 변경하고 싶은데 영어가 조금 부족해서 도움을 받고 싶어 했다. 도울 수 있는 일이라 곧바로 그곳에 전화했는데 이미 업무시간이 지나 전화 연결이 안 됐다. 도움을 드리고 싶어도 드릴 수가 없었다. 안타깝게 생각하고 있는데, 그분이 같이 밥 먹으러

가는 게 어떻겠냐고 했다. 얼떨결에 아이슬란드에서 만난 한국인 형(봉진이 형)과 함께 이 나라에 와서 처음으로 레스토랑으로 향했다. 마치 Vik에 도착한 상을 받는 기분이었다.

깐깐했던 직원도 숙소에 가방을 잠시 맡겨두고 가는 것 정도는 허락했다. 아직 숙소도 정하지 못한 채 그저 가벼운 몸만으로 레스토랑으로 향했다.
'뭐 어떻게 되겠지.' 내가 제일 좋아하는 말 중 하나다.
"사실 너 오는 길 위에서 두 번이나 봤어."
Vik로 향하는 길이었고 형은 물론 차 안에 있었다고 했다.
"이 추운 겨울에 누가 저런 사서 고생을 하나 궁금했어."
"저도 저가 왜 이러는지 모르겠습니다."
"난 당연히 외국인일 거라 생각했지. 그냥 지나쳤던 게 한동안 맘에 걸렸는데 이렇게 만나서 다행이다. 밥은 내가 살 테니까 부담 없이 먹어."
'그런 이유로 이렇게 비싼 밥을 살 수가 있나요?'
아이슬란드 레스토랑에서 밥을 다 먹게 될 줄이야…. 나에겐 하루 생활비와 비슷하거나, 그 이상이었다. 이곳에 온 뒤로는 식당 근처도 가보지 못했는데. 이런 일이 생길 줄이야. 오늘 또 고마운 사람을 만났다.

주문한 양고기와 치킨 커리는 정말로 환상적이었다. 음식의 맛을 결정하는 여러 가지 요소가 있겠지만, 아마도 그중 가장 중요한 요소는 음식을 먹는 타이밍이 아닐까 생각했다. 그 타이밍에 있어, 오늘의 음식은 거의 완벽을 넘어섰다.

오후 내내 초콜릿 하나로만 버티며 걸어왔다. 피로감과 공복감, 그리고 바라고 바랐던 첫 번째 목적지에 도착한 성취감과 안도감 그 모든 것이 어우러져 최고의 타이밍, 최고의 맛을 만들어냈다. 물론 보통의 시장기로 먹는다 하더라도 이음식의 맛은 대단할 것이었다. 특히 아이슬란드 양고기의 맛은 어떻게 표현해야 할지 모를 정도로 맛있었다. 양고기로 유명한 뉴질랜드, 호주의 양고기도 다먹어보았지만 아이슬란드 양고기와는 비교할 수 없을 듯하다. 양고기 특유의비린 냄새도 전혀 없었고, 소고기처럼 부드러운 것도 같고 돼지고기처럼 쫀득한 맛도 있었다. 한 가지 아쉬운 점이 있다면, 그 맛을 좀 더 음미하기에는 음식의 양이 매우 적었다는 거다. 아니면 너무 배가 고팠거나.

음식이 줄어드는 것이 슬퍼서 최대한 음미하며 먹는 내가 안타까워 보였는지, 아니면 정말로 배가 불렀던 것인지, 봉진이 형은 나에게 좀 더 먹으라며 음식을 양보해줬다. 미안했지만 사양하지 못했다. 먹는 내내 실감이 나질 않았다. 맛있는 음식이 이렇게 사람을 행복하게 한다는 걸 한동안 잊고 있었다. 물론 매일 밤추운 몸을 녹이려 먹었던 라면 한 그릇에도 충분한 행복감을 느껴왔지만, 오늘밤의 행복은 깊이가 달랐다.

행복한 식사를 마치고 나오자 흐렸던 하늘이 구름을 조금씩 걷어내며, 그 틈 사이로 별빛을 쏟아내고 있었다. 형은 갠 하늘을 바라보며, 오늘은 오로라를 볼 수있을 거라는 희망에 잔뜩 부푼 듯 보였다. 나는 오로라보다 멋진 양고기를 맛보았기 때문에 그저 기분이 좋을 뿐이었다. 좋은 기분으로 이곳저곳 숙소를 알아

보았지만, 괜찮은(가격이 괜찮은) 곳을 쉽게 찾을 수 없었다. Vik를 넘어오는데 이미 에너지와 열정을 다 써버린 것인지, 숙소를 구하는 데 그리 열정적이지 못했다. 왠지 어떻게든 될 것 같은 기분이었다. 어쩔 수 없이 가방을 가지러 일단 형이 있는 숙소로 돌아갔다. 깐깐했던 직원은 사라졌고, 호탕한 여사장님이 나를 불렀다. 왠지 감이 좋았다.(이럴 때 내 감은 예리하다.)

"잠깐만. 방을 나눠 쓰고 싶다고 그랬다며? 얼마 정도면 되겠어?"
쓸데없는 잔머리를 굴리기도 전에 여사장님은 호탕하게 다시 한번 말을 던졌다.
"20유로. 그러니까 2800크로나 정도면 괜찮겠어?" 깜짝 놀라서 미소가 퍼지려는데 못된 본능으로 잠시 그 미소를 숨기고 기다렸다.
"음 좋아. 그럼 아침도 줄게!!"
"감사합니다!" 1초의 망설임도 없이 대답했다. 두 번, 세 번 감사하다는 말을 반복했다. 잠자리 걱정뿐만 아니라 아침밥까지 해결할 수 있다니, Vik에 도착한 상을 제대로 받는 기분이었다.
형이 슬며시 다가와 "이거 나만 비싼 돈 내고 자는 것 같은데" 하며 장난처럼 말했지만, 미안한 맘이 드는 건 사실이었다. 주인에게 돈을 얼마 주던지, 그 돈 하고는 상관없이 신세 지는 거니까. 그 마음을 알았는지, 형은 "그럼 내일 아침에 나 도와줘야 한다"라며 내 부담을 덜어줬다. 처음 만난 분께 잊지 못할 밥도 얻어먹고, 잠자리까지 신세 지게 되다니, 진심으로 고마웠다.

이제 잠자리 문제도 해결했으니, 마음 편히 쉬며 언제 나타날지 모르는 오로라

를 기다리면 됐다. 다리 밑에 자던 날 만났던 사진작가 다니엘이 말하기로는 오로라는 날이 맑은 날 시간대에 상관없이 나타나는 것 같지만, 자정에서 새벽 2시까지가 가장 아름답게 볼 수 있는 시간대인 것 같다고 했다. 그래서 지금까지 오로라를 볼 수 없었다. 아니 보지 않았다. 온종일 걷고 피곤한 데다가 텐트 속에서 아무리 몸을 움직여 봐도 추운 밤에, 그것도 자정에 오로라를 보기 위해 텐트 밖을 나간다는 것은 상상할 수도 없었다. 오로라는 편안한 여행자들의 낭만이었다. 나에게는 생존이 더 중요했다. 그런데 오늘 밤은 좀 달랐다. 오로라가 뜰 때까지 기다릴 수 있는 따뜻한 집이 있었고, 함께 즐거움을 공유할 사람이 있었다.

누구보다 간절하게 오로라를 기다리던 형은 누구보다 빠르게 잠이 들었다. 역시 사람은 본능이 먼저인가 보다. 조용히 방을 나와 거실에서 혼자 일기를 썼다. 얼마나 지났을까. 형이 갑자기 눈이 번뜩 뜨였다면서 거실로 나왔다. 아, 이 형 수면욕보다 오로라를 향한 욕구가 더 강했다. 하긴 나야 언제 끝날지 모르는 여행이기에 언제 봐도 볼 수 있겠지 하는 생각이었지만, 형은 길어봐야 십일 남짓한 여행, 하루하루가 마지막인 듯 아깝게 느껴질 것이다. 나에겐 아이슬란드 자체가 아이슬란드지만, 누군가에겐 오로라나 빙하가 어쩌면 양고기가 아이슬란드일 수도 있는 거였다.

간절한 형의 마음을 아는지, 모르는지 하늘은 무심하게도 오로라를 허락하지 않았다. 새벽 1시가 지나자 형은 끝끝내 포기했다. 그리고 운전하고 나가야 할

까 봐 아껴두고 있었던 소주와 육포를 꺼냈다. 나는 오로라보다 소주와 육포가
더 눈부셔 보였다. 아이슬란드에서 소주를 먹게 될 줄이야. 떠나기 전날 게스트
하우스에서 먹었던 2.5%짜리 술도 아닌 맥주를 마신 이후로 2주 만의 음주였
다. 마치 한국에서처럼 우리는 방바닥에 앉아 술잔을 기울이며 얘기를 나눴다.
알코올이 기분 좋게 온몸으로 퍼져갔다.

"이렇게 여행하는 거 너무 힘들지 않아? 주린 배 잡아가면서 걸어 다니고, 추운
곳에서 매일 밤 잘 곳을 구해야 하잖아. 가끔은 구걸까지 해야 하는 상황이 스스
로 불쌍하거나, 비참한 적은 없었어?"
어떻게 멋스럽게 대답할까 고민하고 있는데 형이 먼저 멋진 답을 내줬다.
"아니다. 괜찮겠다. 어쨌든 전부 네가 선택한 거잖아."
정말 그랬다. 전부 스스로 선택한 거였다. 배고프고, 춥고, 외로운 것도 전부 내
가 선택한 것이었다. 그렇기에 아무리 힘들어도 참고 견딜 수 있는 거였다. 스스
로 선택한 것이기에 그 선택에 책임을 져야 했다. 누군가 시켜서 하는 것이라면
아마 하루도 버티기 힘들었을 것이다. 누군가를 원망할 수도 그렇다고 스스로
를 원망할 수도 없다.
나는 지금 내가 선택한 여행을 하는 중이다.

꽤 늦은 시간까지 많은 얘기를 나눴다. 피곤한 데다 2주 만에 온 취기 때문에
무슨 말을 했는지 다 기억할 수는 없지만, 머나먼 타국에서 육포를 뜯고 소주를
마시며 모국어로 마음껏 얘기를 나눈 따뜻함은 오랫동안 소중히 간직할 것이

다. 그리고 형이 해준 이 말만은 확실히 가슴에 남아있다.

"무엇보다 힘들게 버틴 이 경험들이 언젠가 네 인생에서 힘이 될 날이 올 거야."

그랬으면 좋겠다. 정말로 그랬으면 좋겠다. 잊고 싶지 않은 몇몇 대화를 가슴에 품고서 깊은 잠 속으로 빠져들었다.

Day 14. 할 수 있다 잘 될 것이다

늦게까지 이야기를 나누느라 얼마 자지 못했지만 일어나야 했다. 아침을 먹어야 했다. 여행을 시작하고 처음으로 누군가가 준비해준 아침을, 그것도 마음껏 먹을 수 있다는 것은 기분 좋은 일이었다. 시간제한이 있어 허기의 끝을 알 수는 없었다. 든든히 먹을 수 있는 것만으로 만족해야 했다.

아침을 먹은 후에는 어제 하지 못한 밥값을 해야 했다. 여행사 오픈 시간에 맞춰 전화했다. 예약 취소와 환불 과정을 확인하고, 예약 일정을 바꿨다. 밥값이라고 하기엔 간단한 일이었지만, 형은 너무나 고마워했다. 적게나마 누군가를 도울 수 있어 다행이었다. 사실 아쉬운 마음도 있었다. 만약 예약을 바꿀 수 없게 됐더라면, 형과 일정을 함께 할 수도 있었기 때문이다. 어젯밤, 형이 만약 예약을 변경할 수 없게 되면, 스카프타펠 국립공원과 빙하가 있는 요쿠샬롱까지 자신의 차로 같이 여행하는 게 어떻겠냐는 제안을 했다. 마음이 꽤 흔들렸다. 첫 번째 목적지에 도착했고, 걷는 여행은 이만하면 충분하지 않을까 하는 생각까지 들었다. 그래도 어쩔 수 없었다. 형에게는 나와 함께하는 것이 두 번째 옵션이었다. 도울 수 있는 게 있다면 최선을 다해야 했다.

결국 내 작은 도움 덕분에 형과 작별해야 했다. 물론 마음은 좋지 않았지만, 각자의 계획과 여행이라는 게 있었다. 여행자는 이별에 익숙해야 한다는 걸 누구보다 잘 알고 있었다. 알고 있는 사실이면서도 늘 아쉬움은 남는 법이다. 형은

마지막까지 대단한 일을 하는 거라며 격려했고, 건강하게 여행하라고 몇 번이고 당부했다. 형은 바뀐 예약 시간이 얼마 남지 않아 서둘러야 했다. 정신없이 나갈 준비를 하면서도, 그 와중에 함께하는 사진까지 남겼다. 마지막 인사를 나눌 땐 오래 알고 지내던 사람과 작별하듯 마음이 저렸다. 우리는 겨우 어제 만났다.

"형 진짜 고맙고 덕분에 따뜻했습니다. 즐거운 여행하시고, 꼭 오로라 볼 수 있길 빌게요."

'그리고 바람대로 많이 비우고, 더 많은 것을 보세요. 다시 한번 감사합니다.'

다시 혼자가 됐다. 늘 혼자 하는 여행을 하지만, 누군가 함께 있다가 다시 혼자가 되었을 때 그 허전함은 더 크다. 무엇보다도 이제 앞으로 어떻게 나아가야 할지가 막막했다. Vik만 바라보고 왔는데, 막상 도착하니 어떻게 해야 할지 모르 겠다. 어제까지는 형이 계획한 대로 함께 요크살롱까지만 차를 타고 움직였다가, 다시 거기서부터 출발할까 생각도 했다. 하지만 형은 이제 떠나버렸고 그 계획도 함께 사라졌다. 홀로 게스트하우스 문 앞에 앉아, 눈 오는 Vik를 바라보고 있었다. 낭만에 젖어 있었다. '덜컥' 밉살맞은 여직원이 나왔다. "뭐해 와이파이 쓰고 있는 거야?" 발로 차고 싶은 충동을 느꼈지만 나보다 덩치가 커서 참았다.

무엇보다 그냥 Vik에 하루 더 있고 싶었다. 어젯밤도 아름다웠지만, 아침이 밝아와 햇살이 내리쬐는 눈 덮인 겨울 왕국은 더욱더 아름다웠다. 그런 Vik를 조금 더 보고 싶었다. 잠시 Vik에서의 방황을 시작했다. 숙소부터 찾으러 이곳저곳 돌아다녔다. 어제 머문 게스트하우스는 혼자서 하룻밤 더 있으려면 10,000

크로나를 더 내야 했다. 맘씨 좋은 여사장에게 지하 창고에 텐트를 치면 안 되겠냐고 부탁해보았지만, 그녀의 옆에는 든든한 여직원이 지키고 있었다.

"거기는 빨래방이라 안 돼요"

정말 입을 틀어막고 싶었다. 이곳저곳 돌아봐도, 사정은 비슷했다. Vik는 유명한 관광지라 다른 마을보다 숙소가 많았다. 선택사항이 많은 듯했지만, 가격은 거의 다 비슷했고 관광객에 익숙해져서 그런지 거절하는 데도 매우 능숙했다. 지쳐가는 마음을 아는지 모르는지 하늘에서 눈이 펑펑 내렸다. 가방도 몸도 무거워져 가고, 머릿속은 눈처럼 새하얘져 갔다. 일단 Vik까지라고 생각하고 왔는데 도착하니 결승선은 다시 출발선이 되었다. 많은 길을 걸어왔지만, 아직 갈 길이 더 먼 것이 사실이었다. 많이 지쳐있었고, 더 나아갈 용기 따위는 남아 있지 않았다. 새하얀 눈을 맞으며 점점 자신감을 잃어갔다. 가방 위로 조금씩 눈이 쌓여갔다.

무거운 가방을 내려놓고, 눈도 잠시 피할 겸 마트에 들어갔다. 상황이 어떻든 배는 수시로 고파왔다. 카트에 가방을 내려놓자, 카트가 가득 찼다. 어차피 카트에 넣을 것도 없기 때문에 상관은 없었다. 달랑 요거트 하나를 계산하고, 구석에 쪼그려 앉아먹었다. 다 먹은 요거트 통을 몇 번이고 긁으며, 문밖으로 내리는 눈을 바라보고 있었다. 잠시 눈을 돌렸다가 예쁘게 생긴 직원과 눈이 마주쳤다.

"너 눈이 무서워서 그러는구나"라며 웃었다.

무서워한다는 말에 자존심이 살짝 상하기는 했지만, 딱히 아닌 것도 아니라서 고개를 끄덕였다. 나가라고 하지만 않는다면, 자존심이 상해도 안에 있고 싶었다. 자존심을 버린 덕분인지, 아니면 정말 불쌍해 보였는지 충분히 쉬고 나가라고 했다. 다행이었다.

계속 마트에 있을 수는 없어 근처에 있는 관광 안내소로 향했다. 안으로 들어가자 사람들은 무언가 회의 중에 있어 상당히 바빠 보였다. 소파에 살며시 앉자 누군가 다가왔다. 바쁜 와중에도 따뜻한 차 한 잔을 내주는 여유를 잃지 않은 사람들이었다. 분주히 움직이고 대화를 나누는 사람들 속에 오직 나만 정지한 느낌이 들었다. 건조하지만 따뜻한 곳이었다. 따뜻한 차를 마시자 얼었던 몸이 사르르 녹아내렸다. 걱정이 가득 찬 머리만 아직 굳어있었다. 아무 걱정도 하고 싶지 않았다. 조용히 눈을 감고 푹신한 소파에 몸을 기댔다. 몸이 본능에 먼저 반응했다. 눈꺼풀이 무거워졌다. 그대로 앉아 거의 1시간을 숙면했다. 그렇게 맛있는 낮잠은 참으로 오래만이었다. 깨고 나자 걱정으로 뿌옇던 머리가 좀 맑아진 기분이었다. 몸을 일으켜 바르게 앉았다. 가방에서 노트를 꺼내 펼쳤다. 메모해둔 문구로 눈길이 옮겨갔다.
"할 수 있다, 잘 될 것이다 라고 결심하라. 그리고 나서 방법을 찾아라."
링컨의 말이었다. 정신이 번쩍 뜨였다. 창밖을 보니 때마침 눈이 그치고 햇살이 비치고 있었다. 가방을 메고 길을 나섰다. 녹았던 몸이 조금씩 움츠러들었지만, 정신은 오히려 더 깨어났다.
'그래 할 수 있다. 잘 될 것이다. 다 괜찮을 것이다.'
아름답지만 황량하고, 눈으로 뒤덮인 모습이 무서워 보이기까지 했던 Vik가 다시 눈에 들어오기 시작했다.

하루를 빠르게 소진했던 탓에 설원 위로 어느새 어둠이 깔려오고 있었다. 숙소를 찾아야 했다. 관광 안내소에서 알려준 숙소로 먼저 찾아갔다. 사람이 아무도 없었다. 더 갈 곳도 없었다. Vik에 있는 숙소는 전부 다 돌아보았다. 이곳이 마지막 희망이었다. 쉽게 포기할 수 없었다. 바다를 한번 둘러보고 돌아왔다. 다행히 이번에는 누군가 돌아와 있었다. 아주 반갑게 맞아주는 아주머니를 보고, 이곳에서 잘 수 있을 거란 예감이 들었다. 아무도 없는 도미토리룸을 혼자 쓰면서 저렴한 가격에 잘 수 있었다. 웃음소리가 아주 호탕한 아주머니는 자기가 주인이 아니라 많이는 못 깎아준다며 미안해했다. 유쾌한 아주머니와 함께 대화하는 것만으로 에너지가 전해졌다. 아주머니는 내 여행 얘기에 적잖게 놀라며 격려를 많이 해줬다. 저녁 식사를 위해 마트에 다녀왔을 때는, 아주머니가 선물이라며 울 모자까지 건네줬다. 출발하기 전에 샀던 모자는 잘 쓰이지 않는데, 앞으로 이 모자는 자주 쓰게 될 것 같다. 보는 것만으로 마음이 따스해졌다. 어떻게 해야 할지 몰라 울퉁불퉁했던 하루가 천천히 끝나가고 있었다.

Day 15. 정전과 촛불 그리고 마티니

몸이 무거웠다. 아니 그보다 머리가 더 무거웠다. 따뜻한 숙소에서 잔다고, 팬티만 입고 잤던 게 오만이었다. 코도 막히고, 머리도 띵한 게 잠에서 깨어나기 싫었다. 무엇보다 실눈 뜨고 바라봐도, 심하게 어질러진 저 짐들. 저것들을 배낭속에 쑤셔 넣고 다시 짊어 메고 움직일 용기가, 기운이 나질 않았다. 엄살을 부리고 싶었다.

'아 하루 더 쉴까? 이곳처럼 싼 가격에 편히 쉴 수 있는 곳도 드물 텐데, 언제 또 쉴 수 있을지도 모르는데…'

갖가지 핑계들이 머릿속을 달콤하게 어지럽혔다. 몸은 침낭 밖으로 나오지 못하고 허우적댔다. 결국, 누운 채로 그 핑계들을 짜임새 있게 합리화시켰다. 어차피 서둘러야 할 이유도 없었고, 여행하기에는 아직 충분한 시간이 남아 있었다. 하루 더 잘 쉬고, 잘 준비해서 출발하기로 마음먹었다. 내가 하는 여행 스스로 납득할 수 있으면 충분했다. 다시 침낭을 머리까지 끄집어 당겼다.

새로운 것을 보고 경험하며, 새로운 사람을 만나고, 배운다는 것은 늘 설레는 일이다. 무언가 새롭게 경험하고 있는 순간들, 그 새로운 무언가로 인해 내 안의 무언가도 넓어지는 일. 그것이 여행을 하는 목적일지도 모르겠다. 그러면 반대로 아무것도 하지 않는 순간들은? 그 순간들 또한 여행의 일부이다. 새로운 것을 보지 않고 아무것도 하지 않은 시간, 그저 있는 그대로 쉬는 것. 먹고 마시며 책을 보고 생각하고, 지치지 않을 만큼만 산책하는 시간. 몸도 마음도 그대로 편안히 내버려 두는 그런 시간. 움직이는 순간이 있기에 잠시 멈출 수 있는 순간이 더 소중히 느껴질 수 있는 걸지도 모르겠다. 사람들은 주로 두 가지 여행 중 하나를 택한다. 쉴 새 없이 짜여있는 계획 속에 움직여야 하는 패키지여행과 오직 먹고 마시며 쉬기 위해 떠나는 휴가. 그러니까 지금 내가 누리는 시간은 아마도 장기 여행자만의 특권일지도 모르겠다. 아무것도 하지 않을 자유를 갖는다는 것은.

나에게 선물하는 하루. 어제는 멀리 걷거나 다른 곳으로 이동을 하지는 않았지만, 가방을 메고 숙소를 찾으러 이곳저곳 돌아다녀야 했다. 가격을 흥정하느라 간혹 비굴해지기도 했다. 정신적으로는 오히려 더 피곤했던 하루였다. 쉬어야겠다고 마음먹으니, 마음이 한결 가벼워졌다. 토스트를 굽고, 배아따 아주머니가 마음껏 먹으라고 내어준 잼과, 데운 우유에 핫초코를 타서 마셨다. 기가 막히게 달콤한 아침이었다. 테이블에 앉아 아주머니 친구인 미켈다와 소소한 잡담을 나누는 동안, 숙소 사람들이 하나둘 빠져나갔다. 큰 게스트하우스에 홀로 남겨졌다. 느긋하게 차 마시며 책도 읽고, 밀린 일기를 채워갔다. 있는 그대로 행복한 시간이었다.

어느 순간 갑자기 전기가 나갔다. 잠깐이려니 했는데 꽤 오랜 시간 돌아오지 않았다. 아침이라 실내가 어둡지는 않았지만, 무언가 있다가 없는 것은 참 불편했다. 캠핑할 땐 전기라는 게 당연히 없는 것이었다. 그런데 있다가 없으니 답답했다. 가스 대신 전기스토브를 사용하는 이곳에서는 음식을 할 수도 없었고, 차

를 끓여 마실 수도 없었다. 라디에이터가 꺼진 시간이 길어질수록 구석구석에서 냉기가 스며들어 왔다. 물론 와이파이도 함께 끊어졌다. 전기 하나 나갔을 뿐인데 세상과 단절된 기분이었다. 차라리 바깥세상으로 나가는 게 나을 것 같았다. 바다 뒤쪽으로 솟아있는 언덕 하나를 보았다. 저곳에 올라서서 바다를 바라보면 어떨까, 어떤 모습을 보여줄까, 상상만으로 떨림을 전해주는 그런 언덕이었다. 그곳에 올라가고 싶어졌다. 실내는 계속해서 추워졌다.

옷을 가볍게 입고 나왔다가 다시 들어가 무겁게 입고 나왔다.(어차피 가벼운 옷뿐이라, 가벼운 옷을 몇 겹씩 무겁게 껴입었다.) 언덕은 생각보다 가팔랐다. 눈이 온 후로 사람들이 지나다니지 않아, 길을 만들며 올라가야 했다. 새로운 발자국을 남겨야 했다. 눈은 최소 무릎까지 쌓여있었고, 심한 곳은 거의 허리까지 잠겨 발자국이라기보다 몸 자국을 남겨야 했다. 가벼운 산책을 하려 했던 계획은 틀어졌다. 언덕 정상에 도달하기 위해선 마치 수영을 하듯 팔을 허우적거리며, 눈 속을 파헤쳐 가야만 했다. 힘들게 도착한 언덕 위의 모습은 예상외로 험악했다. 바다 쪽에서는 짠맛 나는 역풍이 몰아쳤고, 하늘에서는 굵직한 우박이 나를 때렸다. 정신을 차릴 수가 없을 정도였다. 상상했던 바다는 눈을 씻고 봐도 없었다. 좀 더 나아가고 싶었지만, 돌아서야 했다. 이대로 가다가는 정말 위험할 수도 있겠다는 생각까지 들었기 때문이다. 쓸데없는 욕심 때문에 사고가 생길 수도 있었다. 자연에 맞서려는 미련한 인간은 되고 싶지 않았다. 단지 자신에게 지지 않고 싶은 마음뿐이었다. 발걸음을 급하게 돌렸다.

자연은 무서움만 보여주지 않았다. 크게 한번 분노한 모습을 보여준 뒤에는 잔잔한 바람과 온화한 햇살을 보여주었다. 언덕 위에서 바로 본 Vik는 겨울 왕국 그 자체였다. 아마 짙은 파란색과 흰색만 있다면 이 언덕 위의 풍경을 그려 낼 수 있을 것만 같았다. 하지만 말로는 이 아름다움을 다 표현할 수 없을 것이다. 그만큼 압도적인 풍경이었다. 평소에 한 장소에서 같은 장면의 사진을 여러 장 담는 것을 좋아하지 않는다. 두 눈으로 보고 느껴야 할 시간에 렌즈를 통해서만 보고 있는 시간이 아까웠기 때문이다.

그런데 오늘은 욕심이 났다. 조금 더 나은 사진이 나올 것만 같아 셔터를 누르고 또 눌렀다. 열 번쯤 찍었을 때쯤 알았다. 몇십 번 셔터를 더 누른다 해도 이곳을 다 담을 수 있는 사진은 나오지 않을 거라는 걸. 그제야 욕심이 버려졌다. 아니 버려야 했다. 크게 한번 심호흡을 하고 천천히 전체를 둘러봤다. 역시 카메라에 다 담길 리가 없었다.

산에서 내려가는데 습기 가득한 바람이 기분 나쁘게 뒷머리를 스쳤다. 고개를 돌리자 저 멀리 수평선에서부터 뭔가 시커먼 것이 마을을 향해, 나를 향해 다가오고 있었다. 점점 더 빠르게 가까워지는 것이 느껴졌다. 먹구름이었다. 그 속에 무언가 굉장한 것을 품고 있을 것만 같았다. 몸이 먼저 반응했다. 마치 재난영화에서 무언가에 쫓기는 주인공처럼 괴성을 지르며, 미친 듯이 뛰어 내려갔다. 잘못 밟으면 눈구덩이였다. 올라올 때 다져진 길 그대로 다시 밟았다. 발걸음은 신중했지만 정신은 놓은 채 뛰었다. 딱 한 번 뒤돌아보고는, 그대로 게스트하우스 문을 향해 골인했다. 아마 대학교 입시 시험을 칠 때 보다 더 빨랐던 것 같다. 구

름보다는 빠를 수 없어 어느 정도 눈바람을 맞아야 했지만 잡히지는 않았다. 문을 닫고 창문으로 밖을 내다봤다. 정말 누구 하나 잡아갈 정도로 아찔한 눈보라가 휘몰아치고 있었다. 돌아올 집이 있어서 얼마나 다행인지 몰랐다. 만약 걷고있거나 캠핑을 할 때 이런 바람이 몰아친다면…. 상상도 하기 싫었다. 돌아온 집에는 아직도 전기가 돌아오지 않았지만, 발바닥에 땀이 날 정도로 뛰어 내려온그 열기를 안고 그대로 침낭에 들어갔다. 나른하게 낮잠을 청했다. 많이 놀란 가슴이 쉽게 진정되지는 않았지만 곧 깊은 잠에 빠져들었다.

해가 지자, 사람들이 한 명씩 돌아왔다. 이곳에 여행자는 나 하나뿐이고, 다들마을에서 일하는 장기 투숙객들이었다. 여기서 일하는 배아따 아주머니도 낮에는 근처 공장에서 일하고, 저녁에는 게스트하우스 청소를 하며 머물고 있었다. 아주머니는 폴란드에서 왔다고 했다. 화장실에서 하룻밤을 지낸 친구들을 볼때는 몰랐는데, 배아따 아주머니를 보면 폴란드 사람은 목소리가 크다는 말이맞을지도 모르겠다. 그만큼 호탕하고 유쾌한 분이셨다. 독일에서 온 모리스라는녀석과도 가까워졌다. 아이슬란드에 온 지는 6개월 정도 됐고, 아이슬란드에서는 꽤 유명한 브랜드인 Icewear 공장에서 일하고 있다고 했다.

해가 지고도 전기는 돌아오지 않았다. 조금 춥기는 했지만 아주머니와 모리스와 함께 거실에 앉아 촛불을 켜둔 채 대화를 나눴다. 전기는 없었지만, 낭만은있었다. 요즘 우리나라에선 정전이 되는 일이 거의 없어지면서, 어릴 적 정전이 되면 촛불을 켜두던 추억도 함께 사라졌다. 이곳에는 이런 정전이 잦다고 했

다. 언젠가는 마을 전체가 깊은 암흑으로 둘러싸인 적도 있었다고 했다. 살고 있
는 사람들에게는 고욕일지 모르겠지만, 여행자에게는 낭만이었다. 그 낭만에 아
주머니도 취했는지 방으로 가서 무언가를 들고 나왔다.

"이놈이 내가 제일 아끼는 거야."

아주머니가 제일 아끼는 마티니를 스프라이트에 정성껏 말아(?) 주셨다. 어둠
속에 잠시 불빛이 번쩍 드는 맛이었다. 얼마 지나지 않아 전기가 돌아와 얄밉게
도 어둠을 싹 걷어가 버렸다. 아주머니도 정신이 들었는지, 아끼는 놈을 다시 방
으로 가져갔다. 아쉬움에 입맛을 다셨다.

'좀 더 흐릿한 분위기를 즐기고 싶었는데… 좀 더 취하고 싶었는데….'

저녁 장을 보고, 짐 정리를 대강 마쳤다. 다시 거실로 올라갔다. 마티니를 함께
나눈 동지 세 명을 다시 만났다.(사람이 별로 없어서 그렇게 우연은 아니었다.)
이번에는 티타임, 밤은 깊어 가는데 함께 하는 유쾌한 사람들. 그리고 어디서 끊
어야 할지 알 수 없는 즐거운 대화. 이렇게 되면 이곳을 떠나기 힘들어진다. 아
름다운 마을, 집처럼 편안한 숙소, 엄마처럼 푸근한 아주머니, 말이 통하고 마음
이 통하는 친구, 핑계는 충분했다. 이곳은 게으른 여행자의 마음을 붙잡아 두기
에 완벽한 숙소였다. 어떻게 내일 여기를 떠나야 할지, 고민하는 나에게 그들은
결정타를 날렸다.

"내일 또 봐!"

아마도 내일 그들을 다시 보게 될 것 같다. 내일 밤에도 오늘 밤처럼 거실에 둘
러앉아 차를 마시며, 오래도록 유쾌한 대화를 나누고 있을 내가 보였다. 고개를

흔들어 봐도 잔상은 쉽게 사라지지 않았다.
"그래. 내일 보자."
천천히 각자의 방으로 돌아갔다.

Day 16. 서둘러야 할 이유는 없다

그냥 내버려 두기.

내가 생각하는 진정한 휴식이다. 늘어지게 잠만 자는 것은 아까웠다. 계란 프라이와 토스트를 하고, 향긋한 차 한잔을 마시며 혼자만의 시간을 갖는다. 이대로 가만히 앉아 있으면, 바닥 밑을 뚫고 더 깊은 곳까지 내려갈 것 같은 소파에 앉아 아무 생각을 하지 않는다.

'아마도 무수히 많이 피어나오는 생각을 꾸역꾸역 눌러 바닥 밑으로 밀어 넣고 있는 거겠지.'

결국, 비집고 나오는 생각 중 하나를 잡아 생각의 풍선을 키운다. 듣고 싶었던 음악도 듣는다. 몇 권 가져오지 못한 책을 한 줄 한 줄 아껴 읽는다. 꼭꼭 씹어 읽는다. 몇 마디 구절이 다시 침대로 이끈다. 달달한 낮잠을 청한다. 언제 일어나야지 하고 알람을 맞출 필요도 없다. 1시간쯤 가까이 자면 저절로 몸이 깨어난다. 움츠러든 몸을 접어둔 종이 펴듯 조금씩 편다. 몸을 반쯤 일으키고 얕은 한숨을 내뱉는다. 눈 쌓인 길로 유유히 산책을 나선다. 다시 몸이 접어진다. 차갑지만 청량한 이 추위는 이제 바람만 불지 않으면 제법 참을 만하다. 카메라를 들고 마을 구석구석을 돌아본다. 눈으로만 채워진 숲속, 조용히 흘러가고 있는 개울가 구석에 앉는다. 물 흐르는 소리도 들어보고, 물속도 들여다본다. 개울물이 넉넉하다. 큰길로 걷는다. 눈으로 막혀버린 지름길로 들어가 길을 만들어 본다. 저기 언덕 밑으로 제설차가 묵묵히 눈을 덜어내고 있다. 길을 따라 더 올라가 보니 언덕 위에 새하얀 눈으로 장식된 교회도 보인다. 언덕 위에 올라 마을을

내려다본다. 온 동네가 잠잠히 쉬고 있다. 눈 덮인 마을에서 바쁘다며 뛰어가는 사람은 아무도 없다. 서둘러야 하는 이유는 어느 곳에도 없다.

해 질 녘에는 모리스와 수영장에 가기로 했다. 아이슬란드는 인구가 적어 수도를 제외한 마을에는 다소 적은 수의 사람들만 모여 산다. 관광지로 유명한 Vik도 겨우 400명 정도만 모여 산다고 한다. 날씨는 연평균 기온 2도에 변덕스럽기까지 한 날씨 때문에 사람들은 일하는 시간을 제외하고는 주로 집에서 시간을 보낸다. 작은 마을에는 10시까지 하는 술집도 없다. 그래서 나라에서 무료할 마을 사람들을 위해 마을마다 수영장과 사우나를 만들었다고 한다. 수영장뿐만 아니라 다양한 스포츠 활동을 할 수 있는 시설도 있어 종합 스포츠센터라고 불린다. 마을 사람들의 만남의 장소이자, 여가를 보낼 수 있는 거의 유일한 장소이다. 덕분에 라군(온천)을 위해 가져온 수영복이 더욱 유용해졌다. Hvolsvöllur에서 즐기고 일주일만이었다. 목욕이 좋아 한국에서는 달 목욕(월 정기 목욕)을 할 정도였던 나에게는 큰 행운이자 행복이었다. 게다가 모든 스포츠센터를 나라에서 운영하기 때문에, 가격도 꽤 정상적이다. (지역마다 다르지만, 평균 500크로나 정도.)

뜨거운 물에 들어가면 없던 피로도 풀리고, 사우나에 가면 마음에 없던 말도 나온다. 모리스와 사우나에서 그런 얘기들을 나눴다. 수영 선수 출신인 아버지는 어깨는 물려주셨지만 키는 주지 않으셨다는 얘기부터 시작해서, 술을 많이 먹어 요즘 배가 많이 나왔다며 한숨을 쉬기도 했다. 진짜 말 그대로 잡담이다. 그

런 잡담과 약간의 농담들이 사우나에는 어울리는 것 같다. 사우나에서 바싹 달아오른 몸으로 나와 쌓여 있는 눈 위에 그대로 누워버렸다. '쉬익' 하고 눈 녹는 소리가 들렸고 다시 뼛속까지 짜릿해졌다. 누웠던 자리에 눈 그림이 그려졌다. 추운 지방의 사우나에서만 즐길 수 있는 특권이자 기분 좋은 풍경이었다.

수영장에서 나와서, 모리스는 보스네 집으로 저녁을 먹으러 갔고, 나는 숙소로 돌아가 라면 봉지를 뜯었다. 역시 비 올 때나 만화방에서, 그리고 목욕 후에 먹는 라면이 최고다. 라면 하나에 배는 채워지지 않지만, 행복은 가득 찼다. 다 차지 않은 배를 가볍게 두드리며 위로했다.

내일은 다시 출발. 크게 두렵지는 않다. 가벼운 마음으로 즐겁게 떠날 것이다. 이틀간의 휴가로 육체적으로도, 정신적으로도 완전히 충전되었다. 두려운 것은 자연의 무서움뿐이다. 아이슬란드의 무서움은 지금까지 겪은 것이 다가 아닐 것이다. 아직 본 모습을 다 보지 못했다. 그저 나를 받아줄 수 있기를 바라며, 스스로에게 지지 않는 한걸음으로 나아가고 싶다. 이곳에 온 지도 이제 열여섯 번째 날. 아침저녁으로 5분씩 해가 길어져, 이제 하루해가 80분이나 길어졌다. 그 말은 앞으로 걸을 수 있는 시간이 1시간 20분 정도 길어졌다는 뜻이고, 그 시간은 앞으로도 계속 길어질 것이다. 힘든 일도 있겠지만, 그만큼 희망의 빛도 짙어질 것이다.

그렇게 믿고 가는 수밖에 없다.

Day 17. 모든 일에는 이유가 있다

'포기하는 것도 용기다, 이제 그만 포기하자.'

이 말을 오늘 하루 동안 몇 번이나 되뇌었을까? 처음 출발할 때는 몸이 젖어 무거워지는 비보다는 눈이 낫다고 생각했다. 비바람 몰아치던 날보다 바람도 약하다고 생각했다. 하지만 눈보라는 결코 멈추지 않고, 더 거세게 몰아붙였다. 더거칠게 나를 밀어냈다. 바람은 점점 강해져 몸을 움츠리는 수밖에 없었다. 처음엔 고개를 숙였고, 이내 몸을 숙였고 결국엔 바닥만 보며 앞으로 가야 했다. 밀어내기에는 너무 무거운 바람이었다. 눈을 뜰 수가 없어 앞을 볼 수도 없었다. 힘들게 고개를 들어 겨우 앞을 내다봤을 때 세상은 온통 하얬다. 말로만 듣던 White out*이었다.

온 세상이 백지 같았다. 그래도 마음은 약해지지 않았다. 약해지지 않으려고 했다. 이를 악물고, 느리지만 물러서지 않고 한 걸음씩 나아갔다. 5Km를 가는데 평소의 두 배가 넘는 시간이 걸렸다. 그만 멈추고 싶었다. 도저히 갈 수가 없었다. 일단 숨이라도 한번 돌리고 싶어 흐릿하게 보이는 작은 마을로 들어갔다. 제일 먼저 보이는 집 앞에 가방을 털썩 내려놓고 주저앉았다. 조금이라도 바람을 피하려 벽에 붙어 몸을 작게 움츠렸다. 거칠어진 숨을 얕게 나누어 쉬면서 호흡을 가다듬었다. 정신을 똑바로 차리려 노력했다. 안나 집에서 이틀 쉬고 나왔을 때는 비바람이 몰아치더니, 이번에는 눈보라다. 쉬고 나올 때마다 정말 왜 이런

* 심한 눈보라와 눈의 난반사로 주변이 온통 하얗게 보이는 현상.

건지…. 첫 번째 목적지 Vik에 도착하고 마치 2단계로 넘어가는 것 같은 기분이었다.

몰아치는 눈보라를 보고 있으니 도저히 앞으로 나갈 엄두가 안 났다. 바로 눈 앞에 펼쳐진 현실인데 받아들이고 싶지 않았다. 그냥 이대로 이 마을에서 쉴 수 있다면 어떻게든 하루를 넘기고 싶었다. 5Km라도 앞으로 나아간 것에 만족하고 그만 멈추고 싶었다. 때마침 나타난 집주인에게 이 마을에 머물 만한 곳이 있냐고 물었다.

"이 마을엔 없어, 아니 앞으로 70Km 넘게 아무것도 없어. 만약 숙소를 구하고 싶다면 Vik로 되돌아가는 게 제일 좋은 방법일 거야. 잘 생각해, 오늘 밤은 폭풍이 온다니까."

'Vik로 다시? 고작 5Km라도 어떻게 해서 걸어온 길인데 그 길을 다시 돌아가? 앞으로 나아가는 것도 잠시 멈춰 서는 것도 아니고, 뒤로 돌아간다고? 그런 건 내 선택지에는 없는데…. 그리고 폭풍이라면 이미 만나고 있어.'

되돌아간다는 건 생각해본 적 없었다. 쓸데없는 희망을 품고 한 번 더 집주인에게 물었다.

"혹시 하룻밤만, 창고에서 자고 갈 수 있을까요?"

그는 얼어붙을 듯한, 차가운 눈으로 말했다.

"No."

그대로 앞으로 나아가기로 했다. 아무리 생각해도 뒤에는 가고자 하는 길이 없었다. 혹시나 해서 본 지도에는 Vik 공항이 있었다. 국내선 공항이라도, 그곳에 가면 희망이 보일 것 같았다. 지금은 조금이라도 마음 놓을 곳이 필요했다. 발걸음을 돌렸다. 눈보라는 더욱 거세졌지만, 희망을 가지고 앞으로 걸어갔다.

희망은 없었다. 공항 자체가 없었다. 눈으로 온 천지가 덮여 공항은커녕 그 어떤 길도 보이지가 않았다. 눈이 온 세상을 무로 만들고 있었다. 그나마 차가 한 번씩 다니는 1번 국도만 희미하게 도로 형태가 보였고, 그마저도 사라지려 하고 있었다. 눈보라는 계속해서 거칠어지기만 했다. 계속 걸어 나간다 하더라도, 이런 날 밖에서 잔다면 어떻게 될지는 뻔했다. 결정해야 했다. 아니 포기해야 했다. 결국 지나가는 차를 잡기로 마음먹었다. 눈으로 덮여가는 가방이 어깨를 짓눌렀다.

200Km 가까이 걸어오면서 수많은 사람이 손을 내밀어도 거절해 왔는데, 이제는 그 손길을 간절히 바랐다. 아이러니하게도 막상 필요한 때에는 차를 잡을 수가 없었다. 애초에 이 날씨에 지나다니는 차도 거의 없었고, 원래 Vik 이후 구간은 차가 많이 다니지 않는다고 들었다. 초조해졌다. 어느 방향이든 차가 오기를 바랐다. Vik로 돌아가는 방향이든 아니면 앞으로 나아가는 방향이든, 어디로든 가고 싶었다. 이 하얀 어둠에서 달아나고 싶었다. '얼마나 기다렸을까?' 한 대의 차가 드디어 멈춰 섰다. 앞으로 가는 방향이었다. 차 안에 할아버지가 타고 계셨다. 자신은 마을이 있는 방향으로는 가지 않는다고, 원한다면 Vik로 돌아가 내려주겠다고 하셨다. Vik라…. 막상 돌아가려니 망설여졌다. 포기하는 것도 용기였다. 눈을 질끈 감은 채 고개를 숙이고 말씀드렸다.

"Vik로 가주세요. 부탁합니다."

Vik로 돌아왔다.

돌아온 숙소에는 아무도 없었고, 문은 여느 때처럼 열려 있었다. 가방을 내려두고, 텅 빈 거실에 홀로 앉았다. 속상했다. 이번 여행을 시작하고 처음으로 좌절감을 맛보았다. 아무리 발버둥 쳐도 자연에 이길 수는 없었다. 젠장, 젠장. 그렇게 분한 데도 배가 고팠다.

'이렇게 우울할 때도 배는 고픈 것인가? 아니면 우울해서 배가 고픈 것인가?'

우울한 기분에 젖기보다 본능에 충실하기로 했다. 봉지째로 가방에 매달려 있던 빵을 꺼냈다. 차가운 빵을 반으로 접어 입에 쑤셔 넣고는 우물우물 집어삼켰다. 따뜻한 물을 몸속으로 흘려 넣었다. 뭐라도 먹고 나니 정신이 좀 들었다. 소파에 깊숙이 허리를 묻고 고개를 젖혔다. 머물렀던 방으로 터벅터벅 내려가 침낭만 꺼내 누웠다. 번데기 속으로 몸을 숨기 듯 밀어 넣었다. 아무 생각도 하고 싶지 않았다. 반지하 방은 낮인데도, 커튼을 치지 않아도 될 만큼 어두웠다. 바깥엔 계속해서 눈보라가 쳤고, 생각보다 깊은 잠에 들었다.

얼마 후 어수선한 소리에 잠에서 깼다. 냉장고를 여닫고, 주방에선 식기 꺼내는 소리가 들려왔다. 사람들이 퇴근하고 집으로 돌아온 듯했다. 부스스하게 힘 빠진 얼굴로 거실로 나갔더니, 모리스가 놀라며 묻는다.

"뭐야? 오늘 나간 거 아니었어?"

"너무 힘들어서 포기하고 돌아왔어."

모리스는 안쓰러운 듯 내 얼굴을 한번 봤다가 씨익 웃으며,

"아니야 그건 포기한 게 아니라 잠시 물러선 거지."

이제 갓 스무 살 넘은 녀석이 서른은 넘어 보이는 얼굴로 위로한다. 녀석의 말도, 그리고 늙어 보이는 얼굴도 썩 위로가 됐다.

"넌 이미 대단한 일을 했잖아. 너무 실망하지 마!"

정말 위로가 됐다. 결국 아무 일도 없었다는 듯 어제처럼 다시 거실에 앉아, 모리스와 엘리스와 함께 도란도란 이야기꽃을 피웠다. 생각보다 슬프지가 않았다.

오늘은 넘어졌고, 뒷걸음질까지 쳤다. 하지만 여기서 끝난 게 아니다. 넘어지면, 다시 일어서면 되니까. 오히려 뒤로 물러선 것이 잘됐다는 생각마저 들었다. 다시 시작할 수 있으니까. 지금까지 너무 잘해왔다. 이대로 쭉 잘 해가는 것도 좋겠지만, 넘어졌기에 배울 수 있는 것도 있을 것이다.

모든 일에는 이유가 있다.

나는 아직 포기하지 않았다.

Sometimes you win,
Sometimes you learn.
- John C. Maxwell

Day 18. 돌아오길 잘했다

믿을 수 없이 맑은 아침 하늘이었다.

어제 폭풍이 몰아쳤던 게 거짓말인 것처럼, 마치 어제가 없었던 것처럼. 파랗게 얼어서, 쨍하고 깨질 듯한 하늘이었다. 이런 하늘이 어쩌면 얄미울 법도 한데, 나는 아이슬란드를 미워할 수가 없었다. 나는 이런 아이슬란드에 있는 것이었다. 이렇게 날씨가 좋은데도, 떠나지 못했다. 어젯밤 잠들기 전 배아따 아주머니가 했던 말이 가슴에 남아있었다.

"아이슬란드의 2월은 최악이야. 아마 한동안은 폭풍이 반복될 텐데, 그냥 여기서 그만두는 게 어때?"

하지만 쉽게 포기할 수는 없었다. 떠날 거라 짐도 풀지 않았다. 가방 맨 위에 넣어둔 침낭만 꺼내 잠이 들었는데…. 이렇게 맑은 하늘을 보면서도 왜 어제의 무서운 하늘이 떠오른 건지, 앞으로 나아갈 거라고 굳게 다짐했던 마음은 어디론가 사라지고 짐을 풀고 있었다. 용기를 다시 집어 든 어젯밤이었지만, 공포가 쉽게 사라질 리 없었다. 어쩌면 이대로 잠시 머무르게 될지도 모르겠다. 그게 좋을지도 모르겠다.

11시에 주인아주머니를 만나기로 했다. 한동안 반복될 거라는 폭풍이 진정되고, 내 마음도 진정될 때까지 이곳에 머물고 싶었다. 하지만 주머니 사정은 한계가 있었다. 가능하다면 주인아주머니께 말씀드리고, 이곳에서 일하며 머무르고 싶

었다. 거실에 혼자 앉아 차를 마시며 아주머니를 기다렸다. 혹시나 안 된다면 떠나야 한다는 생각도 미리 하고 있었다. 11시를 약속한 아주머니는 오후가 되도 나타나지 않았다. 창밖으로 비치는 햇살을 바라보며 나는 점점 불안해졌다. '이렇게 좋은 날씨에 출발하지 않아도 괜찮은 걸까?' 시간이 지날수록 초조함은 초연함으로 변해갔다. 이제 출발하려고 해도, 너무 늦어버렸다. 기다리다가 지쳐서 결국 방으로 내려가 낮잠을 자버렸다. 아주 꿀맛 같은 잠이었다. 주인아주머니는 해가 질 무렵에야 도착했다. 어렵게 꺼낸 이야기에 아주머니는 참 쉽게 대답했다.

"더 머무르고 싶은데 돈이 없다고? 좋아 그렇게 해."

그리고는 다음에 또 얘기하자며, 자세하게 무슨 일을 하라는 말도 없이 일이 있어 가봐야겠다고 금세 사라졌다. 너무 쉽게 일이 풀려 조금은 당황스러웠다. 어쨌든 이곳에 잠시, 어쩌면 조금 길게 머물게 됐다. 머물고 싶던 마음이 컸던 탓인지 괜스레 웃음이 났다. 기분이 좋았다. 어제의 충격에서는 아직 헤어 나오지 못했지만, 그런 건 상관없었다. 머무르고 싶을 때 잠시 머무르고, 나아가고 싶을 때 다시 나아가면 된다. 여전히 나는 내 여행의 주인이었고, 인생의 주인이었다.

잠시 후, 모리스에게 자기가 일하는 공장으로 내려오지 않겠냐는 연락을 받았다. 종일 집에만 있어서 좀이 쑤시던 참이었다. 잘 됐다 싶어 부리나케 모리스네 공장으로 뛰어 내려갔다. 공장에 가자 직원처럼 생긴 사장님이 반갑게 맞아주셨고, 맛있는 커피도 내려주셨다. 이곳에서 모리스가 즐겁게 일하겠구나 하는 것을 한눈에 알 수 있었다. 사장님은 스리랑카에서 오신 분이다. 스리랑카와 아

이슬란드는 완전히 다른 이미지였다. 사장님(라취)은 이곳에 와서 자리를 잡을 때까지 안 해본 일이 없을 만큼 고생을 많이 했다고 한다. 정말 쉬지 않고, 일만 해서 지금은 지점장 자리까지 올랐지만, 그렇게 일해 온 습관을 쉽게 버리지 못했다. 열심히 일하는 것이 더 편하다고 했다. 과연 좋은 건지 안 좋은 건지는 모르겠지만, 확실히 그의 얼굴은 '괜찮다'라고 말하는 것 같았다.

고맙게도 라취는 처음 보는 나에게 공장에서 만들고 있는 울 목도리를 하나 선물했다. 힘들게 여행하고 있다는 걸 모리스에게 전해 들었다고 했다. 여전히 여름 옷차림이나 다름없는 나에게는 무척이나 값진 선물이었다. 그리고 더 좋은 선물 하나.
"저녁에 시간 있으면 모리스랑 같이 밥 먹으러 와."
이틀 전 모리스와 수영장에 갔던 날, 모리스가 라취네 집에 저녁 먹으러 가서 내 얘기를 조금 했다고 말했다.
"그날 너 얘기 했다가 안 데리고 왔다고 혼났어, 오늘은 같이 가자."
이곳으로 돌아온 덕분에 다시 저녁 식사에 초대받을 수 있었다. 다행이라는 생각이 들었다.

저녁 식사는 스리랑카식이라 네팔에서 여행할 때 즐겨 먹던 식사와 비슷했다. 달밧(닭고기가 들어간 카레), 돼지고기, 비트까지. 지금 눈앞에 놓인 밥은 너무나도 그리웠던 집밥이었다. 오랜만에 진짜 제대로 된 쌀밥 앞에 앉으니 어색했다. 라취는 수저와 포크를 준비해줬지만, "이건 손으로 먹어야 맛있는데"라며 멍하게 손을 바라봤다. 둘 다 눈이 동그래졌다. "그럼 손으로 먹을까?"라며 모두 수저를 내려놓는다. 모리스도 어머니가 스리랑카분이라, 어릴 적 먹던 대로 이곳에서도 늘 손으로 밥을 먹었다고 했다. 오늘은 날 위해서 수저와 포크를 준비했는데, 내가 갑자기 손으로 먹고 싶다고 하자 꽤 반가웠던 모양이다. 네팔에서 돌아온 이후로 오랫동안 잊지 못했던 손맛이었다. 그곳에서도 음식이 입에 잘 맞는다고 생각했지만, (물론 대부분의 음식이 잘 맞는다) 오늘은 더 맛있는 것 같았다. 아마 좋은 사람들과 함께여서 그럴 것이다. 마치 이 맛을 보기 위해 돌아온 것은 아닐까 하는 생각마저 들었다. 그만큼 맛있고 행복한 순간이었다. 돌아오길 잘했다.

식사 후에는 거실에 앉아 맥주와 레몬즙을 넣은 진을 마셨다. 유튜브로 서로가 좋아하는 음악을 함께 감상했다. 태어나(스쳐 지나가면서 본 것을 제외하고) 처음으로 강남스타일 뮤직비디오를 봤다. 왠지 모르게 자랑스러우면서도, 뭔가 모르게 부끄러웠다. 묘한 기분이었다. 이 나라에 오고, 처음으로 배부른 순간을 만들어 준 라춰에게 감사의 인사를 몇 번이나 더하고 집을 나왔다. 모리스와 함께 숙소로 올라가는 길 자정이 넘은 시간, 오늘 밤은 이걸로 끝이 아닐 거란 예감이 들었다. 모리스도 동의했다. 역시나 저쪽 산 너머로 초록빛 불빛이 조금씩 꿈틀거리는 것이 보였다. 오로라였다.

우리는 열광하며 오로라를 향해 달리기 시작했다. 나는 '내 생각에' 어느 정도, 모리스는 '확실히' 많이 취한 몸으로 언덕을 향해 달렸다. 아무리 달린다 한들 오로라가 있는 곳에 도달할 수는 없었다. 다만 조금씩 마을의 불빛으로부터 멀어지고 있었다. 급기야 우리는 비틀비틀 달리기 시작했다. 숨도 취기도 턱 끝까지 차올랐다. 그리고 도착한 마을 입구(꽤 달렸다고 생각했는데 얼마 가지도 못했다)에서 소리를 질렀다. 어차피 마을까지는 닿지 못할 소리였다. 괴성과 함께 사진을 찍었다. 실제로 보는 것보다 왠지 사진이 더 잘 나오는 것 같았다. 신나서 더 크게 소리를 질렀다. 괴성과 웃음이 하얗게 서린 입김과 함께 새어 나왔다.

시간이 얼마 지나자, 마을에서 오로라를 보기 위해 사람들이 나오기 시작했다. 오로라가 더 잘 보이는 산으로 올라가기 위해 차를 타고 나온 사람들도 있었다. 이미 제정신이 아니었기 때문에, 히치하이크를 시도하려고 했다. 안타깝게도 제정신이 아닌 남자 둘을, 그것도 이 깊은 밤에 태워 줄 제정신 아닌 사람은 없었다. 처음 레이캬비크에서 보던 것보다 훨씬 강렬하고, 아름다웠다. 취기도 돌고, 실감이 안 날 법도 했다. 모든 것이 다 꿈같았다. 그런데 바로 옆에서 "Oh my God!! It's so beautiful!! Wow!!"라고 연신 외쳐대는 취객(모리스) 덕분에 꿈에서 깨어났다. 그의 허연 입김에 술 냄새가 묻어있었다. '아, 이건 정말 현실이구나.'

오늘 이곳을 떠났더라면, 어쩌면 더 외진 어느 시골 마을에서 더 선명하고 화려한 오로라를 마주했을지도 모른다. 하지만 지금은 제정신이 아니더라도 기쁨을 함께 나누고, 추억을 함께할 친구가 있다는 게 무엇보다 즐겁다. 단지 오로라 때문이 아니라 정말 내 여행이, 내 인생이 아름답고 사랑스러운 순간이다. 잠시 멈춰 섰지만 나는 오늘도 여행 중이다.

Day 19. Ársalir GuestHouse

오전 9시 54분.

해가 천천히 떠오르고 있다. 오로라를 보고 열광했던 나를 비웃기라도 하듯, 태양은 원래 떠올라야 할 그 자리에서 떠오르고 있다. 아름답다. 다른 어떤 미사여구도 붙이고 싶지 않았다. 어제의 오로라가 나를 상기시켰다면, 오늘의 일출은 차분히 가라앉게 한다. 나는 오로라를 보고 또 열광하겠지만, 매일 떠오르는 태양에도 감동하고 싶었다. 어제의 취기가 조금은 남아있는 아침이었다.

게스트하우스에서 일하는 것은 오랫동안 여행하며 꿈꿔왔던 일 중 하나였다. 하는 일은 간단했다. 현관과 들어오는 길에 눈이 쌓이면 눈을 쓸고 (문제는 다음 날 아침이면 다시 쌓인다는 것), 손님이 나간 방 침대 시트를 갈고, 청소기를 돌리고, 가끔 먼지를 닦는 정도의 간단한 일이었다. 이곳에서는 청소가 수행이나 명상처럼 느껴졌다. 그리고 손님들이 오면 안내하고 대화를 나눴다. 그것은 일이기도 했고, 때론 즐거움이기도 했다.

손님들이 간혹 묻곤 한다.

"Vik에 볼 게 뭐가 있어?"

그렇게 묻는 그들에게 "별로 없어요"라고 태연하게 대답한다. 하지만 나에겐 볼 것이 너무나도 많다. 단지 그들에게는 볼 것이 없다는 것뿐이다. 언덕 위에 올라서서 바라보는 일출의 장엄함, 눈 덮인 냇가에 앉아 흐르는 물소리를 듣는 일, 해 질 녘 해변에 나를 집어삼킬 듯한 파도가 밀려왔다가 서서히 물러가는 것을

바라보는 일이 얼마나 아름다운 일인지 설명해도 이해하지 못할 테니까. 그러니까 설명하지 않는 것뿐이다. 무언가 특별한 것을 보기 위해 떠나온 그들에게 소소한 행복을, 일상의 아름다움을 설명해줄 수는 없다. 어차피 말로 설명해서 이해할 수 있는 것도 아닐 테니까.

오후에는 게스트하우스 일을 마치고, 소풍을 나섰다. 정말이지 날씨가 좋은 날에는 가만히 집에 있을 수가 없다. 음악을 듣기 위해 이어폰을 꽂았지만, 다시 주머니 속으로 넣어야만 했다. 눈 덮인 계곡 사이로 물 흐르는 소리, 발걸음에 따라 뽀드득뽀드득 눈이 다져지는 소리, 차갑게 살을 에며 주위를 감싸는 바람 소리, 심지어 햇살 속에도 소리가 있는 것만 같았다. 음악은 필요치 않았다. 지금 흘러나오는 모든 소리에 귀를 기울였다. 냇가에 놓인 짧은 나무다리에 앉아 푸른 하늘과 그 아래 새하얀 설산을 바라보며 이곳의 소리를 마음에 담았다. 마치 동화 속에 들어와 있는 듯했다. 그들에게 설명하지 못한 아름다움이 하나하나 살아 숨 쉬고 있었다. 마음이 맑고 투명해졌다. 나는 여행을 떠나와 잠시 일상을 살고 있었다.

한동안 잘 곳이 있고 밥이 있고, 저녁이면 함께 이야기를 나눌 사람들이 있다. 그것만으로 충분히 행복했다. 그리고 무언가 할 일이 있다는 것, 적게나마 누군가에게 도움이 될 수 있다는 것이 얼마나 기분 좋은 일인지도 다시금 깨닫고 있다. 아마도 Vik는 나에게 꽤 의미 있는 마을이 되어, 오랫동안 기억에 남을 것 같다. 잠시 걱정은 접어두고 지금 이대로의 시간을 즐겨야겠다.

Day 26. 사이버 설날

보통의 일요일, 평소와 다름없는 하루였다. 시간이 흘러가는 것을 지켜보며 하루를 보냈다. 시간은 그런대로 잘 흘러갔다. 오후에는 바닷가로 산책을 나갔다가 시원하게 바람만 맞고 돌아왔다. 그리고 기다리던 저녁. 오늘 이곳의 늦은 저녁 시간, 한국에는 새로운 아침이 찾아오고 있었다. 보통 아침이 아닌 새해 첫 아침이. 지난 7년간 여행하는 동안 집에 자주 연락하지는 않았다. '무소식이 희소식'이라는 말만 반복하며 한 달에 한 번 '생존확인' 전화만 하던 나였다. 그런데 마음이 약해진 건지 오히려 강해진 건지, 이번 여행엔 유독 가족이 많이 그리웠다. 그리움을 묻어두고만 싶지는 않았다.

엘리스에게 노트북을 빌렸다. Skype를 켜고, 10,000Km 떨어진 집으로 연결을 시도했다. 잠시 후 전파 상자 속으로 집이 보였고, 가족이 보였다. 눈물이 날 만큼 감격적이지는 않았지만, 그저 바라보는 것만으로 마음이 따뜻해졌다. 가족과 태어나서 처음 시도하는 영상통화였다. 부모님은 아직 카메라가 어색한 신인배우처럼 불편해 보이셨다. 나도 덩달아 불편해졌다. 다행히 적응하는 데 그리 오랜 시간이 걸리지는 않았다. 차츰 즐거워하시고, 좋아하시는 게 눈에 보였다. 노트북 안으로 보이는 집은 참 아늑해 보였다. 가족이라는 테두리가 저렇게 행복해 보인다는 걸 새삼스레 깨달았다. 갈 수만 있다면 한걸음에 달려가고 싶었지만, 그곳은 너무 먼 곳에 있었다.

설날 아침이라 모두 차례상 준비로 분주했다. 상 위로 할아버지, 할머니 사진과 갖가지 음식이 차례로 올라가고 있었다. 해마다 차린 것이 없다면서, 올해도 상 다리 휘어지게 차례상은 채워지고 있었다. 차례상 준비가 다 되었고, 제사를 지낼 시간이 되었다. 나 또한 인생 최초의 사이버 제사를 준비하고 있었다. 동생이 노트북 카메라를 차례상 쪽으로 돌려주었다. 아버지가 삼촌이 따르는 술잔을 받아 할아버지 앞에 한 잔, 할머니 앞에 한 잔 놓으셨다. 다 함께 두 번 큰절을 올렸다. 물론 나도 함께였다. 등 뒤에서는 모리스와 엘리스가 눈이 동그래져서 키득키득 웃고 있었다. 나도 내 모습이 우습기는 마찬가지였다. 터져 나오려는 웃음을 간신히 붙잡고, 신성한 의식 중이니 정숙해달라고 당부했다. 사진 속 할아버지, 할머니도 웃음을 참고 있는 것만 같았다. '웃고 싶으면 웃으셔도 됩니다.' 놀라운 디지털시대에 살고 있지만, 사이버 세상을 통해 돌아가신 조부모님과 영적으로 교류하는 날이 올 줄은 몰랐다. 참으로 놀랍고도 재미난 세상이다.

차례를 다 지내고는, 부모님께도 큰절을 올렸다. 부모님은 항상 건강하고, 즐겁게 여행하라며 덕담을 건네주셨다. 세뱃돈은 계좌로 부쳐주겠다며 서른 넘은 아들을 즐겁게 하셨다. 노트북 오른쪽 하단에 보이는 조그마한 내 모습이 어깨춤을 추고 있었다. 참 편리한 세상이다. 게스트하우스 친구들을 부모님께 소개해드렸다. 친구들은 이미 뒤에서 난생처음 보는 광경을 재미나게 구경한 터라, 가족들을 친근하게 느끼고 있었다. 아버지는 계속 수염이 덥수룩한 모리스를 보며, "정말 쟤가 스무 살이 맞나?" 하면서 배를 잡고 웃으셨다. 모리스는 아버지가 뭐라고 하시는지 궁금하다며 통역을 해달라고 했다. "어, 네가 너무 잘

생겼대." 누가 들어도 어색한 거짓말이었다. 의외로 순수한 스무 살의 모리스는, 해맑게 웃으며 아버지도 잘생기셨다고 전해달란다. 말은 통하지 않지만, 아버지와 모리스는 웃음과 함께 가까워졌다. 급기야 아버지는 모리스에게 세배하면 세뱃돈을 주겠다고까지 하셨고, 그걸 정말 모리스가 하려고 해서 부득이 말리는 수밖에 없었다.

부모님은 이곳에서의 내 생활과 친구들을 보는 게 신기하고, 즐거우신 듯 연신 웃으셨다. 덩달아 나도 광대뼈가 당길 만큼 기분 좋게 웃을 수 있었다. 이렇게나 멀리 떨어져 있지만 함께 웃음을 나누고, 온기를 나눌 수 있는 가족이라는 존재가 소중하게 다가왔다. 아이슬란드의 밤은 점점 깊어갔고 고향의 새해 아침은 점점 밝아오고 있었다. 보는 것만으로 행복한 시간이 빠르게 흘러가고 있었다. 부모님은 뭔가 아쉬우신 듯 차례상을 다 치우고 난 후에도 노트북을 식탁 위에 올려놓은 채 식사를 시작하셨다. 나한테 정말 왜 이러나 싶었다. 결국, 야심한 밤에 가족들이 노트북 너머로 명절 음식을 맛있게 먹는 걸 끝까지 다 지켜봐야 했다. 참 맛있게들 먹었다. 나는 세끼를 근근이 때우는 가난한 여행자였다. 갑자기 가족들이 멀게 느껴졌다.

부모님은 처음 만난 사이버 세상이 마음에 드셨는지, 다음날 새벽에도 나를 깨우셨다. 졸린 눈을 뜨고 다시 사이버 세상과 연결됐을 때 배경은 큰집으로 바뀌어 있었고, 설날 저녁이었다. 큰집 식구들이 다 함께 모여 있는 것이 보였다. 큰아버지와 똑같은 브로콜리 머리를 하신 큰어머니와 고모들이 계셨다. 브로콜리

는 명절이라 그런지 한층 더 부풀어 보였다. 결국 거실에서 조용히 불을 켜고, 잠결에 큰집 어른들에게도 다 큰절을 올려야 했다. 노트북을 빌리지 못해, 휴대폰으로 영상을 연결했다. 누가 누군지도 모르고 절을 했다. 꼭두새벽에 휴대폰을 거실바닥에 두고 큰절하는 모습을 누가 봤으면 어떻게 생각했을지…. 아버지는 약주를 한잔하셨는지 기분이 많이 좋아 보였다. 수염 난 친구 좀 불러오라고 하셨다. 새벽이라 다들 자고 있어서 다행이었다.

음력 새해 첫날에 영상으로나마 가족들과 행복한 시간을 보낸 뒤 다시 혼자 남은 시간은 외로웠다. 아마도 명절이라 더 그런 것 같았다. 명절엔 늘 가족, 그리고 떨어져 있던 친척들과 오랜만에 웃고 떠들며 함께 했기 때문이었다. 영상으로 함께 있는 가족을 보고 나니 왠지 더 마음이 저렸다. 예전엔 마음이 약해지는 것이, 향수에 젖어 슬퍼지는 것이 싫어 전화조차 자주 하기 힘들었다. 이제는 괜찮을 거라 생각했는데 좀 쓸쓸했다. 이곳에도 함께 웃음을 나눌 수 있는 사람들은 있지만, 그 누구도 가족을 대신할 수 없었다.

하지만 괜찮을 것이다. 비록 지금은 일만 킬로나 떨어져있지만, 가족은 변함없이 내가 돌아갈 자리에 기다리고 있을 테니까. 그리고 눈을 뜨면 보이지 않는 그곳이 너무나 그립지만, 눈을 감으면 언제라도 한걸음에 달려갈 수 있으니까. 모두가 잠든 새벽 홀로 거실 소파에 앉아 눈을 감고 그리운 그곳으로 달려가 본다. 행복한 기분이 든다. 머나먼 땅에서 맞이하는 새해 첫날 아침이 잔잔히 흘러가고 있다.

Day. 28 길 위의 여행자

최근에 보기 드물었던 맑은 아침을 맞이했다. 비바람과 폭풍이 몰아치는 날은 이곳에 머물고 있음이 얼마나 다행인가 싶으면서도 움직이지 않고 멈춰있음이 불안했다. 맑은 날에는 무엇이라도 해야 할 것 같았다. 몸을 움직여야 할 것 같았다. 차를 마시는데, 이곳에서 처음으로 누군가 큰 가방을 메고 걸어가는 게 보였다. 나도 모르게 벌떡 일어나 눈으로 그 여행자를 쫓았다. 지금까지 그 누구와도 경쟁하지 않았지만, 이대로는 누군가에게 따라잡힐 것 같다는 생각이 들었다. 묘한 경쟁심이 들었다. 나는 길 위의 그 여행자를 질투하고 있었다. 어디라도 가야 할 것 같았다.

마실 물과 간단하게 토스트를 만들어, Vik를 둘러싸고 있는 산에 올랐다. 산이라기에는 낮은 언덕 같은 곳이지만, 추운 날씨와 높이 쌓여있는 눈 때문에 그리 만만하게 오를 곳은 아니었다. 오늘처럼 맑은 날에 언덕 위에서 바라보는 Vik의 풍경은 그 힘듦을 감내하고도 오를만한 가치가 있었다. 이미 두 번이나 올랐지만, 또 오르고 싶은 것도 그 이유 때문이었다. 바라보고 있는 것만으로, 마음도 함께 넓어지는 기분이었다. 마음을 넓히지 않고서는 이 말도 안 되는 풍경을 마음속에 다 담을 수 없을 것 같았다. 넓어진 마음으로 발길을 집으로 돌리기가 아쉬웠다. 언덕 반대편에 있는 Black Beach까지 가기로 마음먹었다. 그런데 대충 길을 안다고 생각하고 나선 것이 문제였다. 마음이 앞서 너무 서둘렀다. 애초에 가야 할 방향도 확실히 하지 않은 채 속도만 내다가 길을

잘못 들었다. 결국, 길의 끝에서 마주한 것은 낭떠러지였다. 날개가 없는 한 내려갈 수 없는 높이였다. 하는 수 없이 왔던 길을 다시 돌아가는 수밖에 없었다. 천천히 처음으로 돌아가 방향을 확인하고, 다시 한 발씩 나아가야 했다. 속도보다는 방향을 생각하며 한참을 더 걸어간 후에야 반대편 마을로 내려갈 수 있었다.

언덕 위에서 바라보던 해변도 멋졌지만, 직접 두 발로 이곳을 거니니 느낌이 달랐다. 눈앞에서 부서지는 파도 소리와 따뜻하게(결코 따뜻하지는 않았지만, 느낌은 그렇게) 비치는 햇살이 어우러져 예술을 만들고 있었다. 따뜻한 햇살 아래라 믿고, 널찍한 바위 위에 자리를 잡았다. 점심으로 챙겨온 토스트를 먹을 때는 얼음 칼 같은 바닷바람에 하마터면 손가락이 잘려나가는 줄만 알았다. 햇살은 보는 것만 따뜻했다.

점심을 다 먹고, 다시 서둘러 움직여야 할 것 같은 조급함을 느꼈다. 무언가를 더 보고 또 가슴에 넣어야 할 것 같았다. 왠지 모르게 답답했다. 지금 앉아있는 바위 같은 무언가가 가슴을 누르고 있는 것을 느꼈다. 욕심이었다. 나는 관광을 싫어한다. 정해진 시간 안에 이것도 보고, 저것도 봐야 하고 그러기 위해 몸도 마음도 쉴 새 없이 바쁘게 움직여야 하는. 그리고 봐야 할 걸 다 본 뒤에는 마치 숙제라도 해결한 듯이 기뻐하는. 여유를 가지고, 그저 발길 닿는 대로 걷고 싶었다. 천천히 걸으며 남들이 서두르느라 놓치는 소소함을 발견하고, 마음에 담고 싶었다. 그런 여행을 하고 싶었다. 그런 게 내가 할 수 있는 여행이라 늘 생각했다. 그런데 오늘의 나는 그런 여유가 없었다. 무언가에 쫓기듯이 발걸음을 재촉하고 있었다. 아침에 배낭을 멘 여행자가 떠올랐다. 다시 여행자로 돌아가고 싶었다.

Day 30. 아마도

일을 마치고, 해 질 녘에 석양을 보러 뒷산에 올라갔다. 일출을 보는 곳이지만
산책을 하기 위해 가볍게 집을 나섰다. 바다가 내려다보이는 언덕에 앉아 있는
것만으로 좋았다. 여행이 끝나면 언제 이렇게 평화로운 시간을 보낼 수 있을까?
생각하면 감사한 시간이었다. 돌아가면 지금처럼 태평할 수는 없겠지만, 가끔이
라도 혼자만의 시간을 가져야겠다. 이런 시간이 얼마나 소중하고 의미 있는지
절실히 깨달았기 때문이다.

날이 저물어가니 그나마 시각적으로 느껴지던 따뜻함마저 사라지고 급속도로
추워졌다. 그래도 상관없었다. 아무리 추워도 돌아갈 집이 있기 때문이다. 진짜
가족이 아니지만, 추운 겨울 따뜻한 차를 마시며 온기를 나눌 수 있는 사람들이
기다리고 있다. 일출을 보는 곳에서 놀라울 만큼 굉장한 석양은 볼 수 없었지만,
산책은 그 자체만으로 기분 좋은 일이었다. 무엇보다 추위에 떤 몸을 안고, 따뜻
한 집으로 돌아가는 이 순간도 참 좋다. 다들 먼저 퇴근해서 나를 환영해주리라
기대했는데, 막상 돌아왔을 때 집은 썰렁했다. 조금 더 있다가 왔어야 했나? 아
쉬움에 입이 삐죽 나왔다. 그때 배아따 아주머니가 방에서 나왔다. "어디 갔었
어? 보고 싶었잖아" 하며 꼭 안아준다. 퇴근하고 왔는데 내가 보이지 않아 말없
이 떠난 줄 알았단다. 물론 나는 그럴 사람이 아니다. 손님한테 받은 돈을 들고
날랐을까 걱정돼서 그랬나 싶기도 했지만, 역시 반겨주는 사람이 있다는 건 기
분 좋은 일이다. 그것도 태어나 처음 온 낯선 나라에서. 아무리 생각해도 이곳에

머무를 수 있는 건 기막힌 행운이다.

아주머니는 정말로 보고 싶었던 건지, 아니면 무슨 기분 좋은 일이 있는 건지 저녁까지 해줬다. 프렌치프라이에, 소시지 그리고 반숙한 계란 프라이 두 개까지. 매일 저녁 라면만 먹던 나에게는 초호화 만찬이었다. 게다가 누군가 함께 웃으며 식사할 수 있는 것만으로 음식은 갑절로 맛있어졌다. 그 음식 맛을 꼭꼭 음미하느라 아주머니는 한참 전에 식사를 마치고, 내가 먹는 걸 지켜봐야만 했다. 신경 쓰지 말고 천천히 먹으라는 아주머니 얼굴이 퉁퉁 부어있었다. 추운 날씨에 산책을 다녀온 게 피곤했는지, 일찍부터 졸음이 쏟아졌다. 조금 일찍 잠드는 게 좋을 것 같았다. 잠들기 전에 바람이나 한번 쐴 겸 현관으로 나갔다. 먼 산을 바라다보니 푸르스름한 빛이 꿈틀대는 것이 보였다. 초록색 불빛이 검은 하늘을 야금야금 물들여가고 있었다. 어렴풋하던 빛은 좀 더 진하게 퍼져갔다.

오로라였다. 옷을 있는 대로 껴입고, 뒷산으로 발걸음을 옮겼다. 그냥 발이 끌리는 대로 몸이 따라갔다. 눈 덮인 도로 위로 검은 발자국이 이어졌다. 발걸음이 멈춘 곳 주변으로 수많은 십자가가 세워져 있다는 것을 안 것은 어느 정도 어둠에 익숙해진 후였다. 오로라 때문인지, 무덤 때문인지 온몸이 짜릿짜릿해져 왔다. 어쨌든 계속해서 심장은 빠르게 뛰고 있었다. 별을 볼 때도 마찬가지지만 자연이 준비한 아름다운 빛을 보기 위해서는, 사람들이 만들어낸 불빛에서 최대한 멀어지는 것이 좋다. 어두운 곳에서는 자연이 만들어내는 빛을 그 어떤 불빛의 방해도 없이 볼 수 있기 때문이다.

공동묘지는 참으로 조용하고, 불빛 하나 없는 그런 곳이었다. 가끔 뒤쪽에서 누군가 날 바라보는 시선이 느껴지는 것도 같았지만, 무시하기로 했다. 그게 나을 것 같았다. 하늘에서는 한 편의 공연을 준비하기 위해 서서히 몸을 풀고 있는 것처럼 보였다. 아이슬란드에 오고 벌써 다섯 번째 오로라였지만, 이번엔 뭔가 느낌이 달랐다. 범상치 않은 느낌이었다. 지금까지 봐온 것은 한쪽 방향에서만 어렴풋이 볼 수 있는 것들이었다. 오늘은 마치 하늘 전체를 뒤덮기 위해 꿈틀대는 움직임처럼 보였다. 게다가 무수히 빛나는 밤하늘의 별과 함께 하모니를 이루고 있었다. 날씨가 아무리 추워져도 눈을 뗄 수도, 발걸음은 더더욱 뗄 수가 없었다.

아이슬란드의 한겨울 그것도 홀로 공동묘지 옆에서 하늘만 바라본 지 한 시간이 지났다. 옆에 뭐가 있는지도 모른 채. 시간이 좀 더 흐르자, 몇몇 관광객들이 오로라를 보기 위해 무리 지어 언덕 위로 올라왔다. 그리고 무덤 앞에서 잠시 멈칫하고는, 날 향해 조심스럽게 물었다.
"거기, 사람 맞죠?"
'지금 내가 보이나요?' 하고 장난치려다가,
"아마도"라고만 대답했다.
점점 사람들이 늘어나자 혼자 구경하던 낭만도 사라졌다. 때마침 카메라 배터리도 떨어져, 겨우 발걸음을 집으로 돌릴 수 있었다.

배터리를 충전하고 얼었던 몸도 조금 녹인 후, 다시 밖으로 나왔다. 아직도 공연

은 이어지고 있었다. 오히려 클라이맥스로 치닫는 기분이었다. 카메라 렌즈 대신 입을 연 채, 하늘을 바라봤다. 아름다움과 황홀함에 온몸이 얼어붙었다.(정말로 얼었던 건지도 모르겠다.) 또 한 번 집에 들어갔다 나왔을 때는 하늘도 겨우 숨을 돌리고 있는 모습이었다. 아쉽고 섭섭한 마음도 들었지만, 한편으로는 '아 이제 잘 수 있겠구나' 싶었다. 아쉬운 마음을 남겨둘 수 있어서 다행이었다. 보고 또 봐도 좋을 것 같지만, 아쉬움은 다음번에 대한 기대가 될 수도 있었다. 그런 아쉬움과 기대를 동시에 품고, 기분 좋게 잠자리에 들었다.

Day 34. 떠나는 순간의 마음은 무겁다

무겁다. 떠나는 순간의 마음은 무겁다.

머무르는 것은 어렵지 않다. 하지만 떠날 때는 한동안 내려놓았던 무거운 마음을 다시 들고 일어서야 한다. 이곳에 3주 동안 내려놓았던 마음은 결코 가볍지 않았다. Vik까지 오는데 2주, 그리고 이곳에 머무른 지 3주, 그리고 이제 아이슬란드에서 남은 한 달 남짓한 시간. 거리로 따지자면 아직 7분의 1도 채 돌지 못했는데, 남은 시간은 절반 정도밖에 남지 않았다. 계획을, 목표를 수정해야 했다. 절반은 원래 계획대로 걷고, 나머지 절반은 히치하이크를 해서 가기로 정했다. 반을 포기하기로 마음먹었다. 포기한 만큼 마음이 가벼워졌다. 앞으로 눈 덮인 사막과 산으로 이어지는 하이랜드, 특히 북쪽으로 올라갈수록 날씨는 더 춥고 험악해진다는 현지 사람들의 말을 더 이상 흘려들을 수는 없었다. 사실 겁이 났다는 표현이 맞겠다. 변명이 필요했던 것이었다. 물론 이 또한 한 가지의 계획일 뿐이다. 아직도 폭풍은 예고 없이 수시로 찾아오고 있다. 언제 용기를 내서 나아가고, 언제 더 용기를 내서 그만두어야 할 순간이 찾아올지는 알 수 없다. 다만 그 순간을 현명하게 판단할 수 있는 지혜가 있기를 바랄 뿐이다.

아침부터 비가 내렸다. 제일 먼저 일어나 거실에서 나가는 사람들을 배웅했다. 월요일 아침이라 그런지 다들 일하러 나가는 발걸음이 무거워 보였다. 한국이나, 아이슬란드나 사람 사는 곳에는 다 월요병이 있는가 보다. 늘 그랬던 것처럼 혼자 남아 평온한 시간을 보냈다. 언제 또 이런 시간을 보낼 수 있을지 알 수 없

었다. 한동안 일상이 되었던 시간이 더없이 소중하게 느껴졌다. 길 위에서 읽을 글을 노트에 따로 정리해두었다. 아마도 다시 길 위에 오르면 더 많은 위로가 필요할 것 같아서였다. 짐 정리도 대충 마쳐놓고, 3주 동안 지냈던 방을 깨끗이 청소했다. 마음이 허전했다. 내일 이곳을 떠날 때는 더 허전한 기분이 들 것 같다. 비를 맞으며 배아따 아주머니가 마지막으로 부탁한 분리수거까지 마치자, 오전이 훌쩍 지나갔다.

점심을 먹고 낮잠을 잤다. 일어나서 게스트하우스 청소를 마무리했다. 얼마 지나지 않아 배아따 아주머니가 퇴근하고 돌아왔다. 손님 한 분을 안내하고 내려오자, 아주머니가 두둑이 나온 배를 두드리면서 소시지를 삶기 시작했다. '이제 그만 좀 드시고, 그 배를 좀 보세요!'라는 말이 계속해서 입안을 맴돌았다. 고맙게도 나눠 먹자고 해서 아무 말하지 않고 함께 먹었다. 진짜 아무것도 아닌 것 같은 이런 음식들이 어떻게 이렇게 맛있는 건지.

여느 때와 다름없는 월요일 밤이었다. 창밖에는 눈과 비가 뒤엉켜 내리고 있었다. 하얀 세상이 질척거리는 소리가 들려왔다. 약속이나 한 듯 다들 거실에 모였다. 배아따 아주머니가 가운데 한 자리를 차지하고, 그 옆에서 톰과 제리 같은 모리스와 엘리스가 재잘재잘 떠들고 있었다. 한동안 그리워질 풍경이었다. 어느 화목한 가정의 거실처럼 우린 둘러앉아 차를 마시며 대화를 나누었다. 잔잔하고 따뜻한 이 느낌, 아마도 이 느낌이 좋아 계속 이곳에 머물고 싶었던 건지도 모르겠다. 아주 잠시 말이 메말랐던 순간, 힘들게 입을 뗐다. 앉을 때부터 준비

했던 말을 꺼냈다. 아니 꽤 오랫동안 준비했던 말이었다.

"나 내일 떠나…."

잠시 침묵이 덮였다. 하지만 이내 원래의 대화로 돌아갔다. 순간 입에서 그 말이 정말로 나왔는지 의심이 됐다. 다시 한번 얘기를 했지만 힘들게 꺼낸 말은 다른 대화 속으로 숨어들었다. 매번 떠난다고 하고, 다음날 당연한 듯이 거실에 앉아 있는 걸 반복해서 그런 걸까? 이제는 완전 양치기 소년이 돼버린 듯했다. 하긴 울고불고 끌어안으며 작별하는 그런 슬픈 이별을 기대한 건 아니었다. 오히려 담백했다. 제일 막내 타너만 진지하게 이야기를 들었던지 방으로 찾아와 선물을 두고 갔다. 떠나는 날이 오면 장갑을 주겠다고 했던 약속을 잊지 않고 있었다. 장갑이 고마운 건 둘째 치고, 약속을 잊지 않아줘서 고마웠다.

밤늦게까지 영화 보자고 투정 부리는 모리스 때문에 11시가 넘어서야 방에 돌아갔다. 역시나 내 얘기는 듣지 않은 모양이었다. 간만에 싸는 침낭이 잘 말아지지 않아 시간이 꽤 걸렸다. 결국, 짐 정리를 다 마치고 나니 12시가 넘어버렸다. 일찍 푹 자고 내일 상쾌하게 출발하려던 계획은 완전 무너졌다. 역시나 계획대로 되는 건 없었다. 짐을 다 싸고 나서도 망설여졌다. 침대 끄트머리에 걸터앉아 창문을 바라봤다. 질척한 비가 창문에 들러붙었다가 이내 흘러내렸다. 바람은 쉬지 않고 마음을 흔들었다. 스스로도 믿을 수가 없었다. 내일 떠나는 게 맞는 건지.

배아따 아주머니와 친구들은 장난삼아, 그냥 여기 한 달 더 있다가 레이캬비크로 돌아가라고 했다. 모리스는 다음 달에 공항 갈 일이 있다며 그때 공항까지 태워주겠다고 싱글벙글 웃기까지 했다. 면허도 없는 녀석이 어찌 저리도 당당한 건지. 그래도 일순간 '아 정말 그래 볼까?' 하고 생각했다. 내 여행이니까, 내가 하고 싶은 대로 하면 되니까. 하지만 언젠가 시간이 흘러 돌아본다면, 아마도 하지 않은 쪽을 더 후회할 것 같았다. 가보지 못한 길에 대한 미련을 남겨두고 싶지 않았다. 도중에 돌아오더라도, 갈 수 있는 곳까지 가보고 싶었다. 그렇다면 역시 길을 나서는 수밖에 없었다. 망설임의 그늘이 마음을 완전히 뒤덮기 전에 먼저 눈을 감았다. 창문을 두드리는 무거운 빗소리가 귓가에 맴돌았다.

Chapter 3

EAST ICELAND

Day 35. 쉬운 이별은 없다 [Jökulsárlón]

쉬운 이별이란 게 있던가.

짐을 챙겨, 거실로 올라가려니 몸보다 마음이 무겁다. 한 걸음 한 걸음이 망설여진다. 일상에서는 3주라는 시간이 아무것도 아닌 짧은 시간일지도 모른다. 하지만 여행자에게 3주는 어마어마한 시간이다. 그 3주라는 시간을 한 장소에 머물렀다. 좋은 사람들과 함께했다. 추억이 될 만큼 좋은 시간이었고, 미련이 남을 만큼 긴 시간이었다. 그만큼 이곳에 정이 많이 들어버렸다. 정이라는 것이 없을 때는 그냥 몸만 떠나면 되는데, 이 몹쓸 것이 붙어버리면 떼어내고 가는 게 쉬운 일이 아니다.

배아따 아주머니에게 어제 얘기를 했다. 좀 더 진지하게 말을 꺼냈어야 했다. 거실로 올라가자 어떻게 말도 안 하고 바로 떠날 수가 있냐며 화를 냈다. 그리고는 인사도 받아주지 않고 일하러 가버렸다. '자기가 들은 척도 안 했으면서.' 진지하게 얘기하지 못한 내 잘못이다.

엘리스는 나를 한 번 보고, 옆에 놓인 배낭에 시선을 둔 채 입을 열었다.

"한 번 안아 봐도 될까?"

"당연하지."

따뜻하게 꼭 끌어안은 채로 엘리스는 무사히 여행을 마치라고 말해주었다. 먼 길 가기 전에 속을 든든히 하고, 출발해야 할 것 같았다. 언제 또 배부르게 먹을 수 있을지 모르기 때문이다. 라면에 어제 남겨둔 식은 밥을 양껏 말아서 먹고 나

니 꽤나 속이 든든했다. 배는 채웠지만, 무언가 허전한 느낌은 가시지 않았다. 나갈 채비를 하려는데 현관문 열리는 소리가 들려왔다. 배아따 아주머니였다.
"진짜 가는 거야?"

말없이 고개를 끄덕였다. 아주머니는 천천히 다가와 세 번이나 꼬옥 안아줬다. 마음의 짐이 바닥에 내려앉았다. 이제 가벼운 마음으로 갈 수 있을 것 같았다. 아주머니는 가면서 먹으라며, 초코바까지 챙겨 줬다. 초코바는 왠지 주인아주머니 것 같았지만 모르는 척 감사히 받았다. 3주, 길다고 하면 긴 시간이었다. 나에게는 사막의 오아시스 같았던 곳. 이곳의 웃음과 차 한 잔의 여유, 그리고 사람들의 온기를 한동안 잊지 못할 것 같다. 가는 길에 친구들이 일하는 공장에 들렀다. 미운 정이 더 많이 들었던 모리스와 밥 먹을 때 늘 내 몫까지 챙겨줬던 막내 터너에게도 마지막 인사를 하고, 길 위에 올랐다. 간만에 무거운 가방을 메고 찬 바람에 맞섰다. 걸음마다 온몸에서 아드레날린이 솟구쳤다. 다시 길 위에 있음을 실감할 수 있었다. 지난번 폭풍에 무릎 꿇은 날에 비하면 바람은 매섭지 않았다. 구름은 조금 끼어있지만, 눈이나 비가 오지 않아 괜찮았다. 오히려 따뜻해진 날씨에, 땀이 송골송골 맺혔다. 금세 차갑게 식어 바람에 흩어져 버리긴 했지만.

오늘의 목적지는 Jökulsárlón이다.
아이슬란드에 오기 전까지는 이곳이 어떤 곳인지, 심지어 Vik에 오기 전까지도 몰랐다. Vik에서 만난 봉진이 형과 다른 여행자로부터 이곳에 대한 정보를 들을 수 있었다. 어마어마한 양의 빙하가 해변으로 흘러 내려와 절경을 이루는 이곳

은 이미 두 편의 본드시리즈를 촬영해서 더 유명해진 곳이었다. 유명한 관광지를 따라가는 것은 별로 원하는 일은 아니지만, 태어나서 한 번도 보지 못한 빙하에 대한 호기심이 나를 유혹했다. 그리고 사실 가는 길에 그곳이 있는 것뿐이었다.

거리는 지금까지 걸어온 거리와 거의 같은 180Km. Jökulsárlón까지는 히치하이크하기로 했다. 걸어온 거리만큼, 히치하이크하기로 한 것이다. 절반은 걷고, 절반은 히치하이크하며 아이슬란드를 한 바퀴 돌기로 계획을 수정했다. 멀게만 느껴졌던 이 길의 끝이 절반만큼 가까워졌다. 히치하이크는 쉽지가 않았다. 원하지 않을 때는 수많은 차가 도움이 필요한지를 묻곤 했는데, 반대로 내가 원할 때는 차들이 피해갔다. 거리의 차들이 밀고 당기기를 하고 있었다. 한 시간을 넘게 걸어 지난번 처절히 무너졌던 곳에 거의 다다랐다. 드디어 한 대의 차가 앞에 멈춰 섰다. 운 좋게도 좋은 녀석들을 만났다. 스위스에서 온 안드레와 야닉이었다. 행선지도 같았다. 중간중간 내려서 구경도 하면서 갈 건데 괜찮겠냐는 말에 퍽 신난 표정으로 좋다고 대답했다. 녀석들도 덩달아 웃는다. 좋은 하루가 될 것 같다.

히치하이크는 말 그대로 잠시 누군가의 차에 실려 신세를 지는 것. 신세 지는 주제에 여기 가자, 저기서 멈추자 할 수는 없는 노릇이다. 잠시 흐름에 몸을 맡겨야 했다. 뒷좌석에 앉아 가방을 친구처럼 옆에 앉히자, 곧이어 안드레&야닉 호가 출발했다. 히치하이크는 매력 있었다. 무엇보다 참 편했다. 무거운 가방을 메

고 걷지 않아서 편하기도 하지만, 무엇보다 혼자가 아니라서 외롭지가 않았다. 누군가와 함께 아름다운 풍경을 보고 대화를 나누며, 순간을 공유할 수가 있었다. 다만 그 순간은 걸을 때보다 빠르게 지나갔다. 결국 넘치는 기쁨을 주체하지 못해 사고를 쳤다. 까불다가 그만 눈구덩이에 빠져 버리고 만 것이다. 그냥 쌓인 눈인 줄 알고 밟았는데, 윗부분만 눈이고, 그 안은 마치 샤베트처럼 녹아서 물과 뒤엉켜 있었다. 아주 제대로 다 젖어 버렸다. 신발은 물론 양말과 발까지 흠딱 젖어 얼어버렸다. 얼어 탄 차 안에서 신발에, 양말까지 다 벗고 있어야 했다. 꽁꽁 언 발이 부끄러운 듯 빨개졌다. 제발 다들 코가 얼어 냄새만은 나지 않았으면 하고 빌었다. 이미 젖어버린 신발과 얼어버린 발은 어쩔 수 없었다. 차를 타고 달린 180Km는 짧았다. 시간에 쫓기지 않고, 우리 또한 시간을 쫓지 않으며 갔는데도 반나절 만에 목적지에 도착했다. 걸어온 지난 2주간의 180Km가 조금은 애처롭고, 가엽기까지 했다.

Jökulsárlón. 태어나서 처음 빙하라는 것을 만났다. 이 거대한, 때때로 작은 얼음 조각들이 어디에서 떨어져 나와서, 어디로 흘러가는지, 또 나이는 얼마나 되는지 모른다. 다만 그런 지식에 상관없이 저것이 소름 끼치게 아름다운 무언가라는 것만은 확실히 알 수 있었다. 머리가 가르쳐주지 않아도 몸이 그렇게 느끼고 있기 때문이다. 한동안은 가만히 바라만 보았다. 다음엔 가까이 다가가 만져보고, 이렇게 저렇게 사진도 찍어보고, 그 위에 앉아도 보고, 드러누워도 보았다. 처음 보는 이 아름다운 것과 그저 친해지고 싶을 뿐이었다. 바다까지 밀려 내려온 빙하와 그 빙하를 집어삼켜 먼바다로 데려가려는 파도가 한데서 어우러져

놓고 있었다. 사람들은 떨어지는 해를 등 뒤에 두고서, 눈앞의 빙하와 하염없이 사진을 찍고 있었다. 다들 난생처음 대하는 그것들과 저마다의 추억을 만들고 있었다. 사람 북적이는 곳은 별로 좋아하질 않지만, 이곳은 할 말이 없었다. 이럴 만한 이유가 다 있다고, 스스로도 충분히 납득이 되었기 때문이다.

해변 쪽에서 올라가서 이어지는 호수를 바라보았다. 눈으로 다져진 언덕 위로 올라서자, 넓은 호수가 보였다. 수없이 널린 크고 작은 빙하 조각들 사이로 까만 대머리들이 들어갔다 나갔다 하는 것이 보였다. 다름 아닌 물개였다. 어릴 적 동물원에서 본 이후로 처음 보는 물개였다. 요리조리 숨바꼭질하듯 수영하는 녀석들이 귀엽기도 했지만, 무엇보다 놀라웠다. 저 녀석들은 춥지도 않을까? 아직 얼어있는 발을 꼼지락거려 보았다. 녀석들이 진심으로 부러워졌다. 갑자기 발이 더 시려 왔다. 석양은 여운이라도 남은 듯 마지막 남은 햇살을 잔잔하게 호수 위로 뿌렸다. 눈이 부실 정도의 햇살은 아니었지만, 그 아름다움에 눈이 부셨다.

얼마 후, 하늘은 남은 햇살마저 모두 거두어 갔고, 현실로 돌아갈 시간이 찾아왔다. 3주 만에 편안했던 숙소에서 나왔다. 다시 잠자리를 찾아 헤매야 했다. Jökulsárlón은 유명한 관광지라 숙소를 찾기 쉬울 거라 생각했다. 하지만 이곳에는 오직 빙하뿐이었다. 아마도 집을 지을 만한 환경이 아닌 것 같았다. 유일한 건물이라 할 수 있는 컨테이너로 된 카페로 갔다. 카페 직원에게 옆으로 보이는 작은 창고에서 하룻밤 머물러도 되겠냐고 물어보았다. 대답은 당연히 "No." 아이슬란드에 와서 배아따 아주머니 말고, 본인 재량으로 무엇인가 마음대로 하

185

는 직원을 보지 못했다. 처음에는 정말 융통성이 없다고 생각했는데, 잘 생각해 보면 원래 그게 맞는 일이었다. 그리고 배아따 아주머니는 이곳 사람이 아니라 폴란드 사람이다. 아무리 다시 둘러봐도 주변은 눈과 빙하뿐이었다. 한숨이 절로 나왔다. 퍼져 나오는 입김이 낮보다 짙었다. 점점 추워졌다.

"밖에서 자면 상당히 추울 텐데."
카페 직원이 안타까운 듯 말했다. '그걸 말이라고 해?'라고 하고 싶었지만 입이 얼어붙어 참기로 했다. 최후의 보루로 남겨둔 옵션을 선택하기로 했다. 이곳으로 오는 길에 들렀던 유적지 앞에 작은 화장실이 있었다. 안드레와 야닉도 Vik 방향으로 다시 돌아간다고 해서, 가는 길에 거기에 내려달라고 부탁했다. 화장실은 따뜻한 기억이 남아있는 곳이었다. 이곳도 멋진 화장실이었다. 아이슬란드는 아직도 화산이 활동 중에 있어 그 지열로 난방을 하기 때문에 난방비가 거의 들지 않는다고 들었다. 그래서 그런지 화장실마저 난방 중인 곳이 많았다. 신의 축복이었다. 드디어 신발을 말릴 수가 있었다. 물론 춥지 않게 잘 수도 있을 것 같았다. '화장실에서 어떻게 잘 수 있을까?' 바깥 추위를 생각하면 화장실은 천국이라는 생각마저 든다. 게다가 이곳 화장실은 정말로 깨끗하다. 냄새도 전혀 나지 않는다. 만약 냄새가 난다면 그건 아마도 내 몸에서 나는 냄새일 것이다.

잠자리 준비를 마치자 창밖으로 제법 굵은 눈송이가 떨어지고 있었다. 잠시 밖으로 나가보았다. 눈이 차츰 무겁게 내리기 시작했다. 아무리 생각해도 화장실에 있음이 감사했다. 바람도 거칠게 불었다. 밖에서 잤더라면 제정신으로 잘 수

없었을 것이다. 내일 아침 해를 볼 수 없었을지도 모르겠다. 오랜만에 다시 외로운 밤이 찾아왔다. 화장실 벽에 기대어 작은 창밖으로 흩어지는 눈을 바라본다. 종일 얼어있던 발은 쪼글쪼글 주름이 져 있고, 눈은 계속해서 쌓여간다. 내일 아침에는 눈이 잔잔해졌으면 좋겠다.

Day 36. 신이 만든 영화

밤은 편안했고 따뜻했다.

깨어보니 화장실이었다. 며칠 더 묵어도 괜찮을 것 같다는 생각도 잠시 들었지만, 곧바로 짐을 챙겨 나왔다. 아침부터는 화장실을 찾는 손님이 있을 테니까. 여행 시작한 지 한 달이 지나, 이제는 해도 제법 길어졌다. 9시에는 출발해도 될 정도로 날이 밝았다. 걸을 수 있는 시간이 길다는 것은 그만큼 멀리 갈 수 있다는 뜻이기도 했다. 오전 9시, 주위는 아직 조용했다. 이른 시간이기도 했고 밤새 내린 눈 때문에 도로는 얼어 있었다. 차가 거의 다니질 않았다. 어제 뒤로 돌아왔기 때문에 다시 히치하이크로 Jökulsárlón까지 가야 했다. 어제보다는 어렵지 않게 히치하이크에 성공했다. 운 좋게도 한국 분들의 차에 올라탔다. 오랫동안 여행하면서 일부러 피하지는 않았지만, 특별히 만나려고도 하지 않았던 한국 사람들을 어쩌면 가장 멀리 떠나온 이곳에서 가장 많이 만나고 있는 것이 신기했다. 아마도 TV 프로그램의 영향인 듯했다. 지금 한국에서는 '꽃보다 청춘 - 아이슬란드 편'을 방영하고 있다고 들었다. 한 번도 보지는 않았지만 아니 볼 수 없었지만, 왠지 나만의 성지를 누군가에게 빼앗긴 것 같아 조금 속상했다. 그래도 이렇게 멀리 떨어진 곳에서 모국의 정을 느낄 수 있게 된 건 고마운 일이다.

태워 준 커플은 얼음동굴 투어를 가기 위해 Jökulsárlón으로 가는 길이었다. Vik에서 만난 봉진이 형도 이 투어를 신청했다. 얼음동굴이라 그 얼마나 설레는 말인가. 정말 멋질 것 같았지만 가격이 일주일 생활비와 같았다. 기분 좋게 포기했다. 난 얼음동굴을 보는 것보다, 아이슬란드 그 자체를 보는 것이 더 좋았다. 앞으로도 쭉 내가 볼 수 있고, 본 것에 만족하며 여행할 것이다. 그것만으로 충분히 행복한 여행이다. 지금은 그것만으로 충분하다. 그렇게 날 위로한다. 짧은 시간이었지만, 오랜만에 모국어로 대화도 나누며 편안하게 Jökulsárlón으로 돌아왔다. 여기서부터는 다시 걷기 시작해야 한다. 이곳에서 Höfn까지 80Km, 거기서 Djúpivogur까지 100Km, 총 180Km를 걸어야 한다. 일단은 오늘 하루를 걸어야 한다. 어디에 도착하게 될지, 어디서 자게 될지 모르겠지만, 희망을 가지고 걸어갈 것이다. 괜찮을 것이다. 아마도.

Jökulsárlón까지는 거의 10분 만에 도착했다. 태워 준 분에게 감사 인사를 했고, 그분들은 나에게 힘내라고 격려를 해줬다. 길 위에 올라섰다. 일단 보이지 않는 어떤 곳을 향해 걷고는 있지만, 나아가야 할 방향만은 뚜렷했다. 무언가 나를 밀어내지만 않는다면 오로지 직진이다. 길 위에서 만나는 차들을 향해 인사하는 일도 시작했다. 바보스럽지만 아직 이 일이 누군가에게 웃음을 줄 수 있는 일이라 생각하고 있다. 한동안은 이 바보스러움을 이어가고 싶다. 적어도 누군가를 향해 웃는 순간 내가 먼저 행복해지는 건 사실이었으니까. 날 바라보는 누군가도 행복하기를 바랄 뿐이다.

변덕이 심한 하늘은 눈과 비 그리고, 우박을 적절히 섞어서 뿌려줬다. 하나만 내리는 것보다 지루하지 않고 괜찮았다. 강렬한 폭풍에 무릎 꿇고 다시 일어선 지얼마 되지 않아, 웬만한 것은 견딜 만했다. 아마도 그때 빈손으로 다시 일어선 것

은 아니었나 보다. 고개 숙이지 않고 똑바로 하늘을 보고 있으면, 구름 사이로 어렴풋이 파란 하늘 조각이 보였다. 새파란 하늘은 아니지만, 희망으로 삼기에는 충분했다. 그 희망을 품에 안고, 계속해서 걸었다. 인사도, 혼자 부르는 노래도 멈추지 않았다. 가끔은 미치광이처럼 춤도 췄고, 그럴 때면 차를 세우고 가까이 다가와 그런 미치광이를 응원해주는 사람들도 있었다. 덕분에 홀로 길 위를 걸어도, 혼자가 아니라는 기분이 들었다.

이제 해가 떠 있는 시간이 6시간이 넘었다. 오래 걸어서 많이 갈 수 있다는 건 좋지만, 무거운 짐을 메고 6시간을 넘게 걷는다는 것은 쉬운 일이 아니었다. 해질 시간이 다가오자 점점 피로가 몰려왔다. 잠자리를 찾아야 했다. 때마침 작은 마을과 캠핑장 표지가 보여 표지를 따라 마을로 들어갔다. 그곳에는 작은 숙소가 있었고, 낯익은 사람이 청소하고 있었다. 아까 길 위에서 괜찮으냐며 차를 태워줄까 하고 물었던 남자였다. 스쳐 지나가면서 본 건데 오래 알던 사람을 만난 것처럼 반가웠다. 이렇듯 넓은 세상을 보려고 하는 여행은 의외로 세상이 좁다는 걸 깨닫게 해준다.

다시 만난 인연이라 해도 특별 대우는 없었다. 숙소 근처에 그냥 텐트를 치는 데만 1,700크로나를 내야 했다. 여름에는 자리가 없어 못 친다고 했지만 지금은 아무도 없고, 자리 위에는 눈이 소복이 쌓여있었다. 눈 치우는 삽을 주겠다고 했지만, 그냥 밖에서 자는 것과 다를 게 없을 것 같았다. 샤워할 수 있고 와이파이를 쓸 수 있다고는 했지만, 확 구미가 당기는 제안은 아니었다. 아무래도 그냥

마을을 벗어나 텐트를 치는 게 나을 것 같았다. 그렇게 말하고 떠나려고 하자, 그가 잠시만 기다려 보라고 했다. 그는 갑자기 주변을 살폈다. 그리고는 자기가 말해줬다고 말하면 절대 안 된다며 손가락으로 조금 멀리 떨어진 농장 쪽을 가리켰다. 자기 사장 소유의 폐농장이 하나 있는데 거기서 자는 게 어떻겠냐고 했다. 아이슬란드 사람들은 원칙을 지킨다. 이 친구는 스페인에서 왔다.

고마운 정보를 안고서 그쪽으로 올라갔다. 농장은 기대한 것보다 훨씬 더 엉망이었다. 완전히 으스러진 폐허에 이상하게도 동물들의 배변만 신선했다. 냄새는 어떻게든 참으려고 해봤는데, 쥐를 보고 그만 뛰쳐나왔다. 가끔 나의 예민함이 놀랍다. 난 사실 뱀보다 쥐가, 쥐보다 바퀴벌레를 더 무서워하는 인간이다. 이런 예민함을 안고, 여행하고 있으니 가끔 힘든 경우를 만난다. 다행히 농장 옆으로 폐가가 하나 더 있었다. 1층은 완전 폭파 수준이라 사용할 수 없었다. 부서질 것 같은 나무 계단을 따라 조심스럽게 2층으로 올라갔다. "삐걱삐걱" 오래된 나무가 소란스러운 소리를 냈다. 소리에 세월의 무게가 묻어났다. 다행히 제법 말끔한 2층이 나왔다. 당첨! 오늘 밤 잠자리가 결정되는 순간이었다. 생각보다 깨끗해서 별다른 청소 없이 텐트를 칠 수 있는 데다 전망이 너무 좋았다. 창문도 뚫려서 바람도 시원하게 들어오고 창가에 앉아 별을 볼 수도 있을 것 같았다. 잠시 눈이 매웠다. 움직일 때마다 "끼익 끼익" 소리를 내는 나무 바닥이 오밤중에 무너지지만 않았으면 좋겠다.

곧바로 텐트를 치고, 라면부터 끓였다. 온종일 걸으면서, 겨우 쿠키 몇 개만으로 하루를 버틴다는 것은 쉬운 일이 아니었다. 굶주린 배로 추위에 떨며 먹는 라면 맛은 언제나 진리다. 항상 양이 안 찬다는 것 또한 변하지 않은 진리지만, 받아 들여야만 했다. 해가 길어졌다고 해도, 여전히 밤은 길었다. 책을 볼 수 있는 전 등 배터리도, 영화를 볼 수 있는 휴대폰 배터리도 언제 다시 충전할 수 있을지 알 수 없었다. 때문에 최대한 아껴두어야 했다. 일단 따뜻한 차라도 마시며 시간 을 보내는 게 좋을 것 같았다. 깨끗한 눈을 모아서 차를 끓이고 있는데, 누군가 다가오는 소리가 들렸다. 잘못 들었을지 몰라 가스 불을 최대한 낮추고, 점점 가 까워지는 소리에 집중했다.

"뽀득뽀득" 눈을 밟는 발자국 소리는 무거웠고, 조금씩 가까워졌다. 확실히 누 군가 다가오고 있었다. 어떻게 할까 하다가 일단은 숨을 죽이고 기다려보기로 했다. 크게 잘못한 것은 없지만, 왠지 잘못한 것도 같았다. 기다리는 동안 침착 하게 생각했다. 만약에 사람이 올라오면 뭐라고 해야 할지, 일단 나는 나쁜 사람 이 아니라고 할 것이다. '나쁜 사람'이 아니라, '가난한 여행자'일 뿐이라고. 불 쌍하고 힘겨웠던 여행담을 찬찬히 다 이야기해주고 싶은데, 끝까지 다 들어줄 지는 모르겠다. 발자국 소리는 계속해서 주변을 돌고 있었다. 벽에 몸을 바짝 붙 여 기척을 숨기고 바라보아도, 아무도 보이지 않았다. 다만, 검은 그림자가 차츰 차츰 가까워졌다. '뭐지, 날 떠보는 건가? 방심한 틈에 갑자기 덮치려고?' 그런 데 자세히 보니 그림자가 좀 이상했다. '저 사람 목이 왜 저렇게 길지?' 사람이 라고 하기엔 목이 너무나 길었다. 그때 한 녀석이 참지 못하고 마침내 소리를 터 트리고 말았다.

"히이이이잉."

긴장이 털썩 주저앉았다. 아 이런 '말' 같지도 않은 일이. 사람을 놀려도 유분수지. 올라오는 길에 만났던 녀석들. 날 보고 계속 따라왔던 말들이었다. 오랜만에 만난 사람이 많이도 반가웠던 것 같다. 집 앞까지 찾아오다니. 반갑게 다시 인사를 건네자 집 앞에서 한동안 어슬렁거리다가 원래 자리로 유유히 돌아갔다. 주저앉은 긴장을 그대로 내려둔 채 창밖에 걸터앉아 차를 마셨다. 배아따 아주머니가 챙겨주신 티백이었다. 온몸이 따뜻해졌다. 얕은 한숨이 길게 세어 나왔다. 생각보다 많이 긴장했던 것 같다. 남은 한숨을 다 토해내고서 깨진 창밖으로 하늘을 올려다봤다. 지쪽 하늘에 무언가가 걸려 있었다. 그것은 조금씩 커지더니 급기야 꿈틀대기 시작했다. 시간을 확인했다. '아직은 이른 시간 같은데 벌써?' 오로라였다.

밖으로 뛰쳐나갔다. 이곳은 Vik보다 외진 시골. 주위에 불빛 하나 없는 곳이라 오로라가 더 선명하게 보였다. 정말 눈부시게 아름다웠다. '보고도 믿기지 않는 아름다움을 말로 설명할 수 있을까?' 그저 넋을 놓고 바라볼 수밖에 없었다. 한참을 그렇게 바라보는데, 누군가 낭만을 무시하고 조심스럽게 배를 두드렸다. 조금씩 강하게. 바깥쪽 말고 안쪽에서, 아무래도 아주머니가 주신 차가 너무 진했거나, 아니면 깨끗할 거라 생각하고 끓였던 눈이 잘못됐거나. 둘 중 하나였다. 위기라고 말할 정도는 아니었다. 충분히 침착하게 해결할 수 있는 긴급함이었다. 천천히 눈밭으로 가서 앉을 자리를 다졌다. 온 세상이 열린 화장실이었다.

그리고 조용히 새하얀 눈 위로 속살을 꺼내놓았다. 그다음 새하얀 세상 위로 나의 속을 꺼내 보였다.

'세상에, 오로라를 바라보며 큰일을 치르는 날이 올 줄이야.'

그저 감격적이기에는 조금 부끄러웠고, 그저 부끄럽기에는 오로라가 너무 아름다웠다. '일생일대의 노상방변(?)이라고나 할까?' 일을 마치고 점점 추워지는 날씨에 다시 폐가로 올라갔지만, 오로라는 계속해서 저 하늘을 수놓고 있었다. 아무래도 오늘 밤은 영화를 보지 않아도 될 것 같았다. 눈앞에 신이 만드는 영화가 펼쳐지고 있으니까.

Day 37. 순간을 누리고 싶었다

집은 무너지지 않았다. 어디론가 날아가지도 않았다.
밤이 깊어질수록 바람은 더욱 거세졌다. 외관만 남은 폐가가 혹시 무너지지는
않을까 불안해하며 몇 번을 뒤척이다 잠들었지만, 아침은 무사히 밝아왔다. 어
젯밤 창가에서 바라본 오로라의 여운이 아직 끈적끈적하게 남아있는데, 반대편
창가에서 붉은 태양이 동터 오르고 있었다.

침낭을 말고 텐트를 정리하는 데서부터 하루가 시작된다. 그 일이 잘 되면 시작
이 좋다. 아침 식사로 살짝 데운 우유에 무슬리를 말아먹었다. 디저트로 쿠키 두
개도 곁들였다. 충분할 리가 없다. 아무리 생각해도 허전한 아침이다. 빠르게 정
리를 하고 식사를 마친 덕분에 9시 전에 출발할 수 있었다. 떠오르는 해를 보며
하루를 시작했다. 급하게 나오느라 물을 챙겨 출발하는 것을 깜빡했다. 시간이
갈수록 점점 목이 말라온다. 없으니까 갈증이 더 심해진다. 여행에서 물은 가장
기본이다. 계속 걸어가야 하는데, 목은 마르고 민가는 보이지 않는다. 마른 침을
삼키며, 겨우겨우 힘을 내서 걸어가고 있었다. 이 황량한 도로에서 누군가 날 바
라보고 있는 시선이 느껴졌다. 돌아봤더니, 조금 떨어진 곳에서 누군가 차를 세
우고 사진을 찍고 있었다. 렌즈의 방향은 나를 향하고 있었다.

잠시 후 다가온 그는 자신을 벨기에에서 온 사진작가라고 소개했고, 내 사진을
찍고 싶다고 했다. 목이 말라 힘이 없었지만, 그의 지시대로 했다. 걷고 멈춰서

다시 돌아보고, 손을 흔들었다. 그는 원하는 사진을 얻었는지 기분이 좋아 보였다. 무언가 필요한 게 없냐고 물었다. 대답은 단 한마디였다.

"물이요."

정당히 일을 하고 받은 대가였다. 누군가의 사진 속 모델이 된다는 것도 생각보다 재미있는 일인 것 같았다. 일상 속의 나였다면, 부끄러웠을 것 같다. 하지만 여행자인 내 모습을 누군가 담으려 할 때는 전혀 부끄럽지 않다. 시인이자, 여행자인 최갑수는 그의 책에서 말했다.

"난 가끔 내가 여행자라는 사실이 자랑스럽다."
-『사랑을 알 때까지 걸어가라』 중

나는 '내가 여행자라는 사실이 언제나 자랑스럽다'라고 말하고 싶다.

점심때가 다가왔을 즈음이었다. 주린 배를 잡고 이제는 정말 뭐라도 먹어야겠다고 생각이 들 때 즈음, 반대편에서 지나가던 차가 갑자기 방향을 돌렸다. 누군가 내 앞에 섰다. 그리고는 물었다.

"혹시 백패커(배낭여행자)야?"

대답 대신 고개만 살짝 끄덕였다.

"역시 그럴 줄 알았어!"

누가 봐도 나는 백패커인데 그는 아주 어려운 정답을 찾아낸 것처럼 환하게 웃었다. 뉴욕에서 왔다는 그는 어제도 지나가면서 나를 봤다고 했다.

"오늘 또 네가 보여서 꼭 인사 하고 싶었어. 나도 백패커거든."
역시 여행자는 여행자를 만나는 것이 반가운 것 같다.
"기회가 되면 뉴욕에도 한 번 여행 와."
뉴욕이라. 아직까지 미국이란 나라에 여행 가고 싶다고 생각해본 적은 없었다. 거기다 미국의 중심인 뉴욕. 왠지 아무것도 없는 지금 이곳보다, 모든 곳이 존재하는 그곳이 오히려 더 불편할지도 모르겠다. 하지만 언젠가 가볼 수 있다면 좋겠다. 그리고 만약 가게 된다면 그의 말대로 백패킹을 할 수 있다면 좋겠다고 생각했다. 세계 어느 곳이든 발길 닿는 대로 떠나는 꿈을 꾸는 것은 배낭여행자의 자유니까.

얼굴에 허기가 다 드러났는지 그의 여자 친구가 사과를 하나 건네주었다. 주먹보다 작은 사과였지만, 빨갛게 잘 익어 맛있을 것 같았다. 꽤 오랫동안 '아침 사과는 황금 사과'라는 말을 믿고 먹었다. 하지만 이번 여행에 과일은 사치였다. 과일이 싼 동남아에서는 밥 대신 먹기도 했지만, 아이슬란드에서 나는 과일은 토마토(아직도 과일인지, 채소인지 구분할 수 없지만)뿐이라 거의 모든 과일을 다른 유럽 국가에서 수입한다. 게다가 물가 자체가 비싼 나라라 과일 가격 또한 비싸다. 이런 이유로 먹고 싶은 과일을 한동안 입에 대 보지도 못했다. 선뜻 건네는 사과를 바로 먹고 싶었지만, 꽤 오랫동안 손에 쥐고 바라만 보았다. 아까웠기 때문이었다. 그들이 떠나고 잠시 앉아 쉬는 동안 바라만 보던 사과를 한 입 베어 물었다. 달콤한 과즙이 입가를 타고 흘러나왔고, 곧이어 한숨이 나왔다. 너무 맛있었고, 한 입만큼 줄었기 때문이었다. 주먹보다 작은 사과를 한 입 베어 물때마다 아쉬웠다. 씨까지 다 먹을 뻔했다. 그만큼 맛있었다. 어떤 음식이든 진정한 맛

을 알고 싶다면 굶주리면 된다. 그러면 원래 없었던 맛까지 느낄 수 있다.

어제부터 다시 걷기 시작했고, 해가 길어진 탓에 걷는 거리도 조금씩 늘렸다. 몸은 빠르게 지쳐오기 시작했다. Vik에서 쉬는 동안 물집이 잡혔던 자리에 다시 새살이 차올랐는데, 그 자리에 어느덧 새 물집이 차오르고 있었다. 힘들어도 오늘 넉넉히 걸어둬야 내일 Höfn에 들어갈 수 있다. 아마 Höfn에 들어가야 마트에서 장도 볼 수 있고, 운이 좋다면 따뜻한 숙소에서 잘 수 있을 테니까. 조금은 더 힘을 내야 했다. 4시 반이 넘어서도 해가 지지 않았다. 아직 걸을 수 있는 시간이 더 있었다. 그런데 눈앞에 숙소 표지가 보였다. 그걸 바라보는 두 눈이 흔들렸고 마음도 덩달아 흔들렸다. 따뜻한 침대와 샤워를 상상하니, 정신을 차릴 수가 없었다. 몸은 마음의 소리를 따르는 법, 그대로 표지를 따라 들어가자 꽤 좋아 보이는 숙소가 하나 보였다. 문을 열자 아주 부자처럼 생긴 분이 카운터에 앉아 계셨다. 그냥 나와야 할 것 같은데, 기왕 들어온 거 한번 물어나 봐야겠다 싶어서 물어봤다가 그냥 나왔다. 이럴 때 몸은 지친다. 마음은 그보다 더 지친다.

5시가 넘자 해가 더 빠르게 저물어갔다. 가방과 중력이 나를 무겁게 짓눌렀다. 여기서 포기하면 이대로 무너져버린다. 남은 희망을, 남은 힘을 다 짜내 조금 더 가야 한다. 해가 졌어도, 아직 못 걸어갈 정도로 어둡지는 않기 때문에 더 갈 수 있다. 남은 힘이 어둠 속에 묻혀 갈 무렵, 저 멀리 폐가처럼 보이는 집이 보였다. 꺼질 것 같던 희망의 불씨가 아직 꺼지지 않고 남아 있었다. 마지막 남은 힘을 다해 그곳으로 걸어갔다.

폐가라고 생각하고 가까이 간 집 창문 사이로 옅은 불빛이 새어 나오고 있었다. 미안하게도 사람이 사는 집인 듯했다. 아이슬란드 시골의 어느 집이 그렇듯 눈 덮인 벌판 위에 덩그러니 놓여있는 집이었다. 폐가이기를 바라고 온 집에서 새어 나오는 뭔가 모를 온기에 기분이 묘해졌다. 다시 다른 곳을 찾아가기에는 이미 늦은 시간이었다. 조심스레 집 문을 두드렸다. 되돌아오는 소리는 없었다. 용기를 내어 한 번 더 두드렸다. 희미하게 다가오는 발자국 소리가 들렸다. 이윽고 문이 열렸다. 열린 문틈 사이로 백발이 지긋하신 할아버지가 나오셨다. 이 주변과 근처에 텐트를 칠 수 있는 곳에 대해서 물어보았다. 할아버지는 눈 위에 텐트를 치는 것보다, 자기 농장 안에 텐트를 치는 것이 낫지 않겠냐면서 일단 집 안에 가방을 두고 자신을 따라오라고 하셨다. 집 앞에서 100m 정도 떨어진 농장에 가기 위해 옷을 단단히 입고 장화를 신고 나오셨다.

조금은 걸음이 느린 할아버지 발걸음에 맞춰 농장으로 향했다. 농장 문을 열자, 어마어마한 냄새가 진동했다. 소와 양을 키우고 계셨다. 그들의 체취와 배변 냄새였다. 어쩌면 똥 밭보다 눈밭이 나을지도 모르겠다는 생각을 했다. 어떻게 해야 할지, 답 없는 문제지의 문제를 푸느라 고민하고 있는데, 할아버지께서 소에게 물과 여물을 주셨다. 나에게도 한번 해보라고 하셨다. 똥 밭에서라도 자려면 해야 할 것 같았다. 시키는 대로 했다. 생각보다 잘한 건지 아니면 부족해서인지 모르겠지만, 한 번 더 하라고 하셨다. 할아버지는 그렇게 "한 번 더"를 네 번이나 반복하셨고, 이번엔 진짜 마지막으로 한 번만 더하고 집으로 돌아가자고 하셨다. 어릴 때 한 입만 더 먹으면 로봇을 사주겠다고 하신 어머니 말씀에

속아서 결국 밥 한 그릇을 다 먹었던 때가 생각났다. 그렇게 소에게 물과 여물을 다 주고서 할아버지 집으로 돌아갔다. 소 밥을 주고 나니 나도 배가 고파졌다.

다시 농장으로 가기 위해 짐을 챙겼다. 할아버지는 농장으로 가지 않고 2층으로 올라가셨다. 작은 다락방을 보여주더니 오늘 밤은 여기서 자라고 하셨다. 아까 농장에 갈 때 뭐라고 말씀하셨는데, 목소리가 너무 작아서 다 알아듣지 못했고 그저 고개만 끄덕였다. 아마도 자기 일을 조금 도와주면, 오늘 여기서 재워주겠다고 말씀하셨던 것 같다. 놀랍기도 하고, 믿기지도 않았다. 혼자 다락방에 앉아 믿기지 않는 현실에 어리둥절했다. 너무 좋아서 실감이 나질 않았다. 다락방은 조금 서늘했지만, 아늑했다. 하긴 지금 어떠한 방이라도, 방이라는 그 자체만으로 편안함을 줄 수 있을 것이다. 잠시 감상에 젖어 있다가 거실로 내려갔다.

할아버지는 저녁을 준비하고 계셨다. 감자와 태어나서 처음 보는 아이슬란드 음식이 있었다. 할아버지는 아이슬란드 전통음식이라며 한번 먹어보라고 하셨다. 타조 알처럼 생긴 음식은 양의 내장과 지방, 피로 버무려진 음식이라고 하셨다. 설명만 들어서는 "정말 이것을 먹어야 합니까?" 하고 묻고 싶었지만, 입맛을 가릴 처지가 아니었다. 새로움에 도전해보기로 했다. 생긴 것과 생각했던 느낌과는 다르게, 맛은 나쁘지 않았다. 아마 그만큼 배가 고팠던 것이리라. 순대와 내장, 간 그리고 선지를 한 번에 섞어 먹는 맛이라고나 할까? 한 번의 경험으로 충분한 맛이었다. 그래도 남기지 않고 전부 다 먹었다. 할아버지에 대한 예의와 Vik를 떠난 후 밥 다운 밥을 먹지 못한 배에 대한 의리였다.

식사를 마치고, 거실에서 할아버지와 함께 TV를 보며 이런저런 얘기를 나누었다. 물론 TV에서는 알아듣지 못하는 이야기만 흘러나왔다. 할아버지 목소리 톤도 낮아서 알아듣기가 힘들었지만, 따뜻한 거실에 앉아 누군가와 함께 대화할수 있다는 자체만으로 좋았다. 그리고는 할아버지가 내어 오신 와인 한잔을 마시고 둘 다 거실 소파에서 잠들었다. 나는 온종일 추운 날씨에 걸어오느라, 할아버지는 연로하신 몸이라 피곤하셨던 것 같다. TV 소리가 잔잔히 귓가에 어슬렁거리다 사라졌다. 30분쯤 졸다가 정신을 차렸다. 양치하러 화장실에 갔는데, 뿌연 거울에 보이는 내 모습이 너무 짠했다. 이제 3일 정도 못 씻는 것쯤 별일 아닌 일인데도 꼴이 말이 아니었다. 좀 씻어주고 싶었다. 거울 속에 보이는 나라고 믿고 싶지 않은 나를. 염치 불구하고 할아버지께 샤워 좀 해도 되겠냐고 물어본 후 샤워를 했다. 따뜻한 물방울이 피부 위로 떨어지는 순간, 그대로 녹아내릴 것같았다. 손바닥으로 스윽 거울을 닦자, 새로운 사람이 보였다.

감사 인사를 드리고 다시 2층으로 올라가는데, 발걸음이 날아갈 듯했다. 이불속으로 그대로 날아 들어갔다. 차갑게 식은 이불이 차츰 온기로 데워졌다. 누군가 이곳이 천국이라고 말한다면 그대로 믿을 수 있을 것 같았다. 내일 어떤일이 일어나든, 지금은 이 순간을 누리고 싶었다. 내일에 대한 약간의 기대와그와 비슷한 양의 부담감을 접어서 배게 밑에 넣어두었다. 얼마 지나지 않아깊은 잠에 빠져들었다.

Day 38. 할아버지의 느린 발걸음

이른 아침, 창문을 세차게 두드리는 소리에 잠에서 깼다. 창밖으로 굵직한 빗방울이 떨어지고 있다. 어제 하루 이상하리만큼 날씨가 좋다 했더니 다시 원래대로 돌아왔다. 이곳 날씨는 하루도, 아니 잠시도 방심할 수가 없다. 일찍 깬 덕분에 평온한 시간을 누릴 수 있었다. 시간의 흐름을 온전히 느낄 수 있었다. 시간이 흘러가고 있다. 너무나도 고요하게. 빗방울이 점점 굵어진다. 비가 온다는 것, 이제는 지긋지긋하지만, 창문을 때리고는 다시 죽은 듯이 미끄러져 내리는 비를 바라보는 것도 썩 나쁘지 않다. 그저 창문 위로 떨어지는 비가 좋았다. 창문 하나로 멀리 떨어진 세상. 가끔은 현실이 아닌 듯한 기분마저 든다.

명상 아닌 망상은 어느 정도 선에서 그치고, 침대로 돌아가 조금 더 눈을 붙였다. 다시 일어나 밀린 일기를 마무리하고, 짐 정리도 마쳤다. 거실로 내려가자, 할아버지도 일어나 계셨다. 할아버지는 지금 날씨가 많이 안 좋으니 10시에 라디오에서 나오는 기상예보를 듣고, 출발하는 게 어떻겠냐고 하셨다. 혼자라면 아마 예보라는 걸 듣지 않겠지만, 지금은 할아버지 말씀을 듣고 싶었다. 왠지 그래야 할 것 같았다. 10시가 되기 조금 전, 거실로 내려가자 할아버지는 아침을 준비해두고 계셨다. 빵에 버터, 치즈, 햄 그리고 반숙계란까지, 생각할 수 있는 최고의 아침이었다. 어제 한 번의 경험으로 충분하리라 생각했던 플러머(아이슬란드 전통음식)를 한 번 더 맛보아야 했지만, 적응한 탓인지 어제보다는 맛이 괜찮았다. Höfn까지는 약 30Km가 남았다. 해가 있는 6시간 안에 도착하려면

서둘러 출발해야 하지만, 왠지 마음이 놓인다. 이대로 괜찮을 것만 같다. 날씨는
여전히 좋지 않았다.

기상예보를 들은 할아버지는 오늘은 날씨가 많이 안 좋을 것 같다며, 내일 출발
하는 게 어떻겠냐고 하셨다. 내심 이미 출발하기도 늦었고, 이곳이 편안해 하루
더 있고 싶었다. 그렇게 물어봐 주셔서 감사할 나름이었다. 밥값을 하기 위해 할아
버지를 따라 농장으로 갔다. 할아버지는 소와 양, 닭을 키우셨고, 밥과 물을 주
기 위해 아침저녁으로 하루에 두 번 농장으로 가셨다. 농장으로 가는 길에 쌓
인 눈 위로 새벽에 내린 비가 뒤엉켜있다. 눈도 아니고 비도 아닌 녹은 얼음 같
은 것이 질척거렸다. 다행히 할아버지가 빌려주신 장화를 신어 힘들지 않게 농
장으로 갔다. 어제 한번 경험한 것만으로 어렵지 않게 소에게 물과 여물을 줄 수
있었다. 할아버지는 농장 밖으로 나와 무언가를 뿌리고 계셨다. 주변에는 아무
것도 보이지 않았다.
"뭘 뿌리고 계시는 거예요?"
"새들 모이 주는 거야. 겨울에는 전부 눈에 덮여 새들이 먹을 수 있는 게 없어."
그제야 지붕 위로 짹짹거리는 새들이 눈에 들어왔다. 몇 마리가 더 날아왔다. 새
들도 나처럼 할아버지가 나누어 주는 온기를 받고 있었다.

오후가 되자 예보와는 다르게 날씨가 화창하게 갰다. 그래도 하루 더 머무르기
로 한 선택에는 후회가 없다. 다시 걷기 시작한 지 3일 차, 잠시 머무름이 기분
좋은 휴식이 될 듯하다. 이곳에서 특별히 할 수 있는 일은 없다. 주변에는 할아

버지 집과 농장을 제외하면 풀과 눈뿐이었다. 머무르며 그저 시간이 흘러가는 것을 느끼는 것만이 할 수 있는 일의 전부였다. 이곳의 시간, 그리고 할아버지의 시간도 아주 느리게 흐르고 있었다.

해 질 녘에 한 번 더 농장으로 갔다. 천천히 걸어가는 할아버지 앞으로 해가 저물고 있었다. 그의 등이 쓸쓸해 보였다. 날 배려해서 하루 더 머무르게 하셨지만, 어쩌면 할아버지도 조금은 적적하셨는지도 모르겠다. 쓸쓸한 등을 보고 있으니 왠지 모르게 그런 생각이 들었다. 오전과 마찬가지로 할아버지의 발걸음은 여전히 느렸다. 느린 발걸음에 맞춰, 해도 뉘엿뉘엿 넘어가고 있었다. 나는 앞서 걷지 않고, 뒤에서 할아버지를 따라 천천히 걸었다. 시간은 느리게 흘러간다. "뽀득뽀득" 두 사람의 눈 밟는 소리와 지저귀는 새소리만이 느린 시간의 틈으로 흘러들어오고 있다. 이대로 계속 천천히 걸을 수 있다면 좋겠다고 생각했다.

Day. 39 삼 분의 일 [Höfn]

다락방 창문 너머로 햇살이 조금씩 스며든다. 새로운 하루의 시작이다. 가슴이
설레기 시작한다. 이제 더 이상 두렵지 않다. 앞으로 힘든 일도 있겠지만 잘 견
뎌낼 것이고, 다 잘 될 것이라 생각한다. 그렇게 주문을 외워본다. 해왔던 대로
한 걸음 한 걸음 차분히 앞으로 나아가면 된다. 더 이상 길 위에서 나는 혼자가
아니다. 지칠 만하면 누군가 손을 내밀어 줄 것이고, 쓰러질 만하면 생각만으로
나를 일으켜줄 그리운 사람들이 있다. 때문에 한 걸음씩 더 나아갈 수 있다. 한
걸음씩 즐기며 나아가고 싶다. 지금 이 순간을 즐기지 않는다면, 시간이 흘러 이
순간을 추억하는 의미가 없을지도 모른다.

아침 10시에 할아버지 집에서 나와 저녁 6시 도착. 약 30Km, 어쩌면 그보다 조
금 더 걸어서 Höfn에 도착했다. 많은 거리를 걸어야 했지만 날씨는 맑았다. 무
엇보다 바람이 등 뒤에서 불어와, 어렵지 않게 도착할 수 있었다. 어제 하루 잘
쉰 덕분에 몸도 가벼웠다. 마을에 도착했으니, 해야 할 일이 두 가지가 남았다.
가끔 이 두 가지가 걷기보다 싫을 때가 있다. 숙소 구하기와 장보기. 이것도 다
이 나라의 물가가 비싼 것과 근본적으로 내 지갑이 너무 가볍기 때문일 것이다.
Höfn은 유명한 관광지는 아니지만, 생각보다 큰 도시였다. 숙소를 선택할 수 있
는 옵션도 많았고, 그래서 많은 곳을 둘러봐야 했다. 선택할 수 있는 것이 많다
는 것이 꼭 좋은 것만은 아니다. 이미 30Km를 걸어왔는데, 다시 숙소를 찾기 위
해 헤매는 것은 쉽지 않았다. 매번 그렇듯 마을 밖으로 나가서 폐가를 찾고 싶은

생각마저 들었다. 마을 사람들이 가장 쌀 거라고 하는 유스호스텔로 향했다. 다행히 이곳에는 도미토리룸이 있었다. 가격은 내가 정한 한도보다 조금 비쌌다. 마음을 그만큼 풀까 하다가, 배짱을 좀 더 부렸다. 한번 풀면 계속해서 풀어야 하고, 지금 가진 돈으로 여행을 다 마칠 수 없을 것 같았다. 4000크로나를 말하는 직원에게 3000크로나를 말했다. 직원이라 생각했던 사람은 주인이었고, 고맙게도 제안은 받아들여졌다. 간만에 도미토리룸에서 다른 여행객들과 함께 하룻밤을 보낼 수 있게 되었다.

숙소를 구했으니 장을 봐야 했다. 아이슬란드는 우리나라 마트처럼 10시를 넘어서까지 문을 열지 않는다. 큰 도시(레이캬비크)에 있는 24시 편의점을 제외하고는 거의 7시면 문을 닫고, 그마저도 일요일이면 아예 문을 열지 않거나 더 일찍 문을 닫는 편이다. 걸어서 늦은 시간에 마을에 도착하는 나는 장을 보기 위해 늘 서둘러야 했다. 음식을 고르는 방법은 어렵지 않다. 맛은 따지지 않고, 오직 가격과 양만을 따진다. 추운 날씨 속에 걷기 위해, 어떻게든 에너지를 내며 버텨야 하기 때문이다. 그래서 주로 선택하는 것은 양 많은 식빵 1kg, 양은 적지만 가격이 싸고 따뜻한 국물을 먹을 수 있는 라면, 당분을 보충하기 위한 값싸고 양 많은 초코쿠키, 거기다가 마음의 여유가 조금 있다면 비싸지만 맛있는 스니커즈까지. 브랜드별로 양과 가격이 다르므로, 마치는 시간 전에 서둘러 잘 골라 계산을 해야 한다. 가끔 급하게 보느라, 가격을 잘못 보고 사는 경우도 있지만, 그땐 눈물이 나도 사는 수밖에 없다. 거의 마지막 손님이라 다시 물건을 바꾸러 가는 민폐를 끼칠 수 없기 때문이다. 그래도 두둑하게 먹을 것이 채워진 봉

지를 바라보면 그렇게 든든할 수가 없다. 며칠 지나지 않아 음식은 다 떨어지고, 다시 배가 고파질지라도 이때만은 행복한 기분이다.

간만에 겪는 도미토리룸은 혼잡했다. 바닥에는 각기 다른 사연의 가방이 구석마다 한 자리씩 차지하고 있었고, 방문은 각기 다른 사람들의 드나듦으로 바쁘게 움직였다. 바람 소리 대신 들려오는 사람들의 웅성거림이 쉽게 적응되지 않았다. 혼자 여행하는데 너무 익숙해져버린 듯했다. 시끄럽고, 정신없는 이 번잡함을 좋아했는데, 같은 여행자라는 이유만으로 쉽게 어우러질 수 있는 뒤섞임을 그리워했는데. 아마도 공복이라 예민해진 것 같았다. 가방 정리를 서둘러 마치고, 부엌으로 나갔다.

따뜻한 물로 샤워하고 따뜻한 밥(빵) 먹고, 따뜻한 방에 누웠다. 11시에 불이 꺼졌고 곧이어 마음에 평화가 찾아왔다. 무엇보다, 지금 Höfn라는 곳에 도착했다는 것이 신기하기만 했다. 히치하이크로 180Km, 걸어서 270Km 레이캬비크에서 대략 450Km 떨어진 이곳에 도착했다는 것은 이제 삼분의 일을 왔다는 것이다. 칠흑같이 어두웠던 첫날 밤, 오들오들 떨며 텐트에 누워 '이제 겨우 100분 1을 온 거야' 하고 절망했던 밤. 새까만 밤보다도 더 새까만 앞날을 생각하며 암울했던 그 밤의 기억들이 떠올랐다. 참 많이도 왔다. 깜깜했던 지난날들이 꿈처럼 느껴졌다. 적막을 깨는 옆 사람의 코골이 소리가 현실임을 증명해주었다.
삼 분의 일을 왔다.

Day 40. Takk fyrir

아침 산책을 나갔다. 가볍게 산책이나 해야지 하는 생각이었는데 바람만 잔뜩 맞고 돌아왔다. 산책은 마음을 차분히 하는 일인데, 오히려 더 어지러워졌다. 체크아웃 시간인 10시에 맞춰 나가기 위해 서둘렀는데 하나도 제대로 할 수가 없었다. 매번 싸는 짐이 왜 이리도 어려운 건지. 휴대폰, 카메라 충전하랴, 빠진 짐다시 싸서 넣으랴 정신이 없었다. 밥까지 먹어야 했다. 그것도 든든히. 그냥 맘놓고 천천히 하기로 했다. 체크아웃 시간 전에 먼저 방에서 짐부터 뺐다. 그리고홀에서 차분히 짐을 정리했다. 더 이상 정신없는 것은 싫었다. 마음 놓고 천천히했더니 정말 늦어졌다. 10시에 나가려고 했는데, 느긋하게 하는 바람에 11시 반이 넘어서야 출발했다. 마음의 여유는 얻었지만, 시간에 쫓기게 됐다. 이렇게 되면 오늘 1시간 적게 걷고, 내일 1시간 더 걷는 수밖에 없겠다.

Höfn에서 1번 국도를 연결하는 99번 도로에서는 히치하이크했다. 고작 5분 만에 1번 국도에 도착했다. 고맙게도 태워주신 분이 힘내라며 커피까지 한 잔 주셨다. 고마운 커피는 내리자마자 불어대는 바람에 코로 마셨는지, 입으로 마셨는지 모르는 사이 다 사라져버렸다. 바람이 사정없이 불어댔다. Höfn까지 올라오는 방향이 동남쪽이었다면, Djúpivogur까지 가는 길은 동쪽이라 해풍을 제대로 받는 듯했다. 지금까지는 바람이 일관성 있게 불어왔다. 맞바람이면 맞바람, 뒷바람이면 뒷바람, 그런데 오늘은 앞에서, 뒤에서, 심지어 옆에서까지 때려댄다. 그나마 다행인 건 비와 눈이 함께 오지 않는다는 것이지만 쉽지 않은 하루가

될 것이 분명했다.

걷기 시작한 지 1시간쯤 지나, 아이슬란드에 와서 처음으로 터널과 마주했다. 1.3Km 사실 보행은 금지된 터널이지만, 터널 지나가는 동안만 히치하이크를 하기도 그랬고, 하고 싶다고 해도 차가 지나다니지 않았다. 걸어서 터널을 통과하기로 맘먹고 조심스레 안으로 들어갔다. 안으로 들어와 보니, 이건 터널이라기보다 거의 동굴에 가까웠다. 반듯하게 시멘트로 다져진 모습이 아니었다. 천장 곳곳에는 바위가 박혀 있었고, 바위 틈새로는 알 수 없는 물이 새는 곳도 있었다. 조명도 최소한의 불빛으로 은은할 정도로만 비추고 있고 뭔지 모를 신비로움까지 감돌았다. 조금씩 출구를 향해 걸어 나가자 빛과 함께 무언가 불길한 맞바람까지 불어 들어왔다. 부디 환영의 바람이기를 바랐다.

불길한 예감은 적중했다. 터널은 다른 차원의 세계를 연결하고 있었다. 반대쪽 터널 밖으로 나서자마자, 바람의 세기가 완전 달라졌다. 꿈을 꾸고 있는 것 같은 기분이 들어 걸어온 터널 쪽을 한 번 돌아봤다. 꿈은 아니었다. 이미 되돌아가기에는 늦었다. 거센 맞바람에 산과 주변에 쌓여있던 눈이 잘게 흩어지면서 온몸 구석구석을 때렸다. 다른 곳은 괜찮았는데, 맨살이 노출된 얼굴이 무척 따가웠다. 고개를 숙이고 걸어 나갈 수밖에 없었다. 맞바람에 몸이 밀려 속도가 평소의 절반도 나지 않았다. 한 걸음마다 무게를 싣고 밀고 나가야만 했다. 바람이 온몸으로 스며드니, 춥지 않은 날씨인데도 평소보다 빠르게 체온이 떨어졌다. 바람 때문에 우비를 입어야 했다. 그런데 바람이 너무 강해서 옷을 입을 수가 없었다.

다행히 도로 바깥쪽에서 다가오는 차가 한 대 보였다. 양해를 구한 뒤 차 트렁크에 가방을 넣어두고, 차를 바람막이 삼아 겨우 우비를 입었다. 다시 출발하려는데, 차에 탄 아저씨가 가까이 다가왔다.

"오늘 북쪽에서 폭풍이 내려온다니까 조심하는 게 좋을 거야. 풍속이 무려 48m/s라니까 이렇게 계속 걸어가는 건 무리일 것 같은데."

"…." '무슨 말을 해야 할까?'

"아무튼 행운을 비네."

풍속이 48m/s라…. 그렇게 얘기해줘도, 그게 얼마나 빠른 건지 실감할 수 없었다. 그저 온몸으로 이 바람이 얼마나 빠른지 느끼고 있을 뿐이었다. 다만 한 가지, 내 인생에서 가장 강렬한 태풍이었던 매미가 부산을 통과할 때 풍속이 40m/s를 웃돌았다는 것이 떠올랐다. 헛웃음이 날 뿐이었다. 기억이 맞다면, 가방 무게까지 포함해서 100kg에 달하는 내가 계속해서 바람에 밀려 넘어지는 것이 설명이 됐다. 파란 하늘 아래 해는 말짱하게 떠 있고, 바람만 불어대니 더 미칠 노릇이었다. 쉴 때는 거의 누워서 쉬어야 하거나, 거대한 바위 뒤에 등을 붙이고 있어야 했다. 마치 바람과 숨바꼭질하듯 숨어서 쉬는 수밖에 없었다. 바위 뒤에 숨어 정신 줄을 놓고 쉬면서 '이대로 계속 갈 수 있을까?' 하는 고민에 빠졌다. 계속 가더라도 이 바람에 텐트는 어떻게 치고, 잠은 또 어떻게 자야 하나 싶었다. 겁먹는 순간 마음이 무너진다는 걸 경험해서 알고 있지만, 알면서도 겁이 났다. 정신을 바짝 차리고 방법을 생각해야 했다. 바람에 밀리고 넘어지면서 얼마 걷지도 못했는데 벌써 4시가 넘어가고 있었다. 정신은 이미 내 정신이 아니었다. 더 늦어지기 전에 잘

곳을 찾아야 할 것 같았다. 바람 때문에 눈이 잘 떠지지 않아, 실눈을 뜬 채 주변을 둘러봤다. 저 멀리 폐가로 보이는 건물이 있었다. 그곳만 보고 묵묵히 걸어갔다. 앞을 볼 수 없어 바닥을 보고 걷다가 방향을 확인할 때만 앞을 보고, 다시 몸을 숙인 채 걸어갔다.

만신창이가 되어 도착한 곳은 절망적이게도 폐가가 아니었다. 아직 공사가 다 끝나지 않은 집이었다. 사람도 없어 어떻게 해볼 도리가 없었다. 너무나 힘들게 왔는데 힘이 다 빠졌다. 무너지면 끝이었다. 다시 정신을 차리고 조금 더 걸어가야만 했다. 저 멀리 집이 하나 더 보였다. 폐가인지 아닌지는 확신할 수 없지만, 달리 방법이 없었다. 1Km가 마치 10Km처럼 느껴졌다. 마지막 남은 힘을 다 짜내어 도착한 집 또한 폐가가 아니었다. 이곳은 사람이 살고 있었다. 남은 방법은 이제 한 가지뿐이었다. 용기를 내어 문을 두드렸다.

잠시 후 할아버지 한 분이 문을 열고 나오셨다. 침착하게 상황을 설명했지만 얘기가 잘 안 들리는지, 다른 분을 부르셨다. 아주머니가 나오셔서 한 번 더 설명했지만, 여전히 알 수 없다는 표정이었다. 알고 보니 이분들이 영어를 못하는 거였다. 아이슬란드에서 영어를 못하는 사람을 처음 만나 조금 당황했다. 하지만 이분들은 누가 봐도 수상해 보이는 나를 보고도 당황하지 않았다. 손짓으로 일단 집안으로 들어와서 앉으라고 했다. 말도 통하지 않고 어떻게 이곳까지 왔는지 기억이 안 날 정도로 정신이 없었지만, 일단 따뜻한 집안에 들어온 것만으로 마음이 가라앉았다. 할아버지는 희뿌연 안경 너머로 나를 보시더니 살포시 미소를 지으셨다. 나

221

도 모르게 한숨과 웃음이 나왔다. 마음이 조금 놓였다. 아주머니가 다가와 전화기를 건네줬다. 건네받은 전화기 너머로 목소리가 들려왔다.

"그분들은 영어를 못 하셔요. 혹시 하실 말씀 있으면 저한테 말씀해 주셔요. 제가 전해 드릴게요."
진정된 마음으로 이미 수차례 했던 설명을 침착하게 전했다.
"제가 지금 걸어서 아이슬란드를 여행하고 있습니다. 마을이 있는 곳은 주로 게스트하우스를 찾지만, 그 외 지역은 폐가를 찾아서 캠핑합니다. 그런데 오늘은 주변에 폐가도 없고, 바람이 너무 심하게 불어 밖에서 캠핑할 수가 없을 것 같습니다. 이분들이 괜찮으시다면 집 앞 창고에 텐트를 쳐도 괜찮을지 물어보고 싶습니다."
전화기 너머 그분은 얘기를 다 소화하고는, 아주머니를 바꿔 달라고 했다. 나도 모르게 일어서서 전화를 받았다가, 다시 소파에 앉아서 대답을 기다렸다. 전혀 알 수 없는 아이슬란드어의 대화가 수화기 너머로 오가고 있었다. 차분했던 마음이 조금씩 초조해졌다. 대화를 듣고 있던 할아버지가 날 보시더니 가방을 메라는 몸짓을 취하셨다. 가슴이 철렁 내려앉는 기분이었다. 하아 다시 나가야 하구나 하고 가방을 메려는데 할아버지가 크게 웃으시더니 앉으라고 손짓하신다. 농담하신 거였다. 그제야 마음이 놓였다.

아주머니는 전화를 끊고 날 한번 보시더니, 뭔가를 앞에 놓으셨다. 커피와 케이크, 빵, 버터, 치즈, 우유였다. 아주머니를 쳐다보자 먹으라고 손짓하셨다. 어리둥

절해서 이번엔 할아버지를 한번 쳐다보자, 여전히 맘 좋아 보이는 미소를 보여주실 뿐이었다. 참으려고 했는데, 눈시울이 젖어 눈이 빨개지고 있었다. 이 나라에 와서 도대체 몇 번째 우는 건지 모르겠다. 나도 모르게 뭔가 벅차올랐다. 눈앞에 놓인 맛있는 음식 때문도 온종일 찬바람을 사정없이 맞으며 기다시피 걸어와서도 아니었다. 1만Km나 떨어진 나라에서 온 이름도 성도 모르는 처음 보는 사람에게 베풀어주는 이 친절이 고맙고 따뜻했기 때문이었다. 물론 음식도 맛있었다. 혹시 눈물이 보일까 고개를 숙인 채, 눈물 젖은 케이크를 먹으며 다짐했다. 이 고마움과 따뜻함 잊지 않고, 따뜻하게 살아야겠다고. 오늘 받은 이 감동을 잊지 않고, 누군가에게 다시 전하며 살아야겠다고 계속해서 마음에 새겼다. 초코케이크가 참 달았다.

아주머니와 할아버지는 무언가 궁금한 게 있는 것 같았지만 묻지 못하시고, 정신없이 먹고 있는 나를 쳐다보기만 하셨다. 격하게 감사의 인사를 하고 싶지만 내가 가진 짧은 아이슬란드말로는 단지 "고맙습니다"라는 말만 되풀이할 수밖에 없었다. 고맙다는 말은 아이슬란드말로 "Takk"이다. 우리나라 말로는 한 음절밖에 되지 않는다. "탁 탁 탁" 세 번을 말해도, 왠지 표현이 격하게 부족한 듯했다. 앞으로 "정말 고맙습니다"라는 말도 그리고 "정말 맛있습니다"라는 말도 배워야겠다. 우리는 말이 통하지 않았지만 한동안 소통을 계속해 나갔다. 언어가 없이 대화를 할 수는 없지만, 소통은 할 수 있다. 진정으로 전해졌으면 하는 것은 말이 아니라 마음으로 전해지기 때문이었다.

해 질 녘이 되자 고등학교에 다니는 딸이 돌아왔다. 영어를 할 수 있는 통역관이 온 것이다. 딸인 스타샤는 자신도 영어를 잘 못한다고 수줍어했지만, 소통하는데 전혀 부족함이 없었다. 소통에 중요한 것이 꼭 언어만은 아니라는 것을 이미 배웠기 때문이다. 스타샤 가족은 바람이 너무 많이 분다며 지금은 쓰지 않은 창고 방에 있는 소파에서 자도 좋다고 했다. 가족들의 추억이 담긴 소품들과 쏟아질 듯 많은 책이 책장에 빼곡히 꼽혀 있었다. 책을 쳐다보는 것만으로 잠이 절로 올 것 같았다. 이불까지 가져다 주시려는 걸, 침낭에서 자면 된다고 겨우 말렸다. 지금까지의 친절도 더 이상 감당할 수가 없을 것 같아서였다. 그런데 저녁엔 무려 내 머리만큼 큰 양고기를 내어주셨다. 거듭 고맙다고 하자, 스타샤는 수줍어하며

"뭐 이런 것 가지고 그래요? 당연한 걸 가지고. 그냥 맛있게 먹으면 돼요."

고맙다고 말할 때마다, 고등학생인 스타샤는 이런 친절이 당연하다는 듯이 얘기했다. '어떻게 이게 당연한 게 될 수가 있는 거지?' 내가 가진 상식으로는 도저히 이해가 되지 않았다. 그들의 따뜻함을 넘어선 뜨거운 친절을 어떻게 이해해야 할지 아직은 잘 모르겠다. 그들이 아무리 당연하다고 말해도, 이런 친절을 당연하게 받아들일 수는 없었다.

자정이 넘어서 소파에 엎드렸다. 기분 좋게 먼지가 덮여있다. 일기를 쓰고 있는 지금까지도 밖에서 불어오는 바람에 집이 흔들리고 있다. 텐트가 아니라 집이 흔들리고 있다. 아무리 생각해도 집 안에 있게 된 것이 다행스럽고 고마웠다. 다시 한번 고맙다고 말했다가, 또 괜찮다는 말만 들었다. 그래도 몇 번이고 오늘

새로 배운 아이슬란드말로 "Takk Fyrir(정말 고맙습니다)"라고 말했다. 그 어느 날보다 강한 바람이 부는 밤, 그 어느 밤보다 따뜻한 마음으로 잠들 수 있을 것 같다.

"Takk Fyrir, Takk Fyrir…."

새로 배운 단어를 몇 번이나 더 웅얼거리다 잠이 들었다.

Day 41. 빛나는 시절

밤새 바람은 쉬지 않았다. 아침이 온 지금까지도 창밖의 바람은 그치는 법을 잊은 채 거세게 불어오고 있다. 어제 많이 걷지 못했기도 했고, 스타샤집에 죄송스럽기도 해서 일찍 나가야 할 것 같았다. 서둘러서 짐을 챙겨 나온다고 나왔는데, 벌써 아침을 준비해놓고 계셨다. 스타샤를 한번 쳐다보자 바쁘게 학교 갈 준비를 하면서, "No problem"이라고만 했다. 무슨 말을 하려고 한지 알았던 것 같다. 스타샤는 스쿨버스 시간에 맞춰 먼저 나갔다. 나도 곧이어 출발하려고 하자, 구애피나 아주머니가 노트북 화면을 보여주셨다. 구글 날씨가 나와 있는 화면이었다. 아주머니 손가락이 가리키는 곳을 보니, 어젯밤 최대 풍속이 무려 64m/s나 되었다. 숫자라서 실감이 나질 않았지만 그것이 무서운 숫자라는 것만은 확실했다. 오늘 바람을 보니 어제보다는 약해졌지만, 여전히 강하게 불고 있었다. 아주머니는 조금 기다렸다가 가는 것이 좋겠다고 했다. 잠시 기다려 보았지만 바람은 잠시도 쉬어 갈 줄을 몰랐다. 더 지체할 수 없어 출발하려 하자, 아주머니가 무언가 말하고 싶어 했다. 알 듯 말 듯 했지만 정확히 이해할 수가 없었다. 대충 알아듣는 척하기에는 의미를 종잡을 수가 없었다. 아주머니는 갑자기 무언가 생각났다는 듯 노트북으로 뭔가 쓰고는 화면을 보여줬다. 번역기를 사용한 거였다. 문명의 편리함은 세상 끝까지 닿아있었다.

"여기서 차를 타고 10분 정도 나가면 그곳부터는 바람이 약해져. 그곳까지 데려다줄게."

사양하는 것이 죄송스러울 정도로 고마운 친절이었다. 그러나 더 이상의 친절
은 감당할 수가 없을 것 같았다. 앞으로 가야 할 길은 폭풍이 몰아쳐도 혼자 힘
으로 가야 할 길이었다. 괜찮다고 정말 괜찮다고, 감사하다는 말과 함께 집을 나
서는 나를 또 한번 붙잡았다. 이 낯선 이방인을 진심으로 걱정하는 표정이었다.
다시 한 번 감사드린다며 인사드리자, 마지막엔 짧은 영어로 행운을 빌어줬다.
넘치는 따뜻함을 안고 나왔으니 바람이 불어도 괜찮을 것 같았다. 두려움 대신
용기가 가득 찼다. 그런 용기를 비웃기라도 하듯, 가득 안고 나온 따뜻함을 날
려버리려는 듯, 바람은 거침없이 휘몰아쳤다. 그냥 나온 것이 조금 후회가 됐다.
앞을 보고 걸어야 하는데 자꾸 뒤를 돌아보게 됐다. 바람은 어제보다는 약해졌
지만 오늘도 뒤로 밀려나고, 옆으로 넘어지고를 정신없이 반복했다. 얼마쯤 걸
었을까? 어느 순간부터 귓전에서 울리던 바람 소리가 차츰 잦아들었다. 이윽고
바람이 멎었다. 아주머니가 말한 바람이 멎어 드는 지점까지 온 것 같았다. 세상
이 이렇게 고요하고 평화로울 수 없었다. 금세 오후가 찾아왔다.

그 뒤로도 몇 번이나 바람은 갑자기 불어 닥치기도 했지만, 확실히 잦아들었다.
이제 차분히 걸어갈 수가 있었다. 앞을 바라보고 걸어갈 수 있었다. 거센 바람
덕분인지 오늘은 지나다니는 차도 거의 없었고, 다가와 말을 거는 사람도 한 명
없었다. 이 차가운 길 위에서 외롭지 않기를 바란 것은 아니지만, 왠지 조금 쓸
쓸했다. 해 질 녘에 다다라서야 누군가 가까이 다가왔다.
"태워줄까? 힘들어 보이는데."
"힘든 건 맞는데, 괜찮아요."

"혼자 여행 중이야?"

"네. 레이캬비크부터 쭉 혼자 여행 중입니다."

"나도 혼자 여행 중이지만, 이것도 나쁘지 않지? 외로울 땐 스스로와 대화하면 되니까."

대답 대신 작은 웃음으로 응답했다. 그녀의 말에 격하게 공감했기 때문이다. 이제는 자문자답하는 경지까지 올랐다. 길 위에 많은 사람이 친구가 되어 주지만 누구보다 자기 자신과 친구가 되지 않으면, 아마 혼자 하는 여행을 계속해 나갈 수 없을 것이다.

나의 여행을, 마음을 이해해주는 사람을 만나서 반가웠다. 길가에 선 채 이야기를 너무 많이 해버렸다. 지금 무척 힘들지만 그래도 충분히 즐겁고, 행복하다고. 처음 보는 누군가에게 이야기하면서 어쩌면 스스로를 위로하고 있는지도 몰랐다. '나는 지금 정말 괜찮다고.'

"정말로 그렇게 보여. 네 얼굴에 다 드러나거든."

"그래요?"

"그래. 너 지금 굉장히 빛나 보여."

'빛나 보인다고?'

태어나서 처음 들어보는 기분 좋은 이야기였다. 씻지 않아 기름이 번들거리는 게 아니라 행복이 나를 빛나게 한다니. 그녀의 말이 맞다면 나는 어쩌면 지금 태어나서 처음으로 빛나는 시절을 사는 것이었다. 여행이 끝나면 언젠가 이 빛을 잃게 될지도 모르겠다. 아마 그렇게 될 것이다. 그렇더라도, '나에게는 빛나는

시절이 있었다'라는 사실만은 잊지 않고 소중히 추억하고 싶다.

점차 날이 어두워지고 있어 이야기를 마무리했다. 우리는 서로 여행에 행운을 빌어주며 각자의 길을 갔다. 캠핑할 곳을 찾으니, 적당한 거리에 건물이 보였다. 폐가가 한 채 있었지만, 안이 다 허물어져 도저히 텐트를 칠 수가 없었다. 조금 더 가자 펜션처럼 보이는 건물이 있었다. 아마 여름에만 운영하고, 겨울에는 하지 않는 것 같았다. 오늘 밤은 펜션을 바람막이 삼아 건물 옆에 텐트를 치기로 했다. 한쪽은 바람을 막아줄 수 있지만, 반대쪽과 위는 텅텅 뚫렸다. 부디 자는 사이에 비나 눈이 오지 않기를, 반대쪽에서 바람이 불지 않기를 바랄 뿐이다. 텐트 문틈으로 보이는 달빛이 기운차 보인다. 오늘 밤 무사히 잘 수 있기를 빈 뒤, 텐트의 지퍼를 마저 올렸다. 얇은 텐트 위로 서서히 달빛이 스며들었다. 빛나는 시절의 하루가 끝나가고 있었다.

Day 42. 플라스틱 수저

새벽에 깨어나자, 아직도 둥근 달이 바다를 환히 비추고 있었다. 바다는 달빛으로 푸르렀다. 가로등 불빛 하나 없는 완연한 어둠 속에서 희망이 되어주고 있었다. 아침이 다가오자 달빛은 은은하게 잔향만 남기고 사라졌다. 이윽고 동해에서 어둠을 집어삼키려는 듯 태양이 꿈틀거리며 고개를 내밀었다. 아이슬란드에서 많은 일출을 보았지만, 오늘의 일출은 조금 특별했고 더 붉었다. 동쪽으로 꺾이는 지점이라 태양에 좀 더 가까이 있는 것처럼 느껴졌다. 해안에 부딪히며 부서지는 파도와 넓게 늘어진 해안가를 자유롭게 달리는 산양도 눈부신 장면의 일부가 되었다. 그림 같은 장면의 일부가 되고 싶었다. 그 속으로 뛰어들어 보았지만, 놀란 산양을 이리저리 달아나게 만들 뿐이었다. 어차피 깨진 판이었다. 산양과 함께 미친 듯이 동해바다를 뛰었다. 아름다운 장면은 더 이상 없었다.

기분 좋은 일출을 보았지만, 몸은 여전히 무거웠다. 아마 바람을 피하기 위해 움츠리고 걸어왔던 탓일 것이다. 어제 오후부터 어깨가 정상이 아니었다. 황홀할 정도로 아름다운 해안도로를 보며 걸을 수 있다는 게 그나마 위로가 됐다. 눈부신 절경을 여유롭게 바라보고 싶은 마음에 평소보다 많이 쉬어가며 걸었다. 여전히 편히 앉아서 쉴 곳은 없었다. 쌓인 눈이 조금은 흉측하게 어질러져 있는 가드레일에 앉아 휴식을 취하고 있을 때였다. 가드레일 밑은 단연 절벽이었다. 등 뒤로 요란스럽게 차 3~4대가 다가왔다. 사람들이 쏟아지듯 내렸다. 그들은 내리자마자 사진을 찍기 시작했다. 말이 빨라 알아들을 수가 없는 걸 보니 중국 사람인

232

것 같았다. 서로 사진을 찍어주는 그들을 보자, 문득 내 사진이 갖고 싶어졌다.

사진을 부탁하려고 카메라를 내밀자, "사진 찍어드릴까요?"라고 했다. 한국말을 상당히 매끄럽게 하는 중국인이었다. '한국 드라마를 많이 본 것일까?' 한류의 위력을 새삼 실감했다. 중국인은 유창하게 한국말을 이어갔다. 잘해도 너무잘했다. 나보다 잘했다. 도봉동에서 왔다고 했다. 낯선 땅에서 모국어를 잊고 있었다. 충격이 컸다. 그래도 반가웠다. 예전에는 한국을 떠나 굳이 한국 사람을만나고 싶지 않았는데, 이번 여행은 유독 한국 분들을 자주 만나게 되고 그때마다 반갑다. 이분들은 그냥 관광객이 아니라 사진 찍는 동호회에서 단체로 오신분들이었다. 덕분에 멋진 사진까지 얻을 수 있었다. 마지막엔 힘내라며 한 손에사과까지 하나 쥐여주고는, 바람처럼 사라졌다. 다시 해안도로를 따라 걷기 시작했다. 발걸음이 조금 가벼워졌다.

기차 창밖으로 보이는 풍경은 5분이면 결국 다 똑같아진다고 했던가. 걸어서 보는 풍경은 반나절이면 똑같아지나 보다. 오후가 되니 몸이 더 지쳤다. 아름답던동해안의 풍경에도 점차 흥미를 잃어가고 내일 Djúpivogur에 들어가기 위해 한걸음이라도 더 걸어두고 싶은 생각뿐이다. 오후 5시쯤 지나자 언덕 너머로 폐가가 하나 보였다. 더 가까이 가자, 아직 폐가는 아닌 것 같았다. 아마 내년쯤에는폐가가 될 것 같았다. 창문으로 안을 들여다보았다. 누군가 집을 버리고 도망친듯 어질러져 있었지만 아직 부서지거나, 허물어진 곳은 없는 건물이었다. 무엇보다 안으로 들어갈 수 있는 문이란 문은 모두 잠겨있었다. 위쪽 창고로 보이는

건물도 마찬가지로, 큰 나무를 못질까지 해서 입구를 봉해놓았다. 건물을 새로 짓거나, 수리하려고 주인이 막아놓은 것 같았다. 다른 방법이 없어 그냥 주변에 텐트를 칠까 했지만, 언덕이라 눈이 제법 쌓여있었다. 시간이 갈수록 바람이 묵직해졌다. 한 면이라도 바람을 막아 줄 곳이 필요했다. 언덕 아래쪽으로 조금 내려가자, 어제와 같은 별장이 하나 보였다. 물론 사람은 아무도 없었다. 어쩔 수 없이, 오늘도 별장 한쪽 벽면에 텐트 어깨를 기댔다. 바람이 일관성 없이 불어오며 텐트를 흔들어 대기는 했지만, 한쪽이라도 막아줄 수 있음에 만족했다.

늘 하던 대로 눈으로 라면을 끓여 먹었고, 눈으로 설거지를 했다. 라면 물을 끓일 때는 깨끗하고 부드러운 눈을 사용하지만, 설거지할 때는 퍽퍽하게 뭉쳐서 플라스틱 수저로 그릇 표면을 거칠게 비비면서 씻어왔다. 이제껏 잘해왔는데, 결국 1500원짜리 스위스산 수저가 문제를 일으켰다. 사실 힘 조절을 잘못해서 수저를 부러트리고 말았다. 이 수저는 수저 그 이상이었다. 수저가 아래 붙어있고, 위에는 포크가 붙어있어 면도 먹고, 국물도 먹을 수 있어서 참 좋았는데…. 정신 나간 사람처럼 한동안 부러진 수저를 바라봤다. 괜히 서글퍼졌다. 방금 라면을 먹었는데 집밥이 그리웠다. 따뜻한 집밥이 먹고 싶었다. 집에 금수저까지는 없어도 은수저는 있는데…. 아까 만난 한국 분들은 차에 밥솥까지 실어 다닌다고 했으니 아마 수저도 많이 있을 거란 생각이 들었다. 서글픈 마음에 다시 수저를 보자, 부러진 수저만큼 내 처지가 불쌍했다. 한동안은 부러진 수저로 짧게 밥(라면)을 먹는 수밖에 없겠다. 조금 불편하겠지만, 버리기에는 아직 이 녀석의 할 일이 더 남아 있을 것 같았다.

쓸쓸한 마음을 달래고, 작을 볼일도 볼 겸 텐트 밖으로 나왔다. 공기는 차가웠고, 바람은 어디서 오는지 알 수 없게 이곳저곳에서 불어오고 있었다. 차가운 공기는 싸늘했지만 투명한 느낌이었다. 바람이 구름을 다 치워버렸는지, 하늘은 티 없이 맑았다. 구름이 걷힌 하늘에 별은 제자리를 지키며 빛을 내고 있었다. 오로라가 보일 것 같은 맑은 밤하늘이었다. 한 달 넘게 밤하늘을 바라보니, 대강 감으로 알 수 있었다. 그런 밤. 역시 얼마 지나지 않아, 초록색 물결이 산등성이 위로 피어오르기 시작했다. 한국에서 오로라를 찍기 위해 여기까지 오셨다는 분들은 어딘가에서 오로라를 찍을 준비로 설레고 있을 듯했다. 오늘 밤 이 설렘은 그분들에게 양보하고 얼른 들어가서 잠이나 자야겠다. 오로라를 바라보며 감상에 젖기에는 고단하고 무엇보다 너무 추웠다. 부러진 플라스틱 수저가 눈에 아른거렸다.

Day 43. 울면서 걸었다 [Djúpivogur]

간밤의 추위는 강렬했다. 기댄 한쪽 벽면의 반대쪽, 그리고 앞뒤로도 바람이
쉬지 않고 불어왔다. 시릴 정도로 차가운 바람은 텐트 속으로, 그리고 몸속으
로 스며들었다. 지옥 같았던 첫날밤보다는 덜했지만, 어젯밤도 잠들어 있던
시간보다 깨어있던 시간이 더 길었던 밤이었다. 하지만 언제나 그렇듯 아침은
찾아온다. 추위가 온몸을 얼어붙게 하든, 어둠의 깊이가 절망적으로 깊다 한
들, 그 어둠을 걷어내고 아침은 반드시 찾아온다. 그래서 그 짙고 깊은 어둠과
추위를 견딜 수 있는 걸지도 모른다. 피곤했지만, 얕은 잠을 잤기에 쉽게 일어
날 수 있었다. 급하지 않게 몸을 일으켰다. 침낭에 아직 몸을 반쯤 넣은 채 그
대로 정지했다. 머리를 한 번 흔들고 잠시 눈의 초점을 잡았다. 정신을 차렸
다. 기다렸던 아침이었다. 부러진 수저로 빵에 잼을 바르고, 무슬리에 우유를
부어 입안으로 밀어 넣었다. 맛도 모른 채 꼭꼭 씹는 행위만을 반복했다. 조금
씩 맛이 느껴졌고, 밤새 추위에 떨면서 생긴 허기가 사라지고 있었다. 뭔가 모
르게 안심이 되는 순간이었다.

오늘은 Djúpivogur까지 가고 싶다. 아니 가야 한다. 아마 거리는 25Km 정도
남았을 것이다. 그렇게 되면, Jökulsárlón부터 다시 걷기 시작한 지, 8일만에
180Km를 걸어 두 번째 목적지에 도달하게 되는 것이다. Djúpivogur에 도착해
서 내일은 히치하이크로 Egilsstaðir까지 올라가면 드디어 아이슬란드 일주의
절반 지점에 도착하게 된다. '절반'이라는 생각만으로 가슴이 찌릿하게 저린다.

물론 감동으로 저린 가슴보다, 고통으로 저린 어깨를 더 보살펴야 한다. 이제는 거의 돌아가지도 않는 발목도 잘 풀어줘야 무사히 도착할 수 있을 것이다. 길어지는 일조 시간에 맞춰 걷는 양도 꾸준히 늘렸더니, 몸이 착실하게 만신창이가 되어가고 있다. 피로가 더해져 쌓이고 있기 때문이다. 무엇보다 최남단 Vik에서부터 조금씩이지만 꾸준히 북쪽으로 올라오면서, 기온도 떨어지고 있다. 다시 물통에 물이 얼고 있다.

해가 그나마 따뜻하게 내리쬐는 정오에 며칠 동안 씻지 못한 발을 꺼내 말렸다. 신선한 바람도 쐬고, 얼음 위에 살포시 올려 일광욕을 시켜줬다. 발만이라도 씻고 싶은 심정이었지만, 동상에 걸리는 것보다 더러운 것을 조금 참는 게 나을 것 같았다. 시간이 갈수록 지쳐갔지만, Djúpivogur에 조금씩 다가갈수록 힘을 냈다. 잊지 않고 지나가는 차를 향해 반갑게 인사를 하며 걸었다. 이제는 거의 헤아릴 수 있을 만큼 적은 수의 차가 스쳐 지나갔다. 여느 때와 마찬가지로 홀로 끊임없이 대화하며 걸어가고 있었다. 잠시 건넬 말을 잊었고, 나도 모르게 발끝을 쫓으며 걷고 있을 때였다. 고개를 들어 주변을 둘러보니, 아무도 없었다. 고요한 도로 위를 홀로 터벅터벅 걷고 있었다. 지친 다리는 자신의 의지와 상관없이 반복된 걸음을 이행하고 있었다. 다시 한번 둘러봐도 텅 빈 거리에는 나 혼자뿐이었다. 냉랭한 바람이 뺨을 스쳤다. 왠지 모를 서러움이 몸을 휘감았다.

사람이 그리웠다. 부모님이, 가족이, 친구들이 그리웠다. 떠나온 그곳이 그리웠다. 갑자기 눈 주위가 뜨거워졌다. 고개를 들어 눈을 크게 떴다. 참아보려 했지

만 모든 물은 위에서 아래로 흘러내렸다. 왈칵 눈물이 쏟아져 나왔다. 세상에 홀로 남겨진 사람처럼 서럽게 울었다. 급기야 엉엉 소리까지 내며 울었다. 무거운 가방을 짊어진 어깨가 아래위로 들썩이고 있었다. 뜨거운 눈물은 차가운 도로 위로 떨어져 식어갔다. 한참을 울면서 걸었다. 어느 순간 더 이상 남은 눈물이 없었는지, 눈물은 들썩이던 어깨와 함께 차츰 멎어 들었다. 아무도 없는 그곳에서 혹시나 누가 볼까 고개를 숙인 채 걸었다. '얼마나 그렇게 걸었을까?' 고개를 들자 어느새 Djúpivogur에 접어드는 길목에 들어서 있었다. "후우우우." 한숨을 크게 한번 들이쉬고 내뱉었다. 쏟아버린 눈물만큼 뭔가 가벼워진 느낌이었다. 물론 그만큼 배도 고파왔다.

Djúpivogur는 고즈넉한 마을이었다. 동쪽에서 가장 오래된 마을인 만큼 고풍 있고, 아름다웠다. 아이슬란드는 전체적으로 조용한 느낌을 주지만, 이곳은 특히 더 조용한 느낌이었다. 관광객으로 북적이는 여름은 어떤 느낌일지 모르겠지만, 적어도 지금은 관광지와 거리가 먼 항구 마을 같았다. 그래서인지 이곳이 더 마음에 들었다. 캠핑장에 가보았지만, 역시나 문이 닫혀 있었고, 나머지 숙소들은 다 호텔이었다. 자연스레 공중화장실로 향했다. 화장실은 별 5개급이었다. 오늘 밤은 따뜻하게 잘 수 있을 것 같다. 나의 여행은 먹고 자는 것만 해결되면 거의 90% 해결됐다고 볼 수 있지만, 오늘은 나머지 10%까지 해결하고 싶었다. 그 나머지는 씻는 거였다.

추운 날씨에 온종일 걸어도 땀은 거의 나지 않지만, 최소한 머리카락과 발은 좀

240

씻고 싶었다. 며칠 안 감은 머리에 종일 털모자를 쓰고 있다가 벗으면, 그야말로 올리브 오일이 뚝뚝 떨어질 듯했다. 그것도 썩 신선하지 못한. 아무리 보는 사람이 없더라도, 최소한 스스로에 대한 예우를 갖추고 싶었다. 다행히 마을에는 수영장과 온천이 있었다. 샤워하고 따뜻한 물에 들어갔다. 천국이었다. 여기저기 비명을 지르던 몸이 행복한 환호성을 질렀다. 온탕과 차가운 수영장을 왔다 갔다 하며 근육을 풀어주었다. 묵은 피로가 사르르 녹아내렸다. 수영장에서 동양인을 처음 보는 것 같은 아이들이 어디서 배웠는지 모를 중국어로 수줍게 인사를 했다. 피곤했다. 나처럼 생긴 사람은 다 중국인이라고 믿게 내버려 두려다가 한국에서 왔다고 친절하게 설명해줬다. 그런데 아이들은 끝까지 하나밖에 모르는 중국말을 계속 던졌다. 피곤했다. 오늘 하루 중국인이 되기로 했다. 마지막으로 반신욕을 마치고 깔끔하게 면도까지 하자, 거울 속에 다른 사람이 있었다. 어차피 내일이 되면 또 다른 사람이 있겠지만.

별 5개짜리 화장실은 좋았지만 함정이 하나 있었다. 잘 준비를 마치고 불을 끄려는데 아무리 찾아도 스위치가 없었다. 잠시 기다려보았다. 불은 자동으로 꺼졌다. 무인 점등 시스템이었다. 사람이 오면 켜지고, 나가면 꺼지는 것이었다. 침낭에 들어가 가만히 누웠다. 자동으로 불이 꺼졌다. 이것 참 편리하다 생각하고 눈을 감았다. 그런데 사람은 잠이 들면 자신도 모르게 몸을 뒤척이게 되어있다. 그때마다 이 무인 점등 시스템은 사람이 온 걸로 알고 불이 '타악' 켜졌다. 한두 번은 괜찮았다. 언제나 그렇듯 딱딱한 바닥에서 자니 엉덩이가 배겼다. 자연스럽게 이리저리 자세를 바꿔줘야 했는데, 그때마다 불이 켜졌다. 아주 민감

한 녀석이었다. 게다가 불만 켜지는 게 아니라, 환풍기까지 요란한 소음을 뱉어
댔다. 완전 미칠 노릇이었다. 한 스무 번쯤 깼을 때 결국 괴성을 질렀다.
"으아아아아아아악! 잠 좀 자자! 제발."
이런 제기랄, 뒤이어 내지른 몇 마디 상스러운 말들이 환풍기 속으로 빨려 들어
갔다. 결국, 자포자기하고 다시 잠들고, 다시 불이 켜질 때마다 "아 몰라. 몰라"
를 외쳤다. 어서 빨리 아침이 가까워지기만을 바랐다.

Day 44. 호텔 카우치 서핑 [Egilsstaðir]

어떻게든 잘 자려고 했다. 아니 잘 자고 싶었다. 마치 수업 시간에 몰래 과자 먹던 아이처럼 조심조심 몸을 움직였지만, 과학은 단 1mm의 움직임도 용납하지 않았다. 그렇게 밤새 과학 기술과 전쟁 아닌 전쟁을 치렀다. 사람이 만든 과학을 사람은 이길 수가 없었다. 깊은 잠을 자지 못해 그냥 일찍 일어나버렸다. 고즈넉한 항구 마을의 일출을 보고 싶다는 이유도 있었다. 기대감을 안고 화장실 문을 열자, 분위기 있는 일출 대신 분위기 있게 비가 흩날리고 있었다. 화장실 안에는 창문이 없어서, 비가 오는지도 몰랐다. 화가 난 듯 쏟아붓는 비가 아니라, 부드럽게 해면을 두드리는 보슬비라서 다행이었다. 어차피 오늘은 히치하이크하기로 한 날이다. 빗속에 사람들이 나를 알아볼 수만 있다면 충분했다.

여기서 Egilsstaðir까지 가는 가장 짧은 거리는 145Km, 물론 지금까지 걸어온 1번 국도를 통해서 가는 길이다. 그런데 사람들 말로는, 이 도로가 하이랜드(산을 지나는 고지대)를 지나는 길이고 겨울에는 눈 때문에 주로 폐쇄되는 경우가 많다고 했다. 아마 올해도 그럴 것이라고 했다. 그렇다면 해안도로로 둘러가는 수밖에 없었다. 지도만 봐도 그 길이 적어도 두 배는 돌아가는 길이라는 걸 알 수 있었다. 해안선을 따라 들어왔다 나왔다를 반복하기 때문이다. 해안선을 따라 걷는 경치가 아름다울 것 같아 걸어가 볼까 하는 생각도 잠시 들었다. 하지만 시간이 너무 많이 걸릴 것 같고 해안선은 지금까지 걸어온 것만으로도 충분했다.

아침 8시는 아직 새벽이었다. 원래 차가 거의 다니지 않는 데다 비까지 추적추적 오고 있어서 지나가는 차를 보기가 힘들었다. 간혹 차가 지나가더라도, 비상식적으로 큰 가방을 짊어 메고 히치하이크를 시도하는 남자를 태우기는 쉽지 않을 것 같았다. 걷는 데는 문제가 없었다. 어제 수영장에서 몸을 잘 풀어준 덕분이었다. 종일 걷고 싶지는 않았지만, 히치하이크할 때까지 한동안은 괜찮을 것 같아 가벼운 마음으로 걸었다. 1시간쯤 걷자 쉼터가 나왔다. 가방을 풀고 쿠키를 먹는데, 멀리서 차가 오는 게 보였다. 그대로 뛰쳐나가 미치광이처럼 손을 흔들었다. 물론 입에는 쿠키를 물고 있었다. 차는 미치광이를 그냥 지나쳤지만, 고맙게도 얼마 지나지 않아 멈춰 섰다. 남은 쿠키를 마저 삼키고, 멈춘 차를 향해 있는 힘껏 달려갔다. 네덜란드에서 온 커플은 자신들도 Egilsstaðir로 지나간다며 가는 길에 내려주겠다고 했다. 차는 꼬불꼬불한 길을 빠르게도 이동했다. 천천히 가도 눈에 다 담기 어려울 아름다운 풍경들이 빠르게 흩어져 지나갔다. 느리게 즐기면서 갔으면 하고 바라기도 했지만, 얻어 탄 사람은 입을 다물고 있는 게 나을 것 같았다. 애초에 목적지에 가는 것이 목적인 사람들과, 가는 길 자체에 목적이 있는 나는 달랐다. 모두가 다 같은 속도로 여행할 수는 없었다.

가는 길마다, 폐쇄된 도로를 마주했다. 먼 길을 두르고 또 둘러가야 했다. '이 먼 길을 어찌 다 걸어갔을까?' 생각하면 다행이고 또 다행이었다. 마침내 하이랜드로 올라가는 도로에 들어섰을 때는 경악을 금치 못했다. 눈의 무게에 짓눌려 멀쩡한 집이 폐가가 되어 있었다. '저기 사는 사람들은 도대체 어떻게 사는 걸까? 왜 저기 사는 걸까? 아니 정말 사람이 살기는 하는 걸까?' 하는 의문마저 들었

다. 여행으로 한 나라를 경험하면서 그곳에 사는 사람들의 환경과, 마음을 다 이해할 수는 없었다.

길을 둘러왔지만, 차보다 눈이 더 많은 도로를 빠르게 달린 덕분에 순식간에 도착했다. 늘 걸어서 이동하다가 차를 타면 마치 순간 이동을 한 것 같은 기분이 든다. 그래서인지 차에서 내린 후에는 무언가 놓쳐버리고 온 것만 같아 자꾸 뒤를 돌아보게 된다. 그들은 그렇게 달려왔는데도, 이곳에서 잠시 장만 보고, 달려온 길보다 더 먼 거리를 달려 가야 한다고 했다. 시간이 제한된 사람들의 바쁜 여행이었다. 많은 사람이 그렇게 여행하고 있고, 나도 언젠가 그렇게 여행해야 할지 모른다. 어떤 여행이 좋다고 쉽게 말할 수 없겠지만, 아직까지는 지금할 수 있는 여행을 조금 더 즐기고 싶다. 일찍 도착한 덕분에 숙소를 알아볼 수 있는 시간이 넉넉하게 생겼다. 여느 때처럼 제일 먼저 캠핑장에 가보았지만, 북쪽은 상황이 더 좋지 않았다. 어느 곳보다 심하게 눈으로 덮여 개미 한 마리조차 찾을 수 없었다. 혹시나 캠핑장 편의시설을 모아둔 실내라운지에서 잘 수 있을지 문의해보았더니 저녁이면 문을 닫는다고 했다. 발걸음을 돌려, 관광안내소로 가서 숙소에 대한 정보를 알아보았다.

Egilsstaðir는 동쪽의 수도로 불리는 곳답게 꽤 큰 도시였다. 인구가 5천만인 우리나라를 생각하면 도시라 부르기 뭐하지만, 인구가 3십만이 조금 넘는 아이슬란드에서는 꽤 큰 도시다. 여태껏 지나온 작은 마을들보다 숙소도 제법 많았다. 시간이 충분하긴 하지만 다 둘러보기에는 모자랄 것 같아, 직원이 알려주는 그

나마 저렴한 숙소를 중심으로 찾아가 보기로 했다. 찾아간 숙소는 생각보다 좋았고, 예상대로 비쌌다. 일단 부딪혀 보자는 생각으로 주인에게 상황을 설명했다. 순전히 개인적인 상황이 중심인 이기적인 설명이라는 생각도 들었지만, 해보는 수밖에 없었다. 반값으로 해달라는 흥정이었다. 대신 이곳에서 할 수 있는 일을 돕겠다고 했다. 눈 쓸기든지, 청소든지, 빨래든지 무엇이든. 무엇보다 방이 아니라 소파, 그것도 안 된다면 잘 수 있는 바닥만으로 충분하다고 했다.

하지만 사람들은 단호했다. 차가운 표정으로 거절할 때는 확실하게 거절해 한 번 더 부탁할 여지를 남겨두지 않았다. 어떻게든 비집고 들어가려 몇 번을 더 부탁해봤지만, 돌아오는 대답은 같았다. 나중에는 마치 구걸하고 있는 기분마저 들었다. 자존심을 다 버렸다고 생각했는데, 남은 자존심이 아직까지 나를 무겁게 누르고 있었다. 돌아서는 수밖에 없었다. 몇 군데를 더 돌아봐도 상황은 변하지 않았다. 어떤 주인은 북쪽으로 갈수록 길은 더 험해지고, 날씨도 추워질 텐데 이제 그만 하는 것이 좋지 않겠냐는 충고까지 해주었다. 점점 더 불안해졌다. 당장 오늘 밤만이 아니었다. 앞으로 남은 날들을 어떻게 헤쳐 나갈까 하는 걱정까지 더해져 머릿속이 복잡해졌다. 이제 절반을 왔다는 생각에 날아갈 듯 기뻤는데, 아직 반이나 남았다는 공포가 잠시 물러나 있던 외로움과 함께 덮쳐왔다.

사람들이 눈 때문에 조심히 걷고 있는 거리 한복판에 쭈그리고 앉아 절망했다. 도저히 어떻게 해야 할지 방법이 떠오르지 않았다. 아무도 없는 도로 위를 혼자 걸어올 때보다 사람들이 저마다 일터로, 집으로 돌아가고 있는 거리에 홀로 남

겨져 있는 것이 더 외로웠다. 조금씩 등 뒤에서 죄여오는 외로움을 그리고 두려
움을 걷어내야 했다. 이겨내야 했다. 먼저 이 순간에 집중하기로 했다. 지금까
지 잘 해오지 않았던가, 포기하지 않으면 길은 있다고 했다. 마음이 완전히 어둠
에 집어삼켜 지기 전에 무릎을 털고 일어섰다. 방법을 생각했다. 주변을 둘러봤
다. 저 멀리 호텔이 보였다. 게스트하우스에서도 흥정을 못 했는데 무슨 배짱으
로 호텔을 생각했는지 모르겠지만, 발이 먼저 그쪽으로 움직이고 있었다. 지금
은 많은 생각을 하는 것보다, 그저 발이 가는 대로 움직이는 게 나을 것 같았다.

조심스럽게 호텔 문을 열자 인상 좋아 보이는 직원이 밝게 웃으며 인사했다. 좋
은 예감이 들었다. 일단 한번 물어나 보자 싶어 가격을 물었다. 반값으로 깎으려
했던 게스트하우스보다 두 배 비싼 가격을 부르며, '정말 싼 가격이지?' 하는 표
정을 지었다. 도무지 이해할 수 없는 표정이었다. 그냥 말없이 고개를 끄덕이고
나와야 할 것 같았다. 그대로 나오려다 따끈한 호텔 프런트에서 그냥 나오기가
아쉬웠다. 혹시 와이파이를 잠시 쓸 수 있겠냐는 부탁을 했다. 갑자기, 카우치 서
핑이 떠올랐던 거였다. 해볼 수 있는 건 다 해봐야겠다는 생각이었다. 직원도 "그
거 괜찮은 아이디어네"라며 천천히 하라고 했다.
여전히 친절한 얼굴이었다. 카우치 서핑이라는 것은 최소 하루 전에는 호스트
에게 미리 연락하고 동의를 구해야 하는 것이었다. 경험이 없는 나로서는 쉽지
않은 일이었다. 난색을 표하고 있자, 호텔 직원이 조심스레 물었다.
"내가 도와줄까?"
"어떻게?"

"우리 호텔 요리사 중에 카우치 서핑 호스트가 있거든, 한번 물어봐 줄게."
물어봐 준다는 말에 고마워 고개를 몇 번이고 끄덕였다. 한 줄기 희망의 빛이 보였다.

프랑스에서 온 토니라고 소개한 직원은 노트북으로 누군가에게 메시지를 보내고 있었다. 잠시 후 뭔가 만족스러운 표정으로 나를 향해 씨익 웃었다. 일이 잘될 것 같았다. 토니가 자신을 따라오라며 손짓했다.
"아직 청소가 안 된 방인데, 오늘 여기서 하루 지내면 될 거야. 될 수 있는 한 조용히 있고 만약 누가 물어보면 엔리케의 친구라고 대답하면 돼. 푹 쉬고 있어. 나중에 저녁 먹을 때 방으로 찾아올게."
말도 안 되고, 믿기지도 않는 상황에 어안이 벙벙했다. 카우치 서핑으로 호텔 방을 구하다니 이런 일이 가능할까 싶었다. 믿기 어려운 현실을 받아들이기 위해 어질러진 침대 위에 한동안 멍하니 앉아있었다. 역시 포기하지 않으면 길은 있었다. 어떻게든 움직여야 길은 이어지는 것이었다. 정말 다행이었다.

숙소를 구하기 위해 종일 굶었던 터라, 마트에 가서 간단히 먹을 것을 사 왔다. 눈사람이라기보다 눈 괴물들로 둘러싸인 놀이터에 앉았다. 급한 허기를 달래려고 사 온 과자부터 주섬주섬 먹었다. 그렇게 불안했던 오후였는데 하룻밤 잘 곳이 생긴 것만으로 마음이 놓였다. 사람의 마음이란 게 참 약하고도 단순하다는 생각이 들었다. 참참한 의자에 앉아 짭조름한 과자를 씹었다. 입에선 '오독오독' 소리가 났고, 그저 "다행이다. 다행이다" 하는 말만 맴돌았다. 하늘을 보니 조금

씩 해가 저물고 있었다.

저녁이 되자, 약속한 대로 토니가 방으로 찾아왔다.
"친구들끼리 저녁을 준비했는데 먹으러 갈래?"
라운지로 올라가니 이미 저녁이 차려져 있었다. 요즘은 손님이 없어 요리사와 직원들끼리 요리해서 먹는다며, 부담 없이 먹어도 된다고 했다. 제대로 지어진 밥만 봐도 행복한데, 양고기 볶음과 와인까지 있었다. 진정할 수 없을 만큼 너무 좋은데, 애써 담담한 척하며 천천히 식사했다. 이제 내 배는 아무리 먹어도 배가 차지 않는 상태까지 되어 있었다. 양대로 다 먹으면 처음 만난 친구들의 몫까지 다 먹을 것 같았다. 더 먹으라고 하는 걸 힘들게 사양했다.

고마운 친구들의 대접은 밥으로 끝나지 않았다. 이어서 맥주를 마셨다. 이 나라에서 처음으로 맛본 생맥주 맛 또한 환상적이었다. 아마도 Viking이라는 잔에 담긴 맥주가 맛을 더 시원하게 만드는 것 같았다. 맥주를 다 마시자, 아이슬란드 요리사 에이나르가 보드카처럼 보이는 술 한 잔과, 네모난 모양으로 썰어진 떡 같은 것을 가지고 나왔다. 에이나르는 정체불명의 것을 그냥 한입 먹고, 보드카를 한입 털어 넣으면 된다고만 말했다. 말끝에 약간의 미소가 어려 있었다. 그러고 보니 토니도 웃음을 머금은 채 내 행동을 지켜보고 있었다. '뭔가 좋지 않은 것이겠구나, 아니 재미있는 것이겠구나' 생각하고 이리저리 그 녀석을 살펴보았다. 냄새는 맡지 말았어야 했다. 응가 냄새라도 맡은 표정을 짓고 있자, 다들 터져 나오는 웃음을 참느라 힘들어하는 듯했다. 이제 이들을 편하게 해줘야

할 것 같았다. 잠시간 뜸을 들인 후 떫은 미소와 함께 그것을 한입에 털어 넣었다. 다른 한 손에 들려있던 술은 누구 밀어 넣은 것도 아닌데, 자동으로 입속으로 빨려 들어왔다. 동공은 술을 처음 맛본 소년처럼 확장되었고, 얼굴에 있는 모든 구멍에서 바람이 새어 나올 듯한 표정을 지었다. 어쩌면 바람이 나오고 있었는지도 모르겠다. 그제야 모두 나의 반응에 만족한 듯 참았던 웃음을 맘껏 터트리고 있었다. 오직 나만 그 웃음에 함께 하지 못했다. 웃기에는 아직 시간이 더 필요했다. 술은 아이슬란드 전통 보드카(Brennevin)라고 했다. 하지만 날 그렇게 만든 건 술이 아니었다. 식감은 육류 같기도 했고, 회 같기도 했다. 그것의 정체는 바로 상어였다. 그것도 삭힌 상어였다.

'아이슬란드에서 삭힌 상어를 먹을 줄이야.'

"그게 바로 아이슬란드 스타일이야!" 하며 다들 호탕하게 웃고 있었다.

'아니야 이건 전라도 스타일이야!'라고 간절하게 말하고 싶었다.

말린 생선과, 삭힌 음식은 아이슬란드 사람들이 상당히 좋아하는 음식이라고 했다. 요즘 젊은 사람들까지 좋아하는 정도는 아니지만, 나이가 좀 있으신 분들은 꽤나 즐겨 먹는다고 했다. 한번은 호텔에 단체 손님이 와서 어떤 행사를 하는 동안 다들 말린 생선과, 삭힌 상어를 먹었다고 했다. 그날 서빙한 토니(프랑스인)는 정말 냄새 때문에 하루 종일 숨도 못 쉬었단다. 그런데 내일 또 단체 손님이 온다며, 깊은 한숨을 내쉬었다. 한 나라를 여행할 때 그 나라의 소문난 곳을 찾아가는 것도 좋지만, 그 나라의 음식을 맛보는 것도 즐거운 일이다. 블로그에 올라와 있는 소문난 맛집 말고, 그곳에 사는 사람들이 오랫동안 즐겨 먹던 음식.

그런 음식에는 그 나라 사람들의 삶이 배어 있고, 음식을 통해 그들의 삶을 적게나마 한 입 베어 문 듯한 기분이 들기 때문이다. 입속에 아직 그들의 삶과 향이 남아 있었다.

다음으로 와인을 마치 차를 마시듯 음미했다. 서로의 이야기를 듣고 나누며 아이슬란드의 기나긴 겨울밤을 평화로이 보냈다. 자정이 다되어 갈 무렵, 오늘 나를 이곳에 머물게 해준 요리사 엔리케와 그의 형 요한이 등장했다. 새로운 술 그리고 안주와 함께. 그들에게 범상치 않은 기운이 느껴졌고, 우리들의 평화로 왔던 시간은 딱 거기까지였다. 딱 거기까지만 즐겼어야 했다.

Day 45. 좀비의 하루

딱 봐도 100kg이 넘을 것 같았다. 두 거구의 사나이는 화통한 웃음을 터트리며 다가왔다. 베네수엘라에서 온 그들에게는, 남미 특유의 화끈함이 있었다. 와인은 입에 대지도 않았고, 보드카를 병째로 들고 왔다. 술잔은 빠르게 돌기 시작했고, 분위기는 급하게 달아올랐다. 술잔을 부딪칠 때면, 모두가 살룻트(스페인어로 건배)를 외쳤다. 여기가 어디인지 혼란이 오고 있었다. 신기하게도 여기 모인 모든 사람이 한 번 이상 한국을 다녀온 사람들이었다. 특히나 엔리케는 한국을 몇 번이나 다녀와 한국 사랑, 그 중에도 한국 음식 사랑이 대단한 친구였다. 그런 엔리케가 휴대폰을 만지작거리자 오디오에서 익숙한 음악이 흘러나왔다. 한국 사람이라면 누구나 다 알만한 아이돌 가수의 노래였다. 엔리케는 행복한 미소로 음악을 듣고 있었고, 그 옆에서 에이나르는 한숨을 내쉬고 있었다. 주방에서 요리할 때도 알아들을 수도 없는 케이팝을 계속해서 듣는다고 했다. 그런 말을 해도 엔리케는 화통하게 웃기만 할 뿐이었다.

취기가 살짝 돈 그가 잠시 후 주방으로 가더니 무언가를 가져왔다. 지금까지 마신 술 때문이 아니라, 그가 가져온 무언가 때문에 내 얼굴은 환해졌다. 그 무언가는 다름 아닌 마요네즈가 살짝 올라간 김밥이었다. 가슴이 짠했던 건 낯선 타지에서 보게 된 한국 음식 때문이기도 했지만, 함께 가져온 젓가락 때문이었다. 그건 내가 있던 나라를 아는 사람의 작은 배려였고, 그 작은 배려가 크나큰 감동이었다. 술에 취한 사람이 무언가를 빤히 바라보듯 오랜만에 보는 젓가락을

처음 보는 마냥 빤히 바라보았다. 젓가락이 이렇게 매끈하고 예쁘게 생긴 건지 잊고 있었다. 문득 고향이 그리워졌다. 젓가락을 보고 고향이 그리워지는 걸 보니, 꽤나 취한 모양이었다. 이때라도 그만뒀어야 했다. 반가운 김밥이 채워진 위장으로 알코올은 멈추지 않고 스며들었다.

이른 저녁부터 시작한 자리는 금세 자정이 지나, 새벽 3시를 넘어서고 있었다. 와인 한 병, 보드카 두 병, 게다가 생맥주 한 통을 다 비울 때까지 마셨는데도, 누구 하나 인사불성이 된 사람이 없었다. 어쩌면 다들 취해서 서로 못 알아봤는지도…. 그러고 보니, 다들 술을 엄청 잘 먹게 생겼다.
'나도 저렇게 생겼을까?'
스피커에선 익숙한 케이팝이 여전히 흘러나오고 있었고, 위에는 적어도 세 가지 종류의 술이 온몸을 이리저리 휘젓고 다니고 있었다.
믿기 힘들 정도로 기분 좋은 밤이었다.

처음 눈을 떴을 때는 이미 정오가 다 된 시간이었다. 맥주에 와인, 보드카를 섞은 뒤 다시 맥주로 깔끔하게 마무리했으니, 속이 정상일 리가 없었다. 모든 종류의 알코올이 뒤섞인 화학물질은 역으로 나왔다. 위와 식도, 입으로 거슬러 나와 자연으로 돌아갔다. 눈물겹게 먹은 삭힌 상어도, 감동의 눈물로 맛본 김밥도 몸의 일부가 되지 못한 채 다시 길을 거슬러 밖으로 나왔다. 눈물이 찔끔 나왔다. 계속해서 돌아 나가는 것들에 치여서 목이 부어올랐다. 침을 삼키기도 어려울 정도였다. 그런 상황이니, 밥은커녕 물을 마시는 것조차 힘들었다. 점심때가 되

자, 누군가 방문을 두드렸다. 비틀거리며 나가 문을 열자 사람은 없고, 문고리에
비닐봉지 하나만 걸려있었다. 복도 끝을 보니 벌써 저 멀리 엔리케가 멀어져가
고 있었다. 먹을 것이 들어있었다.
"그라시아쓰(고마워), 엔리케!"

복도 끝의 엔리케는 뒤도 돌아보지 않고, 가볍게 손을 한번 흔들 뿐이었다. 힘겹
게 봉지를 가지고 들어오며 제일 먼저 든 생각은 '저 녀석은 아무렇지도 않나?'
였다. 봉지 안에는 프렌치프라이, 노릇하게 잘 구워진 닭가슴살, 그리고 드레싱
이 올라간 약간의 샐러드가 들어있었다. 고마웠지만 먹을 수 있을 리가 없었다.
나는 지금 해장국이 먹고 싶었다. 지겹게 먹어 온 손바닥만 한 라면이, 얼큰한
국물이 먹고 싶었다. 이 나라에서 처음으로 음식 투정을 하고 있었고 음식을 눈
앞에 둔 채 바라만 보고 있었다. 결국 반나절을 거의 반시체 상태로 있었다. 어
젯밤 술이 몇 잔 돌았을 때 하루 더 머물기로 했다. 친구들과 오늘 저녁에는 사
우나를 가기로 했기 때문에 아무 걱정은 없었다. 그런데 다들 출근했을 걸 생각
하니 걱정스럽고 미안한 마음이 들었다. 물론 술에 절어 일하고 있는 모습을 상
상하면 우습기도 했지만. 좀비처럼 혼자 침대에 누워 웃고만 있었다. 숨만 붙은
좀비는 좀처럼 깨어날 줄을 몰랐다.

하루를 병상에 누워서 보내자 금방 해 질 녘이 됐다. 그제야 조금 몸을 움직일
수 있는 상태가 되었다. 때맞춰 누군가 방문을 두드렸다. 간밤의 전우들이었다.
다들 술에 취했어도 약속을 잊지 않았던 모양이다. 술과 피로에 절은 전우들의

모습을 상상하고 나갔다. 아무래도 고생한 사람은 종일 누워있던 나뿐인 것 같았다. 엔리케는 태연하게 점퍼에 반바지를 입고 나와 자신의 강건함을 과시했다. 빈속에 흐물흐물해진 몸을 따뜻한 물에 바로 담갔다. 물속으로 들어간 몸이 조금씩 녹아내렸다. 땀으로 빠져나가는 알코올 대신에 수분을 계속 섭취해줬다. 천천히 살아나고 있었다. 조금 살 것 같았다.

사우나에서는 요리사들과 음식에 관한 대담이 끊임없이 이어졌다. 그 대화들은 이제 막 살아나 다시 무언가 먹을 것을 요구하는 위장을 자극하고 있었다. 누구보다 한국요리를 좋아하는 엔리케가 던진 한마디.
"아 그거 먹고 싶네. 지난번에 서울에서 먹었던 건데. 이름이 뭐였지? 치킨이었는데."
엔리케 기억의 그 무엇인가가 나 또한 궁금했다. 과연 무엇일까? 한참 머리를 쥐어짜던 그가 몇 개의 단어들을 아니 조각난 자음, 모음을 조합하고 있었다.
"ㄱ…ㅊ? ㄱ…촣?"
"설마… 교촌!?"
그제야 엔리케의 표정이 환하게 밝아졌다.
'아 교촌, 아이슬란드 온천에 앉아 그 이름을 말할 날이 올 줄이야.'
엔리케는 머리 위로 뭉게뭉게 떠 올라있는 교촌치킨이라는 풍선과 함께 추억 속에 잠겨있는 모습이었다. 장시간의 허기로 쓰러지기 직전에 사우나에서 겨우 나왔다. 다 함께 저렴한 패스트푸드점인 서브웨이로 향했지만 이미 마감 중이었고, 모두가 피자를 먹는 것으로 합의를 봤다. 감자탕이나 해장국을 먹었으면 했지만, 그런 걸 여기서 바랄 수는 없었다. 피자로 만족해야만 했다. 모차렐라 치즈가 듬뿍 올라간 피자에 매콤한 칠리 오일을 뿌려 먹었다. 겨우 기운을 차릴 수 있었다.

다들 호텔로 돌아왔지만 누구 하나 술 얘기를 꺼내지 않았다. 다들 말없이 커피를 마시며 어제와는 사뭇 다른 분위기로 대화를 나눌 뿐이었다. 이 와중에 엔리케는 혼자 인터넷 쇼핑을 하고 있었다. 그 사이트가 무려 지마켓이었다. 더 이상 놀랄 것도 없었다. 언젠가 한국에서 다시 만나리라는 근거 있는 확신만 들 뿐이었다. 어제의 충격이 강했는지 자정이 갓 넘은 이른 시간(?)에도 다들 하품을 연발했고, 끝내 각자의 방으로 돌아갔다. 한동안은 손님이 없어서 머물고 싶은 만큼 있어도 된다는 엔리케의 말에 내일 하루 더 묵고 모레 출발하기로 했다. 마음 놓을 수 있는 유예기간이 하루만큼 더 늘어났다. 오늘 밤은 편히 쉬어도 될 것 같다. 내일 아침에는 떠나야 하는 걱정도, 지독한 숙취도 없을 테니까.

Chapter 4

NORTH&WEST ICELAND

Day 47. 호수의 마을 [Mývatn]

다음 목적지인 Mývatn까지 토니와 그의 친구 매튜와 함께 가기로 했다. 처음 Egilsstaðir에 왔을 때 다음 목적지까지 히치하이크해서 갈 생각이었고, 토니도 그렇게 알고 있었다. 그런데 떠나기 전날 밤 토니가 말했다.

"Park. 나에게 좋은 생각이 있는데."

"뭔데?"

"나도 아직 Mývatn 한 번도 못 가봤거든 매튜도 마찬가지고. 우리도 내일 휴무니까 우리랑 함께 가는 건 어때? 사실 사장한테 말해서 벌써 차도 빌려놨어."

그렇게 고마운 제안을 거절할 배짱도, 이유도 없었다. 무엇보다 꼭 한번 가고 싶었던 노천 온천을 함께 즐길 수 있는 친구들과 갈 수 있다는 생각에 들뜬 마음으로 잠들었다. 편안한 마음으로 잠들어서 그런지 알람 소리를 듣지 않고도 기분 좋게 일어날 수 있었다. 전날 미리 다 싸둔 짐 정리를 마무리하고 출발 준비를 하고 있었다. 약속시간에서 단 1초도 지나기 전에, 토니가 방문을 노크했다. 프렌치 식으로 간단하지만 든든하게 아침 식사를 마치고 밖으로 나왔다. 하늘은 어제까지 화가 난 듯 내리던 눈을 멈추고 파랗게 웃고 있었다.

Mývatn. 이제 동쪽의 끝에서 아이슬란드 북쪽을 향해 나설 차례였다. 아마도 마지막 관문, 마음의 준비는 되어 있다. 그 어떤 기대도 걱정도 없이 그저 마음에 따라 행동하리라 주문을 걸었다. Egilsstaðir부터 Mývatn까지는 계속해서 하이랜드가 이어진다고 했다. 도시를 벗어나자 곧바로 하이랜드로 올라섰다. 말 그

대로 아무것도 없는 무의 세계였다. 잠시 후에는 구름 낀 하늘과 눈 덮인 산이 맞닿았다. 온통 새하얀 세상이 어디까지가 하늘이고, 어디서부터가 눈 덮인 산인지 구분이 가질 않았다. 그 어느 때보다 차를 타고 이동하고 있음이 얼마나 다행스러운 일인지를 절실히 느끼고 있었다.

시간이 조금 더 흐르자, 온통 하얗기만 했던 세상의 틈을 쪼개고, 파란 조각이 조금씩 하늘을 물들였다. 심장이 두근거릴 정도로 무서웠던 창밖 풍경이 다시 푸르게 변해가고 있었다. 정말 질릴 정도로 새파랬다. 어쩌면 아이슬란드의 북쪽은 험악한 모습만큼 아름다운 모습을 보여줄지도 모르겠다. 차창 밖으로 처음 만나는 북쪽의 아름다운 모습이 빠르게 번져가고 있었다. 느린 여행자였던 내 눈으로는 그 아름다움을 다 쫓아갈 수가 없었다. 손으로 움켜쥐고 싶다는 생각이 들었다. 잠시 창밖으로 손을 뻗어 보았지만 그것들은 손에 닿기도 전에 빠르게 흩어지고 말았다. 손끝에 남아 있는 것은 냉기뿐이었다. 잠시 후 차는 우리의 의도와 상관없이 멈춰 섰다. 눈으로 다 덮여 도로인지 아닌지 구분할 수 없는 그런 길 위에 한 대의 차가 길을 잃고 멈춰있기 때문이었다. 우리는 천천히 그쪽으로 다가갔다. 그 차는 눈으로 채워진 웅덩이에 한쪽 다리가 깊이 박혀있는 모습이었다. 토니는 말없이 차를 세웠고, 매튜는 시간을 낭비하게 됐다며 조금 짜증스러워했다. 겨우 찾아온 누군가를 도울 기회가 날아갈까 서둘러 그쪽으로 다가갔다.

차는 생각보다 깊숙이 눈 속에 박혀있었다. 이럴 때를 대비해 사륜구동차를 빌

린 것 같은 여행자들이었지만, 이런 눈 속에는 전혀 소용이 없어 보였다. 남자 셋이 뒤에서 밀고 운전자가 차를 움직여보았지만, 엉켜있는 눈은 차를 쉽게 놓아주지 않았다. 오히려 더 깊숙이 빠져들고 있을 뿐이었다. 힘이 더 필요했다. 사람이 더 필요했다. 아주 간간이 이곳을 지나는 차를 잡고 도움을 요청했다. 현지인보다 더 빈번히 지나다니는 여행자들이 도움에 응했지만, 결국 마지막에 차를 구조해낸 건 현지인이었다. 그들은 이곳에서 사는 법을 알았고, 이런 상황에 익숙했다. 빠져있는 차보다 두 배나 커 보이는 차였다. 트렁크에서 굵다란 로프를 꺼내 눈에 빠진 차에 연결했다. "부웅" 하는 단 한 번의 굉음과 함께 우리가 애썼던 노력이 부끄러울 만큼 간단히 차는 눈 속에서 튕겨져 나왔다. 모두가 박수를 쳤지만, 그 속에는 뭔가 모를 허무함도 함께 담겨 있었다. 저렇게 간단한 걸…. 어쨌든 차는 무사히 탈출했고, 우리도 그 자리를 벗어나 다시 목적지로 향할 수 있었다.

Mývatn은 아이슬란드어로 호수라는 뜻이다. 정확히 40일 전 처음 들었을 때부터 꼭 한 번 와보고 싶었다. 노천 온천 때문이었다. 수영장에 딸린 작은 온탕이 아니라, 거대한 호수 온천이라는 말에 적지 않은 기대를 품고 있었다. 사람들에게 많이 알려진 블루라군보다 가격은 배로 저렴한데다, 북쪽에 있어 많은 사람이 붐비지 않는 곳이라는 것도 매력적으로 느껴졌다. 온천으로 향하기 전에 Mývatn 지역을 둘러보았다. 거대한 호수를 둘러싼 전체가 하나의 마을이었다. 그 호수를 차로 한 바퀴 둘러보는 데만 거의 30분이 걸렸다. 언덕에 올라서서 호수 전체, 그러니까 마을 전체를 둘러 보았다. 내 작은 카메라 렌즈로는 감

히 다 담을 수도 없을 만큼 거대했다. 과연 Mývatn(호수)이라는 이름이 어울리는 곳이었다. 호수 곳곳에는 용암과 그로 인한 지열로 부글부글 물안개가 피어올랐다. 아름다움과 함께 신비로움까지 품어내고 있었다.

하루의 마지막 일정으로 드디어 온천으로 향했다. 블루라군보다 배로 싸고 겨울이라 더 저렴한 요금이었지만, 하룻밤 숙박비와 같은 요금이라 절대 가볍지 않았다. 아마 혼자 왔더라면 그냥 되돌아갔을지도 모르겠다. 하지만 이곳까지 함께 온 친구들이 있고 이 정도 요금을 아무렇지 않게 낼 수 있는 친구들 앞에서 자존심이 발걸음을 이끌었다. 샤워를 마치고 트레이닝 반바지 하나만 걸치고서 노천탕으로 나왔다. "우와" 한마디 짧은 탄성만이 계속해서 흘러나왔다. 이곳은 마치 아직은 가보지 못한 천국 같기도 했고, 언제가 되더라도 가고 싶지 않은 지옥처럼 보이기도 했다. 축구장 크기만 한 온천 주위를 거대한 바위들이 둘러싸고, 그 위로 소복이 눈이 쌓여있었다. 물 위로는 수온과 바깥 기온의 온도차로 인해 물안개가 서렸다. 온도계를 보니, 2도라고 말해주고 있었다. 가끔 불어오는 서늘한 바람이 얼굴을 감쌌다. 얼굴과 머리만 시원한 바람에 식어 갔고, 몸은 온천수에 서서히 데워지고 있었다. 황홀한 기분이었다. 주변에 현실감 없이 쌓여 있는 눈을 가볍게 쥐어 보았다. 차가운 눈이 녹으며 손가락 틈 사이로 빠져나갔다. 꿈은 아니었다. 고개를 젖혀 위를 바라보니, 눈부시게 파란 하늘이 펼쳐져 있었다. 나는 아이슬란드에 있었다.

2시간 넘게 온천에 몸을 불리고, 땀을 뺀 우리는 시원한 맥주로 땀을 보충했다.

이곳까지 함께 해준 친구들에게 무언가 보답하고 싶었다. 내가 사겠다고 한 맥주 석 잔에 빵 한 조각은 딱 하룻밤 숙박비였다. "괜찮겠어?" 하고 물어보는 매튜의 질문에 전혀 괜찮지 않은 얼굴로 "괜찮다"라고 대답했다. 받아든 쟁반이 꽤나 무겁게 느껴졌다. 뒤돌아 남들에게는 들리지 않을 만큼 얕은 한숨을 내쉬었다. '오늘 밤은 숙소를 구할 수 없겠구나.' 여기서 이틀 치 숙박비를 썼다. 토니가 마을 슈퍼마켓 앞에 내려줬다. 슈퍼마켓 옆에 화장실이 있기 때문이다. 작별의 시간이었다. 둘러봤던 웅장한 호수 위로 해가 저물고 있었다. 바람이 거친 숨을 내뱉기 시작했고, 그 숨결에 공기도 조금씩 차가워지고 있었다. 날 버리고 간다는 기분이 들었는지 주변을 한 번 둘러본 토니가 "괜찮겠어?" 하고 물어왔다. 이번엔 정말 괜찮은 얼굴로 괜찮다고 대답했다. 사실은 괜찮지 않았다.

그들은 석양 속으로 서서히 사라졌다. 다시 혼자가 되었다. 차가워지는 공기가, 마음을 싸늘히 얼어붙게 했다. 슈퍼마켓 화장실만이 유일한 희망이었다. 그 방법밖에 떠오르지 않았다. 하지만 기대와 달리 화장실은 슈퍼마켓 폐점과 함께 닫는다고 했다. 어쩔 수 없이 마을에 유일하게 영업 중인 게스트하우스를 찾아갔다. 늘 하던 대로 일을 도와드리고 하룻밤 지낼 수 없을까 부탁해보았지만 직원은 자신에게는 그런 권한이 없다며 단호하게 거절했다. 어둠이 질척하게 내려온 마을을 떠돌았다. 이제는 갈 곳도 잘 곳도 없었다. 따뜻했던 호텔 방이 그리워졌다. 초조한 마음에 마을 주변에 텐트를 칠까 생각했지만, 지나가던 할아버지께서 마을 안에서는 캠핑하지 않는 것이 좋을 거라며 충고해주셨다. 모르는 사실은 아니었다. 날은 이미 어두워졌고, 갈 곳이 없으니 다른 방법이 생각나

269

질 않았다. 급기야 강한 바람과 함께 눈까지 내리기 시작했다. 북쪽의 눈보라는 차원이 달랐다. 남은 방법은 하나뿐이었다.

단호하게 거절당했던 게스트하우스에 다시 가보는 방법밖에 생각이 나질 않았다. 돌아간 그곳에는 이미 직원은 집으로 돌아갔고, 손님들만 있었다. 잠시 기다리자 사장으로 보이는 할머니가 오셨다. 살기 위해 정신을 집중했다. 한마디, 한마디 신중하게 상황을 설명했다. 할머니는 끝까지 진중하게 들어주시더니 참 가볍게 대답해주셨다.

"그냥 여기 창고 방에서 몰래 자고, 새벽에 나가는 건 어때? 어차피 밤에는 직원들도 안 오는 것 같던데."

"???"

좋은 답 같은데 뭔가 이상했다. 할머니는 사장님이 아니라 여기 머무르는 손님이었다. 사장님처럼 생기셔서 혼자 착각하고 열변을 토했던 거였다. 힘이 빠진 나에게 할머니는 마음씨 좋게 웃으시고는, 힘내라며 초코바를 하나 건네주셨다. 적지 않은 위로가 되었다. 이야기를 옆에서 다 들으신 독일인 아주머니도 추운데 일단 몸부터 좀 녹이라며 따뜻한 수프와 사과를 하나 건네줬다. 딸을 보러 아이슬란드에 왔다는 아주머니는 자식 또래인 내가 많이 안타까워 보이는 듯했다.

"오늘 밤엔 폭풍이 온다는데, 할머니 말대로 하는 건 어때요? 우리는 정말 괜찮으니까."

할머니와 아주머니 말대로 해도 괜찮을 것도 같았다. 하지만 이건 양심의 문제

였다. 지금껏 추워서 폐가에서 자고 화장실에서도 잤지만 양심의 가책은 없었다. 그런데 그 양심이 흔들리고 있었다. 마음은 나가야 한다고 생각하면서 몸이 움직이질 않았다. 아마 눈 한번 질끈 감아야겠다고 생각했는지도 몰랐다. 그때 갑자기 정적을 깨는 소리가 울렸다. 마치 양심에 경고음을 울리는 소리 같았다. 화재경보였다. 할머니 친구분이 전자레인지를 오래 돌려 과열된 음식이 타는 냄새와 연기를 뿜어내고 있었다. 할머니는 "어머 난 몰라" 하는 말만 반복했다. 그 말을 정작 하고 싶은 사람은 나였다. '아, 난 몰라' 양심의 철퇴가 내려질 순간이 다가오는 걸 느꼈다. 화재경보기는 점점 더 크게 소리를 질렀고 나는 점점 초조해졌다.

결국 꺼지지 않은 경보음을 타고 단호했던 직원이 돌아왔다. 얼굴을 보이지 않으려 고개를 숙이고 마치 그곳에 없는 사람처럼 보이려 했다. 하지만 보이지 않을 리가 없었다. 자연에서는 보호색인 군용 우의가 이곳에선 확연히 눈에 띄었다. 이윽고 화재경보기가 꺼지고 그가 슬며시 다가왔다. 한동안 말없이 내려다보더니 빈정거리는 말투로 "또 보네"라고 말했다. 너무 부끄러워서 얼굴을 들 수가 없었다. "미안합니다"라고 짧게 말하고 그냥 나가고 싶었다. 하지만 폭풍 속으로 내던져지는 것보다, 찌꺼기밖에 남지 않은 자존심을 던지는 게 낫다고 생각했다. 그런 자신에게 화가 나는 순간에도 억지로 입꼬리를 올리며 말했다. "저… 죄송하지만, 딱 하룻밤만 창고 방에서 자고 새벽에 나가면 안 되겠습니까?"
그는 지금까지 단호히 내뱉던 "안돼"라는 말 대신 미안하다는 말을 했다. 포기

271

할 수 없었다. 누그러진 말끝을 잡고 한 번 더 부탁해보았다.

"제발 부탁합니다."

"아, 나도 정말 몰라. 당신 마음대로 해! 그런데 누가 오면 나는 모르는 일인 거야!"

그가 다시 어둠 속으로 사라진 후 불 꺼진 창고 방으로 향했다. 창밖으로 희미하게 스며드는 가로등 불빛에 의지해 창고 구석에 자리를 잡았다. 떳떳하지 못

하게 숨어서 잠들어야 하는 내 모습이 부끄럽고 안쓰러웠다. 처음으로 추위와 어둠에 대한 두려움이 아닌, 여행 자체에 대한 회의감 때문에 전부 다 그만두고 싶다는 생각이 들었다. 그냥 잠들려고 해도 스멀스멀 복받쳐 올라오는 서러움과 불안감이 뒤엉켜 쉽게 잠들 수가 없었다. 이제 몸도 마음도 다 지쳐버렸다. 뭔가 모순투성이인 여행에서 벗어나 현실로 도망치고만 싶었다. 편해지고 싶었다. 그만두고 싶었다. 희미한 가로등 불빛 아래로 굵직한 눈송이들이 무심하게 떨어지고 있었다.

Day 48. Inner Piece

창밖의 희미한 소음에도 몇 번이나 소스라치게 놀라며 잠에서 깨어났다. 기억하고 싶지 않은 꿈에서 깨어나, 인정하기 싫은 현실을 바라보는 것을 반복한 끝에 새벽의 끝자리에 겨우 닿았다. 아직은 모두가 잠든 시간 도망치듯 그곳을 빠져나왔다. 거리는 아직 어둠에 잠겨 있었고, 눈보라는 여전히 휘몰아치고 있다. 불빛이 새어 나오는 슈퍼마켓 벽에 기대어 쭈그리고 앉았다. 어제 안주로 먹다 남은 빵과 함께 며칠째 가방에 봉지째로 매달려 있던 우유를 마셨다. 빵 맛도 우유 맛도 썩 좋지 않았다. '상했나?' 하고 생각했다가, 기분 탓이겠거니 하고 서둘러 텅 빈 속을 위로했다.

북쪽의 수도 Akureyri까지는 99Km. 3일 동안 하루에 33Km씩 가려면 서둘러 출발해야 했다. 천천히 4일에 걸쳐 가는 방법도 있지만, 길 위에서의 시간을 늘리고 하루라도 적게 잠자리에 대해 고민하고 싶었다. 가능하다면 종일 걸어서라도 목적지에 빨리 도착하고 싶었다. 그만큼 어젯밤 여행에 대한 회의감에 휩싸였다. 눈은 그쳤다 다시 내리기를 반복했고, 바람은 쉬지 않고 불어왔다. 구름으로 뒤덮인 하늘은 좀처럼 밝아올 생각을 하지 않았다. 아침이 조금씩 다가올 무렵 몸에 이상이 느껴졌다. 기분 탓이겠거니 했는데 빵과 우유 중 하나가 잘못된 것 같았다. 잘못돼도 한참 잘못된 것 같았다. 무언가가 마치 살아있는 것처럼 속에서 부글부글 끓어오르기 시작했다. 서둘러 걷던 발걸음을 몇 번이나 멈추고, 깊은 한숨과 함께 주변을 둘러보았다. 위험한 신호가 찾아올 때마다 그렇게

멈추어야만 했다. 하지만 이 눈으로 뒤덮인 허허벌판에 내게 필요한 어떤 장소가 있을 리 없었다.

안식처는 없었다. 신호의 주기는 차츰차츰 짧아졌다. 세상은 온통 눈으로 새하얀데, 눈앞은 새까매져 왔다. 세차게 눈보라가 치는 이 북쪽의 한기에도 식은땀이 흘러내렸다. 몸이 이렇게 솔직할 줄이야. 지나친 허기에 무언가를 몸속으로 집어넣기를 바랐던 소망 그 이상으로, 지금은 무언가를 몸 바깥으로 빼내기를 소망하고 있었다. 30년 넘게 살면서 수없이 많은 비슷한 어려움을 겪어왔고, 또 지혜롭게 극복해왔다. 그런데 오늘은 정말 아무 방법이 생각나지도, 보이지도 않았다. 차원이 다른 곳에서 겪는 차원이 다른 위기였다.

이대로 무너질 수는 없었다. 도로에는 얄밉게도 간간이 차가 지나다녔다. 작은 일은 이제 아무렇지 않게 먼 산 보는 척하며 해결할 수 있는 경지에 이르렀다. 그러나 이것은 당당해질 수 있는 문제가 아니었다. 또한 차가 잠시 없는 그 짧은 간극 동안 해결할 수 있는 문제도 아니었다. 가뜩이나 힘들어지는데, 오르막이 나왔다. 평소에는 쉬이 올라갈 수 있는 경사였지만, 지금은 지옥으로 가는 길처럼 보였다. 한 발 한 발 그렇게 조심히 오를 수가 없었다. 고지가 보였다. 그때 생각이 났다. 어제 차를 타고 둘러볼 때 저곳에 관광 안내 표지판이 있는 것과 그 표지판 주위로 작은 쉼터가 만들어져 있다는 것이.

고지 너머 희망이 보였다. 서두르지 않고 침착하게 고지를 점령했다. 도로에서

최대한 바깥쪽으로 나갔다. 상대적으로 높은 곳이라 양쪽에서 차가 오는 걸 제대로 관망할 수 있었다. 목을 길게 빼고 때를 기다렸다. 도로 양 끝에 모든 차가 사라지면, 다음 차가 나타날 때까지 최대 1분을 얻을 수가 있었다. 때는 기어이 찾아 왔다. 영하의 기온에 맨살을 꺼내려 했으나 난관에 봉착했다. 살기 위해 여러 개를 겹쳐 입은 옷이 오히려 내 목을, 아니 허벅지를 죄여오고 있었다. 피 같은 시간을 쓸데없이 까먹었다. 다음 타이밍을 노려보려 했지만, 이미 늦었다. 이미 긴장은 풀어졌다. 그대로 전투적인 자세로 새하얀 눈밭에 쪼그려 앉았고, 곧 온 세상은 내 것이 되었다. 깜깜했던 세상이 다시 하얗게 변해갔다. 순백의 세상을 더럽혔다는 죄책감도 들었지만, 눈앞을 가리던 안개가 걷힌 해방감이 더 컸다. 때마침 구름 사이로 햇살이 조금씩 비치며, 아침이 밝아오고 있었다. 거룩한 축복이라도 받은 기분이었다. 나는 다시 자유인이 되었다.

오전 내내 내리고 그치기를 반복하던 눈은 정오가 다 되어서야 완전히 그쳤다. 북쪽의 길은 생각했던 것보다 훨씬 험난했다. 차창 밖으로 상상했던 것과 달랐다. 몇몇 구간을 제외하면 거의 평지인 남부와 달리 북쪽은 계속해서 산의 능선을 지나는 하이랜드나, 오르막 내리막이 반복되는 고개가 이어졌다. 그런 지형에 어울리게 날씨도 험악했다. 내일이면 3월이 된다. 따뜻해지는 날씨를 기대해 볼 만도 했지만, 날씨는 점점 더 짓궂어지고 있었다. 봄은 아직 먼 곳에 있었다.

반복되는 오르막 내리막을 걷는 것은 쉽지 않은 일이었다. 하지만 거친 숨을 몰아쉬며 도착한 정상에서 내려다보이는 광활한 설원과 마주했을 때의 그 신비로

움은 언어로 표현할 수 없었다. 이후에 다시 몸이 지치기 전까지는 콧노래가 흘러나오고, 발뒤꿈치에는 스프링이 달린 것마냥 가벼운 발걸음이 이어진다. 안타깝게도, 마약 같은 효과는 그리 오래 지속되지 못한다. 여느 때처럼 걷기 시작한 지 6시간이 지나자 몸이 무거워지기 시작했다. 그리고 8시간이 지나, 오후 5시가 되어갈 무렵부터는 잘 곳을 찾기 위해 주위를 둘러보며 걸었다. 해가 저물어가는 시간이라 멀리 보이는 마을까지 걸어가기에는 시간이 모자랐다. 그보다 조금 가까이 설원 아래로 단 두 채의 집이 보였다. 먼저 조금 더 멀어 보이는 쪽에 가까이 갔다. 그쪽이 더 폐가처럼 보였기 때문이다. 길이 제대로 나 있지 않아 무릎까지 쌓여있는 눈을 헤치고 가까이 가려 했지만 가운데 강이 가로막고 있었다. 물은 얼지 않고 흐르고 있는 데다, 강폭이 넓어 아래까지 도달하는 일이 힘들어 보였다. 무엇보다 강 건너편에는 철조망까지 처져 있었다. 접근하면 안 될 것 같았다. 다시 걸어온 눈길을 따라 반대편 집으로 갔다. 이쪽은 길도 닦여 있고 차가 다녔던 흔적도 있었다. 사람이 사는 집이 확실해 보였다. 마음의 준비를 하고 조심스레 문을 두드렸다.

순간의 정적 후 문이 열렸고 아저씨 한 분이 나왔다. 이제는 너무 많이 해서 익숙한 설명을 담담하게 했지만, 간절하게 했다. 아저씨는 잠시 기다려보라고 하더니 안으로 다시 들어갔다. 잠시 후 다시 나오더니, 일단 안으로 들어오라고 했다. 거실로 가자 자연스럽게 커피와 팬케이크를 줬다. 아이슬란드는 춥지만, 결코 춥지 않은 곳이었다. 헤르만 아저씨는 집 앞 축사에 다양한 동물을 키우며 농장일을 하고 취미로 체스를 두고, 취미로 두는 체스대회에서 우승까지 하는

277

재밌는 아저씨였다. 집안 곳곳에 메달과 트로피가 보였다. 체스 대회를 위해 며칠씩 집을 비우며 레이캬비크까지 다녀온다는 걸 보니 체스 사랑이 보통은 넘는 것 같았다. 원래 자신이 못하는 것을 잘하는 사람을 동경하는 탓일까? 그런 아저씨가 멋지게 보였고, 한편으로 체스를 미리 배웠으면 하는 안타까움이 들었다. 잉바에게 체스를 조금 배웠지만 프로와 얘기하기는 터무니없을 것 같아 말을 삼켰다.

아저씨와는 체스 얘기 말고도 흥미로운 얘기를 많이 나누었다. 아저씨도 먼 나라에서 와 이곳을 호기롭게 여행하고 있는 나의 얘기에 관심이 많았다. 그렇게 얘기를 나누며 한참 시간이 흘렀을 때쯤 누군가 쳐다보는 시선이 느껴졌다. 아저씨의 둘째 아들인 벌드마였다. 초등학생이라고 해서 "영어 할 수 있어?"라고 했더니 "당연하지"라고 대답했다. 그것도 아주 확신에 찬 눈빛으로. 그 자신감에는 확실한 근거가 있었고, 그 사실을 깨닫는 데는 5분도 채 걸리지 않았다. 나의 삼분의 일밖에 살지 않은 꼬마와 얘기하는 내내 벌어진 입을 다물 수가 없었다. 벌드마는 지금까지 만난 어떤 외국인(영어를 모국어로 쓰지 않는) 꼬마보다 멋지게 영어를 구사했다. 아마 원어민이라고 해도 믿었을 것이다. 사실 아저씨에게 원어민이냐고 물어보려고까지 했다. 영어를 떠나서 말 자체도 많은 아이였다. 말을 하기 위해 참아온 아이처럼 쉬지 않고 무언가를 설명했다. 간혹 알아듣지 못하는 말도 섞여 있었다. 놀라움의 연속이었다.

호기심에 가득 찬 눈빛으로 이 신기한 아이를 관찰했다. 관찰하고 또 물어보니

벌드마는 게임 마니아였다. 아이슬란드는 우리나라처럼 자국어로 번역된 게임이 없어서, 좋아하는 게임을 하려면 영어를 알아야만 했다. 그리고 사이버 세상에서 함께 게임하는 외국인 친구들을 사귀었고, 그들과 대화를 나누며 꾸준히 영어를 익혀왔다고도 했다. 벌드마에게 영어란 좋아하는 게임을 하기 위한 수단이자, 놀이 그 자체였다. 좋아하는 게임을 하며 즐겁게 영어를 익힌 것이었다. 또한 집에는 셀 수 없이 많은 애니메이션 DVD가 있었다. 벌드마는 좋아하는 것은 집요하게 몇 번이고 돌려보는 성격이라고 했다. 언어를 익히는 데 가장 중요한 두 가지인 동기 유발과 환경 노출을 통해서 자연스럽게 외국어를 배우고 있었다. 한국의 어머니들이 그렇게 열성을 띠며 노력해도 잘 해내지 못하는 조기 영어 교육을 이 집에서는 누가 시키지 않아도, 아이 스스로 놀면서 배우고 있었다. 오히려 부모들은 얘가 모국어보다 영어 쓰는 것을 더 좋아해 가끔 피곤할 정도라고 하니 놀라울 따름이었다.

다음은 안주인 구아나 아주머니를 만날 차례였다. 아주머니는 오늘 방안에서 계속 쉬어서 씻지도 못했다며, 잠시만 기다려 달라고 했다. 불쑥 찾아온 불청객에게도 예의를 갖추는 모습에 감동하지 않을 수 없었다. 아주머니는 커피를 들고 앞에 앉아 내 애기를 들려달라고 했다. 그리고 처음 만나는 나의 눈을 깊이 들여다봤다. 낮은 자세로 이야기를 듣고 또 들어 줬다. 함께 대화를 나누는 것만으로 마음이 편안해졌다. 누군가가 나의 이야기를 들어준다는 것이 그렇게 기분 좋은 일인지 몰랐다. 겸손하게 상대의 이야기를 경청한다는 것이 어떤 건지 배울 수 있었다. 아주머니가 차린 저녁도 맛있었다. 나를 위해 특별히 차린 것은

없다며 "그냥 자기 집이라 생각하고 편안하게 먹으면 돼"라고 하셨다. 그 말이 나에게는 더 특별했고 감사했다.

저녁을 먹고는 벌드마와 함께 거실에서 애니메이션을 봤다. 벌드마도 나도 정말 좋아하는 쿵푸팬더였다. 사실 쿵푸팬더 1편은 좋아해서 DVD까지 소장하고 있지만, 2편은 아직 보지 못했다. 설레는 마음을 안고 소파에 기대앉았다. 벌드마는 이미 여러 번 봐서 명장면과 명대사를 다 외우고 있을 정도였지만, 처음 보는 것처럼 즐겁게 봐주었다. 고마울 따름이었다. '쿵푸팬더 2편은 1편만 못하다'라는 얘기를 듣고 아직까지 보지 않았던 것도 있는데, 아이의 눈으로 아이가 웃을 때 함께 웃고 즐겼다. 무엇보다 명대사였던 "Inner Piece(마음에 평화를)"는 몇 번이고 마음속에 울려 평화를 가져다줬다.

평화로운 마음을 안고 그대로 잠자리로 가려는데, 벌드마가 아직 보여주고 싶은 게 남았다며 자기 방으로 초대했다. 그 방엔 자신이 가장 좋아하는 게임 세계가 펼쳐져 있었다. 처음엔 호기심으로 바라봤지만, 난 사실 게임에는 특별히 흥미가 없다. 온종일 걸었던 피곤한 몸에서 정신이 이탈하려 했지만, 벌드마가 신나게 설명하는 탓에 도저히 말을 끊을 수가 없었다. 벌드마의 두 눈에서 점점 빛을 더해갈 때, 내 눈은 서서히 초점을 잃어가고 있었다. 구아나 아주머니가 아들의 그런 모습을 예상하셨다는 듯이 2층으로 왔다.
"벌드마, 이제 삼촌 그만 괴롭히고 자러 가야지."
'Inner Piece' 마음에 평화가 찾아오는 순간이었다.

레이캬비크에서 대학교에 다닌다고 떠난 큰딸 방에서 잤다. 한반도와 비슷한 크기의 아이슬란드는 그렇게 크지는 않지만, 인구가 서울시의 한 구에 해당하는 30만밖에 되지 않는다. 그마저도 3분의 2가 수도권에 다 몰려있어 시골에 있는 집은 거의 다 큼직큼직하고 방이 많다. 그래서 개인 방이 있고, 또 여분의 방도 있어 손님이 왔을 때 내어줄 수 있는 여유가 있는 것 같다. 하지만 그것이 가능한 이유는 집보다 넓은 이곳 사람들의 마음의 여유와 따뜻함 때문이 아닐까. 나는 지금 아이슬란드를 그리고, 이곳의 겨울을 여행하고 있다. 언젠가 시간이 흘러 이 시리게 추웠던 겨울을 기억하겠지만, 이 따뜻함 또한 함께 기억할 것이다. 오래도록 잊지 못할 것이다.

Day 49. 신들에게 고하다

헤르만 아저씨네 아침은 분주했다. 아저씨는 농장 일로 일찍이 축사로 내려갔고, 아주머니는 인근 마을 학교의 역사 선생님이라 출근 준비를 하고 있었다. 어제 눈부시게 총명했던 벌드마도 아침에는 여느 초등학생과 다름없었다. 그는 졸린 눈을 비비며 뚜벅뚜벅 스쿨버스로 향했다. 아주머니가 "삼촌한테 인사하고 가야지" 하자 그제야 반쯤 뜬눈으로 말없이 손만 흔들고는 무언가에 끌려가듯 사라졌다. 어제 벌드마가 학교에서는 하기 싫은 공부도 해야 하는 게 너무 싫다고 한 말이 생각나 웃음이 났다. 어린 나이에 하고 싶은 것과 하고 싶지 않은 것이 무엇인지 확실히 알고 있는 벌드마의 소신이 참 마음에 들었다.

구아나 아주머니는 학교에 회의가 있다며 식사를 하다가 서둘러 나갔다. 큰 집에 주인은 다 떠나고, 혼자 식탁과 마주하고 있으려니 왠지 좀 겸연스러웠다. 고맙다는 인사도 못 드리고, 쓸쓸히 떠나야 하나 생각했는데 때마침 아주머니가 돌아왔다. 회의를 마치고 잠시 비는 시간에 인사하려고 돌아온 거였다. 덕분에 감사 인사를 하고 나올 수 있었다. 어제 많이 걸었던 터라 몸은 무거웠지만 날씨는 어제보다 나았고, 하루만큼 목적지에 가까워졌다는 생각에 발걸음도 퍽 가벼워졌다.

한 시간쯤 지나서, 주유소 화장실에 들렀다 나오는 길에 깨달았다. 상할까 봐 서늘한 창가에 둔 식량 봉지를 깜빡하고 나왔다는 걸. 봉지에 든 쿠키와 빵이 눈

에 아른거렸다. Akureyri에 도착할 때까지 적어도 이틀은 마트가 없을 것 같지만, 왕복 두 시간 거리를 돌아가기 힘들 것 같아 그냥 가기로 했다. 갑자기 더 배가 고픈 것 같았다. 오후에는 하롤드 할아버지네 집에 있을 때 책에서 봤던 Goðafoss에 도착했다. 신들의 폭포라 불리는 이곳은 책에서 봤던 모습 그 이상이었다. 책이 거대한 자연을 다 담을 수 있을 리가 없었다. 이곳에 도착했을 때 이 거대한 자연에 도전하려는 사람이 있었다. 헬멧과 두꺼운 방수 점퍼를 입고, 카약과 함께 등장한 남자였다. 많은 사람에게 미리 공표했던 건지, 몇몇 사람들이 취재하기 위해 둘러싸고 있었다. 나도 제정신으로 여행하는 것은 아니지만 세상에는 제정신이 아닌 사람이 많구나 하는 것을 느꼈다. 상대적으로 더 강력한 또라이를 만나 뭔지 모를 위로를 받았다고 할까 왠지 모르게 기운이 솟아났다. 더 강렬한 무언가에 도전하고 싶은 알 수 없는 경쟁심까지 생겼다.

인터뷰를 마치고 그는 긴장감이라고는 하나도 없는 얼굴로 터벅터벅 폭포 상류로 향했다. '춥지 않을까? 떨리지 않는 것일까?' 폭포 아래에는 혹시 모를 상황에 대비해 그의 동료가 줄을 들고 기다리고 있었다. 일순간에 정적이 흘렀고 그가 물길 속으로 카약과 함께 뛰어들었다. 그 이후는 순식간이었다. 짧지만 강렬했다. 그는 쏟아지는 얼음폭포 아래로 카약과 함께 무사히 튕겨 내려왔다. 폭포로 물이 돌고 있는 아래를 지나며 다시 강한 물살에 휩쓸릴 것 같았다. 그런 상황에 대비하던 동료가 로프를 들고 다가가 그를 잡고 잔잔한 물가로 빠져나왔다. 그 찰나를 지켜보던 모두가 숨을 죽이며 봤지만, 나는 왠지 허무감이 들었다. 번지점프를 뛰기 전 오줌을 지릴 것 같은 무서움도, 끝나고 난 후에는 '뭐야

벌써 끝났어?' 하는 마음이 드는 것과 같았을까? 도전에 성공한 그는 위풍당당하게 올라와 타고 왔던 차로 향했다. 그의 뒷모습으로 향하는 시선을 그는 확실히 즐기고 있었다. 그가 사라지고 몰려있던 사람들도 차츰 흩어졌다. 잠시 동안 폭포를 홀로 말없이 바라보았다. 나는 신들이 버려졌다는 이 폭포에서 신들에게 아직 끝나지 않은 나의 도전을 얘기하고 싶었는지도 모르겠다.

폭포에서 나와 다시 1번 도로로 들어섰다. 걷기 시작한 지 얼마 되지 않아, 카약을 실은 차 한 대가 지나갔다. 그리고 창문으로 손만 살짝 나왔다. 나를 향해 손을 흔들고 있었다. 나를 보고 있을지는 모르겠지만 함께 손을 흔들었다. 그가 부러웠다. 그가 해낸 용감한 도전이 부러웠던 게 아니었다. 도전이 끝나고 호텔로 돌아가 따뜻한 물에 샤워하고, 어쩌면 해냈다는 성취감에 젖어 시원한 맥주로 축배를 들지 모른다는 생각이 들어서였다. 어찌됐든 그의 도전은 끝났고 나는 계속해서 나아가야 했다. 애초에 누가 알아봐 주길 원한 것도 아니었고, 누가 시켜서 하는 일도 아니었다. 갈 수 있는 만큼 가고, 멈추고 싶을 때 멈추면 됐다. 그냥 지금은 아주 조금 그가 부러울 뿐이다.

한동안 부러움과 감상에 젖어 걷는 나를 위로라도 하듯 차가 한 대 멈춰 섰다. 그리운 한국에서 온 사람들이었다. 또래라 왠지 더 반가웠다. 처음엔 나를 태워주려고 차를 세웠지만 애기를 듣고는 대단하다며, 함께 사진을 찍자고 했다. 그리고 도와줄 일 없냐는 그들의 말에 괜찮다는 말만 반복했다. 그리고 떠나기 전별로 듣고 싶지 않은 그들의 대화를 들었다.

"라면 안 들고 왔어? 라면! 어제 차에 있었잖아."
'뭐! 라면? 그 맵고 자극적인 한국 라면?'
"아 그거 자리 복잡하다고, 숙소에 다 두고 왔잖아."
"아쉽네요. 라면 가져왔더라면 조금 드렸을 텐데."

'지금 놀리는 건가?' 아니면 '지금 불쌍한 사람 앞에서 한국 라면이 있다고 자랑하는 건가?' 정말 괜찮았는데, 마음이 허전해졌다. 나는 원래 라면이 없었는데, 왠지 있던 라면을 빼앗긴 기분이었다. 속상하지만 한국 사람들도 떠나고, 한국 라면도 떠났다. 사실 나에게는 출발할 때부터 지금까지 무거운 가방 속 한 자리를 떡하니 차지하고 있는 한국 라면이 하나 있다. '힘들 때 먹을 거야. 도저히 못 참겠는 순간, 정말로 위기가 찾아 왔을 때 이걸로 위로받을 거야' 하고 가방 깊숙한 곳에 숨겨둔 라면이 하나 있다. 지금까지 위기는 여러 번 있었지만, 이걸 먹어버리면 정말 힘이 다 빠져버릴 것 같아 50일 동안 보물처럼 간직하고만 있다. 지금 한국 라면이 그리운 순간 그 라면이 하나 있다는 게 참 많이 위로가 된다.
'아 라면 먹고 싶다.'

하늘마저 우는지, 흩날리던 눈발이 굵어졌고 4시가 넘어서는 눈보라가 일기 시작했다. 주변에 마을은커녕, 폐가와 도움을 요청할 집조차 보이지 않았고, 눈밖에 보이지 않았다. 앞을 보기도 힘들 만큼 눈보라가 거칠어졌을 때 또 하나의 차가 멈춰 섰다. 그들은 앞서 지나간 다른 친절한 사람들처럼 나를 도와주고 싶어

했다. 전에도 그러했듯 공손하게 그들의 호의를 거절했다. 그들은 다시 괜찮으냐고 묻고는 이유도 물었다. 나는 지금 아이슬란드를 걸어서 절반 히치하이크로 절반을 돌며 여행 중인데, 지금은 걸어야 하는 구간이라고 설명했다. 그들은 이 해한다며 나의 의지를 존중했고, 다시 차를 출발시켰다. 그런데 50m도 채 가지 않아 차가 다시 멈춰 섰고, 한 남자가 나를 향해 다가왔다.

"좀 전의 이야기 제대로 들을 수 있을까? 우리는 RUV(아이슬란드 국영방송)에서 나왔는데 널 인터뷰하고 싶어."

"인터뷰요?"

아까 폭포에서 카약을 탄 남자를 인터뷰하는 것을 보고, '나는 누가 인터뷰 안 해주려나? 하면 재밌을 텐데, 아무도 알아봐 주질 않네' 하고 내심 아쉬워했던 것도 사실이었다. 그런데 갑자기 진짜 인터뷰를 하겠다니 조금 당황스러웠다. 하지만 새로운 것에 대한 경험, 내 대답은 당연히 하나뿐이었다.

"네 좋습니다."

어쩌면 폭포에서 신들이 나의 목소리를 들었는지도 모르겠다.

마이크를 든 아저씨는 리허설처럼 간단한 질문을 몇 가지 건넸다. 지금까지 어떻게 아이슬란드를 여행해왔는지, 왜 이런 여행을 하고 있는지, 마지막으로 지금 몸은 어떻고, 여행을 잘 마무리할 수 있겠는지에 대해서였다. 이윽고 카메라에 빨간불이 들어왔고, 바로 인터뷰를 시작했다. 예상하지 못했고, 시작한 지도 몰랐던 인터뷰는 그렇게 시작됐다. 잠시 기억을 더듬어보면, 내 인생에 있어 딱 한 번 인터뷰 경험이 있었다. 부산의 어느 유명한 짬뽕집에서 짬뽕을 먹을 때였

다. '생활의 달인'이라는 프로그램의 기자는 나에게 짬뽕 맛에 대해 질문을 했다.

"맛있나요?"

"맛있습니다."

"자세히 어떤 맛인가요?"

"음, 해물탕 같은 맛입니다."

"해물탕 맛이라면 어떤 맛이죠?"

"해물탕 맛이 해물 맛이지요."

그 인터뷰 장면은 통편집 당한 걸로 알고 있지만, 아직도 우문현답을 했다고 생각하고 있다. 적어도 내가 믿기로는 나의 인터뷰 실력은 미지수다.

썩 좋지 않은 인터뷰 경험 이후로, 처음 하는 인터뷰였지만 전혀 떨리거나 긴장되지 않았다. 오히려 이 상황이 재밌어서 웃음이 자꾸 새어 나왔다. 끝나고 난 뒤에는 '조금 더 멋지게 말할걸 그랬나' 하는 아쉬움도 들었지만, 아마 그 정도 여유까지는 없었던 것 같다. 인터뷰보다 힘들었던 건, 걷고 있는 모습을 담기 위해 이미 지칠 대로 지친 몸으로 몇 번이나 다시 걸어야 했다는 것이다. 영화처럼 수많은 반복은 아니었지만, 좀 더 역동적인 모습을 담기 위해 촬영하는 분은 수차례 다시 뒤돌아서 걸어와 달라는 부탁을 했다. 걷는 것이 일이었던 나도 카메라 앞에서는 왠지 모르게 어색하게 걷는 기분이었다. 의식하지 않으려고 한 것이 오히려 더 의식이 됐던 것 같다. 몸은 지치고 힘들었지만, 인터뷰라는 신선한 경험은 즐거웠다. 기자 아저씨는 아마 일주일 뒤에 뉴스에 나오게 될 거라고 했다. 뉴스에 나오면 내가 나오는 부분을 따로 편집해서 보내주겠다며 메일 주소

도 물었다. 마지막으로 끝까지 무사히 여행을 마치길 빈다며 얘기하고는 눈보라 치는 벌판에 나를 혼자 남겨두고 사라졌다.

빨리 끝났다고 생각했는데, 거의 30분이 지나있었다. 그 사이에 날은 많이 어두워져 있었고, 흥분됐던 감정도 가라앉으면서 피로감이 급하게 몰려왔다. 빨리 잘 곳을 찾아야겠다는 생각뿐이었다. 다행히 촬영하면서 언덕 위로 집이 하나 보였다. 너무 위쪽에 있어 가지 말까 생각했지만, 지금은 다른 선택지가 없었다. 언덕 가까이 다가가자 개가 한 마리 뛰쳐나왔다. 혹시나 물지 않을까 했지만, 개도 불쌍한 기운을 알아차렸는지 바로 꼬리를 내리고 다가왔다. 집 문은 열려 있었지만, 불러도 대답이 없었다. 주인이 없는 집에 들어갈 수도 없어 밖에서 무작정 기다렸다. 그나마 함께 놀 수 있는 개가 있어 지루한 걸 참을 수 있었다. 추위 속에 기다린 지 두 시간이 다 되어가자 누군가 차를 몰고 나타났다. 나타난 집주인이 생각보다 무섭게 보였다. 기가 죽었지만, 하던 대로 간절히 도움을 요청했다. 그는 농장 밑으로 작은 집이 하나 있다며 원한다면 거기서 자도 좋다고 했다. 부인은 친절하게 먹을 것은 있냐고 물어봐 줬지만, 괜찮다고 거듭 감사 인사를 드리고 눈으로 덮여있는 아랫집으로 발길을 돌렸다. 다시 하루치 밤을 버티게 된 것에 그저 감사하며 눈밭을 걸었다. 오늘 하루 발걸음에 아무런 미련도 후회도 없었다. 다만 인터뷰에는 조금 아쉬움이 남는 듯했다.
'아, 조금 더 멋지게 말할 수 있었는데.'

Day 50. 또 하나의 선물 [Akureyri]

Akureyri. 오늘의 목적지. 남은 거리 약 33Km. 적지 않은 거리지만, 꾸준히 걸어가면 도착하지 못할 거리는 아니다. 최대한 일찍 출발해 걷는 시간을 벌고 싶었다. 일찍 일어나 간단한 식사를 마치고, 인사를 하기 위해 윗집으로 올라갔다. 사람들은 아직 자는 듯했다. 조금 이른 아침이었다. 소리 내어 한 번 불러 보았지만 돌아오는 대답은 없었다. 아이슬란드의 강한 바람을 견디는 집들이라 방음이 꽤나 잘 되어 있었다, 어쩔 수 없이 기다리기로 했다. 쭈그리고 앉아서 영화를 본 지 1시간쯤 지나자, 잠옷 바람의 주인이 졸린 눈을 비비며 나왔다. 9시 반이지만, 흐린 날씨라 아직 해는 뜨지 않았다. 하룻밤 친절을 베풀어 준 것에 감사하다고 인사를 하자, 가볍게 웃으면서 "No problem"이라고 말할 뿐이었다. 그 말에 한 번 더 고개를 숙였다. 생각해보니 어디서 많이 듣던 말이었다. 어떻게 이곳 사람들은 아무 일도 아니라는 듯 친절을 베풀 수가 있는 건지, 아무리 생각해도 대단하다는 생각밖에 들지 않았다.

출발 시간이 조금 늦어지긴 했지만, 꾸준히 걸어가면 도착하지 못할 시간은 아니었다. 날씨는 끊임없이 변했다. 출발할 때는 어슴푸레 파란 하늘이 보이는가 싶더니 다시 구름이 덮이고, 눈을 뿌리고, 바람이 불고, 지금은 파란 하늘이 희미하게 보인다. 아이슬란드 날씨는 5분마다 변한다더니, 오늘은 정말 그런 것 같다. Akureyri로 가는 길은 험난했다. 지난 이틀 동안 넘어왔던 것보다 더 높고 긴 언덕들이 늘어서 있었다. 하나를 넘으면 또 하나. 몸은 금세 지쳐갔다. 먹을

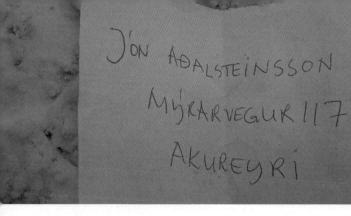

것도 다 떨어져 허기가 졌다. 두고 온 쿠키와 빵이 자꾸 생각났다. 이제 다리에 힘도 들어가지 않았다. 거친 숨소리와 함께 '아 진짜 그만하고 싶다'라는 생각이 반복적으로 들 때쯤 한 대의 차가 내 앞에 섰다. 그렇게 생각하면 안 되는 걸 알면서도 '뭐지 누가 날 태워주려고 그러나? 이제 설명할 힘도 없다' 하면서 지친 몸을 끌고 가까이 다가섰다. 누군가 차에서 내렸다. 힘이 빠져 초점이 흐릿해진 시야에 낯익은 사람이 들어왔다. 구아나 아줌마였다. 단 하루 만난 사람인데 마치 오래전부터 알고 지낸 사람처럼 반갑게 느껴졌다. 남은 온 힘을 다해 환하게 웃었다. 한순간에 피곤함을 잊었다.

"어쩐 일이세요?" 하고 묻자, 나보다 더 환하게 웃었다.
"이거 놔두고 갔더라" 하면서 흔드는 아주머니 손에는 익숙한 봉지가 들려있었다. 어제 아주머니 집에 두고 간 식량 봉지였다. 다리에 힘이 쫙 빠졌다. 믿을 수가 없었다.
"설마 이것 때문에 여기까지 오신 건 아니죠?"
"아니, Akureyri에 볼일이 있어 가는 길에 만날 것 같아서 챙겼어. 그리고 이거 받아."
아주머니는 작은 종이쪽지 한 장을 건넸다. 반으로 접힌 쪽지를 펼쳐보자, 사람 이름과 주소 같은 것이 적혀 있었다. 이건 뭐냐는 얼굴로 쳐다보자, 아주머니는 웃으면서
"Akureyri에 사는 아버지 집 주소야, 말해뒀으니까 찾아가면 아마 반겨 주실 거야."

295

할 말이 없었다. 아니 이럴 때는 어떻게 해야 하는지 배운 적이 없었다. 고맙다는 말밖에 할 수가 없었다. 아주머니는 이제 가봐야 한다며, 차에 올라타고는 마지막 한마디를 더 보탰다.

"아, 빵은 새 걸로 바꿔 뒀어. 빵 상태가 너무 안 좋더라고."

"하아."

아주머니가 떠나고, 눈이 흩어져 있는 차디찬 도로에 털썩 주저앉았다. 뭔가 모르게 마음이 놓였다. 식량 봉지를 열어보니 초코 쿠키 4조각, 초코바 2개가 그대로 있었다. 그리고 찌그러지고 오래되어 어쩌면 상했을지도 모르는 빵 대신에 아주머니가 바꿔놓은 새 식빵 하나가 덩그러니 들어있었다. 맨바닥에 앉아 엉덩이가 차가워지는 줄도 모르고 찬찬히 봉지 속을 들여다보았다. 예전에는 없던 온기도 함께 보태져 있었다. 보통 사람이 보면 쓰레기로 착각할지도 모르는 너덜너덜한 봉지였지만, 나에게는 소중한 것이었다. 곧바로 빵 한 조각에 조각 버터를 덩어리째 발라 한 입 베어 물고는, 쪽지를 다시 펴보았다. 이 낯선 땅에 찾아갈 곳이 생겼다. 그 사실이 얼마나 큰 힘이 되는지 경험해보지 않은 사람은 모를 일이다. 하루에 몇십 Km를 걷는 것보다 힘들었던 건 이 추운 날씨에 잘 곳을 찾아다니는 일이었다. 그런데 적어도 오늘 밤만은 외로운 발걸음 끝에 찾아갈 곳이 생겼다. 나를 기다리는 사람이 생겼다. 몇십 Km가 남았든 걸어 나갈 수 있을 것만 같다. 고마워서 웃고 있는데 눈가가 뜨거웠다. 아직은 포기할 때가 아니었다.

끝날 것 같지 않던 고개도 빵 한 조각을 먹고 오르자, 금방 정상에 다다랐다. 올라온 만큼 길고 긴 내리막이 이어졌고, 그 내리막 끝으로 마치 바다처럼 넓은 호수가 보였다. 정말로 바다였는지도 모르겠다. 그리고 그 호수 너머로, 아직은 닿지 않을 거리에 Akureyri가 보였다. 희망에 가까이 다가가고 있었다. 걸으면 걸을수록 마음은 더 가벼워졌다. 설레는 마음에 방심한 걸까, Akureyri로 건너가는 다리 앞에서 무언가 허전했다. 주머니를 만졌는데, 카메라가 없었다. 도시의 입구였고 이제 퇴근 시간이라 지나다니는 차들이 점점 늘어나고 있었다. 도로 구석 편에 홀로 우두커니 서서 괴성을 질렀다.

"으악."

'마지막 내리막길이구나' 하며 콧노래를 흥얼거리며 내려왔던 길이 이제는 콧김을 사정없이 내뿜게 하는 오르막으로 바뀌어 있었다. 발목과 물집 때문에 절뚝거리며 걷던 몸도 어느새 다 나아있었다. 지금까지 아팠던 것은 아마 다 꾀병인 것 같았다. 몸에 대해 다시 한번 생각하며 그 높은 오르막을 달려갔다. 헐떡이는 숨을 몰아쉬며 내리막을 내려온 시간보다 더 빠르게 오르막에 올라 마지막 사진을 찍은 곳에 도착했다. 작은 눈을 부릅뜨고 카메라를 찾았다.

새하얀 눈 속에 카메라는 외롭게 누워있었다. 작아서 눈 속에 묻혀있던 카메라를 아무도 보지 못했거나, 봤어도 신경을 안 썼던 것 같았다. 아무튼 다행이었다. '아, 다행이다. 다행이야' 속으로 되뇌며 내리막을 내려갔다. 올라올 때 힘을 다 쓴 탓에 다리가 풀려버린 건지, 아니면 몸이 다시 꾀병을 부리는 건지, 절뚝거리며 Akureyri에 다가섰다. 480Km를 히치하이크 했고, 470Km를 걸어 레

이캬비크에서 950Km 떨어진 이곳에 드디어 도착했다. 이제 마지막까지 삼분
의 일이 남았다.

Akureyri에 도착했을 땐 이미 6시가 넘어 날이 어두워지고 있었지만 괜찮았다.
오늘 밤은 잘 곳을 구하기 위해 헤매지 않아도 되기 때문이었다. 게다가 이곳은
도시였다. 해가 지면 암흑 속을 걸어야 하는 시골과 달리, 가로등과 화려한 네온
사인도 있었다. 전혀 불안하지 않았다. 구아나 아주머니가 준 주소대로 찾아간
곳은 마을의 끄트머리에 있었다. 작은 아파트가 몇 채 모여 있는 아파트 단지였
다. 지금까지 주택만 봤던 터라 오랜만에 방문하는 아파트 앞에서 멈춰서야 했
다. 시골에서 방금 상경한 사람처럼 아파트 현관 입구에서 어떻게 해야 할지 몰
라 한참을 머뭇거렸다. 지금까지 아이슬란드에서 본 집은 벨도 없는 집이 많아
그냥 문을 '똑똑똑' 했는데 이곳에서는 비밀번호를 누르거나, 아파트 호수를 눌
러 문을 열어달라고 해야 했다. 우리나라에서 당연히 해왔던 것인데 오랜만에
보니 당황해서 어쩔 줄을 몰랐다. 게다가 아주머니가 적어준 주소에는 아파트
이름까지는 적혀 있는데 호수는 적혀 있지 않았다. 아주머니 전화번호는커녕,
내 전화기에는 심 카드 조차 없었다. 몸과 분리되려는 정신을 단단히 붙잡고 침
착하게 생각했다.
'어떻게 여기까지 왔는데.'

쪽지를 한 번 더 들여다봤다. 주소와 할아버지 이름이 보였다. 다시 호출하는 곳
을 보니 호수가 적힌 숫자 옆으로 이름도 함께 적혀있었다. '됐다!' 할아버지 이

름이 적힌 호수 번호를 누르고 호출했다. 잠시 후 반가운 목소리가 기계음을 타고 넘어왔다.

"이제 도착했어?" 반가운 목소리. 구아나 아주머니였다.

'살았다!'

현관이 열리고 엘리베이터를 타고 올라가자 문 앞에 아주머니가 마중 나와 있었다. 도착하는 걸 보고 가려고 기다렸다고 했다. 도착한 것만으로 기쁜데, 반가운 사람을 다시 만나서 피로가 싹 가셨다. 처음 뵙는 존 할아버지도 같이 저녁을 먹기 위해 기다리고 계셨다. 우리는 함께 카레라이스를 먹었다. 전자레인지에 돌려서 간편하게 먹는 카레라이스와 밥이었는데, 맛이 상당히 괜찮았다. 아마 무엇을 먹어도 맛있을 거라는 생각은 변함이 없었다. 아주머니는 저녁을 먹는 것까지 보고는 자리에서 일어났다. 그리고 테이블에는 또 하나의 선물을 내려놓았다. 또 다른 주소와 이름이 적힌 쪽지였다.

"레이캬비크에 있는 큰딸 주소야. 미리 연락해 놓을 테니까 레이캬비크에 도착하면 한번 찾아가 봐."

아주머니, 할아버지에 이어서 딸까지 3대에 걸쳐 은혜를 입게 생겼다. 어쩔 줄 몰라 바보처럼 멍한 내게 아주머니는 수고했다며 어깨를 두드려 주고는 떠났다.

존 할아버지 집은 시골의 넓은 집과는 다른 전형적인 아파트였다. 방 하나와 창고 하나가 있는 구조였다. 나는 거실 소파에서 자기로 했다. 처음 대면하는 할아버지와 한동안 말없이 TV를 보았다. 할아버지가 날 배려해서 아이슬란드 채널 아닌 영어방송을 틀어 주셨지만, 난 이미 딴 세상을 보고 있었다. 졸음이 등 뒤를 타고 넘어와 눈꺼풀을 짓누르고 있었기 때문이다. 할아버지가 먼저 방에 들어가시고 소파에 누워서 창가를 바라보았다. 창가에는 아직 떼지 않은 크리스마스 장식이 빛나고 있었다. 정신없이 달려온 하루를 되돌아보니 꿈같은 밤이었다.

Day 51. 여행 속의 작은 여행

존 할아버지 나이는 아흔에 가까웠다. 그래서인지 말씀이 많이 느렸다. 예전에는 영어 선생님이셨지만, 나이가 드시면서 영어도 거의 다 잊어버렸다고 하셨다. 단어가 떠오르지 않을 때면 "나이가 문제야" 하시며 자책하셨다. 그래도 함께 대화하는 나에게는 느린 할아버지 말씀도, 기억하지 못하는 단어도 전혀 문제가 되지 않았다. 오히려 쉬지 않고 이어지는 대화보다 슬로우 비디오처럼 느려지거나, 가끔은 쉼표를 찍고 쉬어가는 할아버지와의 대화가 편안했다. 할아버지 말씀이 잘 들리지 않거나, 한동안 떠오르지 않는 단어를 생각하실 때면 나도 함께 할아버지가 지금 무슨 말을 하고 싶으실까 생각하는 시간도 좋았다. 결국 답을 내지 못하고 포기하는 경우도 있었지만, 어떻게든 서로가 소통하는 데는 문제가 없었다. 한쪽은 빠르게, 한쪽은 느리게 서로의 속도를 조금씩 배려해가면 충분했다.

오늘 하루는 천천히 Akureyri를 둘러보기로 했다. 할아버지의 치료사가 집으로 오는 시간에 맞춰 집을 나섰다. 일단은 가벼운 몸으로 둘러보기 위해 수영장으로 먼저 향했다. 여태껏 본 수영장 중에 가장 규모가 컸다. 아마 레이캬비크가 더 크겠지만, 아직 가보지 않았으니 이곳이 가장 큰 곳이었다. 물로 마사지를 받을 수 있어 좋지 않은 어깨와 발목도 풀어 주고, 냉탕과 온탕을 번갈아 가며 지쳐있는 근육을 풀어줬다. 지친 몸이 한 번에 다 괜찮아지지는 않겠지만, 그래도 중간중간 수영장이 있을 때마다 몸을 풀어줬던 것이 큰 도움이 됐다. 목욕하고

좋아하는 돼지국밥 한 그릇을 먹을 수 있다면 소원이 없겠지만, 아직 바랄 수 없는 머나먼 꿈이었다. 대신 마트에 가서 달달한 초코케이크에 시원한 우유 한 잔 마시는 것으로 안타까움을 달랬다. 충분히 행복한 선택이었다.

Akureyri는 아이슬란드 제2의 도시다. 터무니없는 이유일지 몰라도, 고향인 부산도 제2의 도시라 왠지 친근감이 들었다. 우리나라에선 3만 명 정도 사는 도시라고 하면 엄청 작다고 생각하겠지만, 아이슬란드를 돌며 천 명만 넘게 살아도 큰 마을이라 느꼈던 나에게는 어마어마한 문명의 도시에 도착한 기분이었다. 와이파이가 빵빵 터지는 따뜻한 마트 안에 있는 것만으로 눈부신 문명의 혜택을 느낄 수 있었다. 늘 조용하고 평화로운 시골이 좋다고 했지만, 도시가 편리하다는 것은 결코 부정할 수 없는 사실이었다. 시골에는 없는 편리함과 도시에서는 잘 느낄 수 없는 평화로움이 잘 어우러져 있는 도시라 느껴졌다.

목적지를 정하지 않은 채 이리저리 골목길을 둘러보니, 눈 덮인 마을 구석구석에 소소한 아름다움이 숨어 있었다. 그런 아름다움을 찾아다니는 것은 내가 좋아하는 여행 속의 또 다른 묘미였다. 여행 속의 작은 여행. 오랜 시간 함께한 무거운 배낭을 잠시 내려놓고 느끼는 해방감 또한 장기여행자만이 누릴 수 있는 특권이자, 행복이었다. 내일에 대한 걱정은 내려놓은 가방 속에 넣어두었다. 무거운 가방과 걱정 없이는 어디든 갈 수 있을 것만 같았다. 그저 발길 닿는 대로 걸었다. 긴 호흡이 편안하게 이어졌다. 목적지는 없지만, 저녁이면 돌아갈 곳이 있다는 것은 행복한 일이었다. 일상에서는 전혀 생각지도 못한 당연함이 여행

중에는 큰 행복으로 다가온다. 언젠가 여행이 끝나고 일상으로 돌아가더라도, 이런 소소한 일들에 감사하고 감동할 수 있기를 바라본다.

Day 52. 할아버지의 비디오 테이프 [Blönduós]

오늘은 Blönduós까지 가는 날이다. 여기서부터 140Km 떨어진 그곳까지 히치하이크로 갈 계획이었는데, 마지막까지 이 가족에게 도움을 받게 됐다. 헤르만 아저씨가 주말에 체스 대회 때문에 동료들과 레이캬비크로 간다며, 가는 길에 나를 태워 주겠다고 했다. 이 정도면 이제 친절을 넘어서 의리가 아닐까 싶다. 헤르만 아저씨와 점심시간에 맞춰 할아버지 집 앞에서 만나기로 했다. 준비를 마치고 기다리고 있자 할아버지가 마지막 만찬을 준비해주셨다. 삶은 생선 요리에 감자 그리고 버터였다. 아마 대구인 것 같은데, 아이슬란드에 와서 생선이 그냥 삶아서 소금만 뿌려 먹거나, 버터만 발라 먹어도 엄청나게 맛있다는 걸 깨달았다. 어쩌면 너무 배가 고파서거나, 아니면 이곳 생선이 맛있기 때문일 수도 있다. 아이슬란드가 화산과 얼음으로 뒤덮인 토양 때문에 농업은 발달하기 힘든 나라지만, 그 대신에 맛있는 물고기가 사방으로 둘러싸인 섬나라인 것은 정말 다행인 일이다.

생선 요리를 먹으면서 할아버지 신혼여행 비디오테이프를 함께 봤다. 비디오테이프. 정말 오래간만이었다. 어릴 적 좋아하는 비디오가 나오길 기다려 비디오 대여점에 찾아가곤 했지만, 요즘은 인터넷으로 보거나, TV에서 골라 볼 수 있는 편리한 세상이다. 그래서 가끔 이런 아날로그적인 것을 볼 때면 반가운 마음이 든다. 할아버지는 TV를 볼 때면 항상 내가 보고 싶은 것을 보라고 리모컨을 넘기셨지만, 이 비디오테이프를 볼 때는 리모컨을 손에 꼭 쥐고 계셨다. 아마도 꼭 보여주고 싶었던 모양이다. 신혼여행으로 스페인 남부 지방 동물원에 단체

관광을 갔을 때 찍었던 테이프였다. 지금보다 50년도 더 전의 할아버지 모습이 신기하긴 했지만, 할아버지가 그렇게 자랑하신 말하는 앵무새는 기대만큼 신기 하지 않았다. 테이프를 보여주는 동안, 할아버지는 지난 이틀간 본 모습 중에 가 장 즐거워 보였다. 자신의 젊은 시절을 손자뻘인 나에게 보여주며 그 시간을 함 께 공유하는 것이 즐거우신 것 같았다. 그런 모습에서 뭔가 애잔한 느낌도 흘렀 다. 가끔 누군가 찾아오지만, 이곳은 노인들만 수용하는 실버타운 같은 곳이었 다. 늘 혼자 식사하고, 종일 TV를 보다 하루를 마치고 이내 잠드는 것. 누군가의 삶을 주관으로 상상하고 판단하는 것은 옳지 못한 일이지만, 그런 할아버지의 모습이 쓸쓸해 보였다.

구아나 아주머니가 떠나기 전에 전화를 줬다. 이미 다 갚지 못할 은혜를 베푸셨 는데 되레 나에게 할아버지의 친구가 되어줘서 고맙다고 했다. 그저 잠시 동안 나 편하자고 한 일인데, 그렇게 말해주니 부끄러웠다. 단 이틀이었지만 할아버 지가 잠시나마 외롭지 않고, 즐거우셨다면 더할 나위 없이 행복하겠다. 여든다 섯. 적지 않은 나이의 존 할아버지가 오래오래 건강하셔서, 언젠가 다시 만날 기 회가 있다면 좋겠다. 그리고 그때가 온다면 한국에서 온 갈색 눈동자의 젊은이 를 꼭 기억해주셨으면 한다. 약속 시간에 정확히 헤르만 아저씨가 데리러 왔다. 함께 가는 아저씨 동료가 앞에 타고 있었고, 내 옆에는 아저씨의 작은 딸이 타 고 있었다. Blönduós로 가는 짧지 않은 여정에 좋은 말벗이 되어주었다. 정말 가 족 전부에게 도움을 받아 버렸다. 아저씨는 헤어지기 전에 사진을 한 장 같이 찍 자고 했다. 시간이 지나 알게 된 사실이지만, 아저씨가 페이스북에 함께 찍은 사

진과 한국에서 온 젊은이의 무모한 여행을 응원한다는 글을 올려줬다. 끝까지 고마울 따름이었다.

몇 번을 반복해도 다시 혼자가 되는 기분은 적적하다. 적응하기 위해서는 아무 생각을 하지 않는 것이 도움이 된다. 누군가 함께한 추억을 회상하는 것은 늘 힘이 되지만, 그 생각의 끝에서 다시 혼자로 돌아올 때 외로움을 더하기 때문이다. Blönduós에서 숙소를 구하는 것은 예상보다 쉬웠다. 아니 예상보다 운이 따랐다. 아저씨와 작별인사를 나누고 마을 입구에 있는 캠핑장을 찾아갔다. 여느 캠핑장과 다름없이 이곳도 온통 눈으로 덮여있었다. 캠핑장은 사용할 수 없었지만 대신 주인아저씨는 저렴한 가격에 나무 오두막을 내어주었다. 직접 실내를 청소하고 침대 시트를 가는 조건이 있었지만, 그 정도면 감사하고 고마운 조건이라 바로 받아들였다.

헤르만 아저씨 덕분에 140Km를 편안히 왔고, 이제 레이캬비크까지는 약 240Km 남았다. 출국 날짜까지 11일이 남았다. 여기서부터 끝까지는 걸어서 갈 생각이다. 변덕스러운 날씨가 괴롭히지만 않는다면, 그리고 문득문득 그만둬버리고 싶은 마음만 잘 다스린다면 충분히 갈 수 있는 거리다. 무엇보다 가장 걱정스러웠던 북쪽 지역의 끄트머리에 와 있다. 이제부터는 북쪽 끝에서 남쪽으로 내려가는 길이다. 전혀 긴장되지 않는 것은 아니지만, 남은 기간 할 수만 있다면 즐기면서 가고 싶다. 아무리 힘든 시간이라 하더라도, 다시 오지 않을 시간이기도 하기에 매 순간을 끌어안으며 나아가고 싶다.

Day 53. 구조자들

따뜻한 밤이었다. 오두막집이었지만, 보온은 놀라울 정도로 완벽했다. 어제 맘 속에 머물던 약간의 긴장감도 사라졌다. 맑은 하늘 아래 얼굴을 찢을 듯 차갑게 부는 칼바람이 다시 긴장감을 돋게 했지만, 눈비가 오지 않음에 만족해야 했다. 잠시 후 마을을 벗어나자 도로 표지판이 보였다. 확실히 '레이캬비크 243Km' 라고 표시되어 있었다. 분명 가까운 거리는 아니지만, 처음 시작할 때 도저히 끝 이 보이지 않을 것 같았던 레이캬비크가 드디어 보이는 것 같았다. 아침에 간단 한 점심 도시락도 싸서 나왔고, Akureyri에서 먹을 것도 충분히 보충해왔다. 어 깨는 무거웠지만 마음은 든든했다. 먹을 것 걱정이 없다는 건 이제 잘 곳만 해결 하면 된다는 뜻이었다. 한동안 높이 올라가는 고개도 보이지 않고 드문드문 민 가나 폐가가 보여 불안한 마음도 다소 적었다. 어떻게든 괜찮을 것 같았다.

9시 전부터 걷기 시작해 4시 반이 되어갈 무렵 발견한 집으로 도움을 청하러 갔 다. 혹시나 비어있는 소파를 내어주지 않을까 하는 헛된 욕망도 품었지만 갓난 아기가 있는 집이라 그럴 수가 없었다. 주인은 그 대신 조금 떨어진 곳에 있는 폐가 하나를 알려주었다. 덤으로 따뜻한 물도 얻었다. 30분쯤을 더 걸어서 도착 한 폐가는 기대와 달리 문이 꽁꽁 잠겨 있었다. 밤사이 눈비가 올 것 같지는 않 아 바깥에서 캠핑해도 될 것 같았지만, 가까이에 폐농장이 보여 한번 확인해보 았다. 문이 열려있었다. 사용하지 않은 지는 꽤 된 것 같았다. 농장 가득 널려있 는 동물의 흔적도 꽤 오래되어 굳어 있었다. 냄새도 어느 정도 버틸 만했다. 물

론 얼음처럼 차가운 바깥 추위보다는 버틸 만했다는 것이다. 여기저기 지저분하게 쓰레기도 널려 있었지만, 지금은 눈비를 막아줄 천장과 바람을 막아줄 벽이 있는 것만으로 만족할 일이었다.

두 번 고민하지 않고 텐트 칠 준비를 했다. 널려 있는 폐비닐을 바닥에 깔았다. 더러운 맨바닥보다는 깨끗한 느낌이 들고, 쿠션감도 꽤 괜찮았다. 텐트를 다 치자 어김없이 배가 고파졌다. 따뜻한 라면을 끓여 먹어야지 하고 불을 올리려는데, 차가 다가오는 소리가 들렸다. 놀라서 창밖을 바라봤더니 가까이 다가오는 차가 한 대 보였다. 저번에도 그랬지만 특별히 잘못한 것은 없는데 왠지 잘못한 것도 같았다. 몸을 숙인 채 뭘 잘못했고, 잘못하지 않았는지 곰곰이 생각했다. 가까이 오지 않기를 바라면서 변명 아닌 변명을 준비하고 있었다. 나의 바람과 달리 사람들은 내가 있는 쪽으로 점점 다가왔다. 숨어 있을까 생각하다가 이미 텐트도 쳤고 솔직하게 말하는 게 나을 것 같아 문 쪽으로 갔다. 무릎 높이까지 올라가 있는 셔터 아래로 아주머니 한 분이 허리를 숙여 들어 오시다가 그 바로 앞에 서 있던 나를 보고는 화들짝 놀라셨다. 준비했던 변명을 서둘러 내뱉었다. 돌아온 아주머니의 대답은 예상치 못한 말이었다.
"걱정 마. 우리는 널 구조하러 온 거야!"

아주머니는 옆 마을 사람이었다. 트랙터를 몰고 가다가 나를 본 남편에게 내가 이곳으로 들어갔다는 얘기를 전해 들었다고 했다. 그리고 옆에 계신 아저씨는 이곳을 알려준 아기 엄마에게 내가 폐가로 간다는 얘기를 들었단다. 몇 안 되는

마을 사람들끼리 모여서 '이 추운 날 폐가에서 자려는 사람을 어떻게 해야 할까' 하고 회의했고, 결국 나를 구조하기로 했다고 한다. 설명을 다 듣고도 어이가 없어서 잠시 동안 멍청히 서 있었다. 얼이 빠질 수밖에 없었다.

'무슨 놈의 나라가 이렇게도 따뜻하단 말인가? 내가 전생에 이 나라를 구한 것도 아닐 텐데.'

멍청하게 서 있는 나에게 아주머니는 결정타를 날리셨다.

"너만 괜찮다면 우리 집에서 자는 게 어때? 우리 집 꽤 넓은데. 아마 여기보다는 나을걸."

웃음밖에 나오질 않았다. 그렇게 생각지도 못한 구조를 당해 텐트를 급하게 정리하고, 차에 올라탔다. 아주머니 집은 바로 옆 마을에 있었다. 아까 지나가며 혹시 나를 보면 어떻게 하나 하고 생각했는데, 정말로 누군가 봤던 거였다. 어쨌든 지금은 누군가 봐준 게 고마울 따름이었다. 구조되어서 간 시링 아주머니네 집은 크고 깔끔히 정리되어 있어 놀라웠다. 예전에 딸이 지내던 방을 안내해 줬다. 방이 너무 깨끗해서 어디에다 더러운 짐을 놓고, 몸을 눕혀야 할지 곤란할 정도였다. 폐 농장에서 갑자기 이런 깨끗한 집에 오게 됐으니. 마치 꿈을 꾸는 건 아닐까 하는 생각마저 들었다. 최대한 짐을 구석에 쑤셔두고 거실로 나갔다. 아주머니가 기분 좋은 미소를 띠며 "Coffee?"라고 물으셨다. 확실해졌다. 99%도 아니고 100%. 아이슬란드 집에 가면 제일 먼저 하는 인사말.

"Coffee?"

예전에도 커피를 좋아했지만, 이제는 커피를 사랑하게 됐다. 커피 향과 함께 마

시는 분위기마저 좋아졌다. 아주머니와 커피를 마시며 대화를 나누었다. 처음 봤을 때부터 느꼈지만 아주머니는 여유가 넘치고 잔잔한 따뜻함과 뚜렷한 강단도 함께 가진 분이었다. 마음이 편안해졌다.

저녁에는 주말이라 손님이 온다고 했고, 감사하게도 그 손님에 나도 포함된다고 말해 주었다. 손님들을 위한 요리를 준비해야 한다기에 뭔가 도울 일이 없을까 물어봤다.

"도와주면 좋지."

다행히 기분 좋게 소일거리를 주셨다. 나는 고구마 껍질을 벗기고 드레싱 소스를 만들었고, 아주머니는 메인 요리를 준비했다. 아주머니는 요리하면서도 여유 있게 대화를 이어 갔다. 이 나라에 와서 크게 배운 것 중 하나가 이 차분한 대화일 것이다. 서두르지 않고 차분히 말하고, 들을 때는 진중히 귀를 기울인다. 입과 귀로 대화하는 것이 아니라 마음과 마음으로 나누는 대화. 오래도록 잊지 않고 마음에 담아두고 싶다.

요리가 완성될 무렵 아주머니 남편인 스쿨리 아저씨가 돌아왔다. 예상한 대로 멋지고 넉넉한 여유가 흘러넘치는 분이었다. 나를 발견한 고마운 분이기도 했다. 이윽고 초대된 손님들까지 다 모여 식탁에 둘러앉았다. 라면으로 저녁을 때우려 했던 사람 눈앞에 분에 넘치는 초호화 상이 놓여있었다. 말고기 스테이크에 고구마, 감자 구이와 직접 만든 드레싱 소스를 곁들인 야채, 그윽한 향이 일품인 레드와인까지. 무엇보다 좋은 사람들과 함께 웃으며 식사를 할 수 있었다.

정말 꿈같은 순간이었다. 식사를 마치고는 아이슬란드 초콜릿과 와인을 함께 마시며 카드게임을 즐겼다. 눈으로만 둘러싸인 작은 시골 마을에서 주말을 즐기는 그들만의 방법일지도 몰랐다. 서로 다른 방식을 보고 배우는 자체가 삶의 중요한 기술이라 생각해서 카드게임도 함께 했다. 카드게임은 쉽지 않았지만 (게임에는 정말 소질이 없다. 배워도 번번이 까먹는다. 그래서 늘 새롭다)새로운 사람들과 같은 시간을 공유하는 것이 좋았다.

카드게임이 끝나고, 자정이 넘었다. 늦은 시간에도 몇몇 손님이 더 왔다. 새벽까지 대화가 이어졌고 웃음은 끊이지 않았다. 종일 걷고 9시면 잠들던 나였지만 신기하게도 잠이 오지 않았다. 방청객이 되어 알아들을 수 없는 아이슬란드어에 가만히 귀 기울였고, 때론 주인공이 되어 나의 여행기를 들려줬다. 나는 혼자 여행하고 있지만 사람이 있으므로 여행은 더 풍요로워지고, 인생은 더 따뜻해짐을 느낀다.

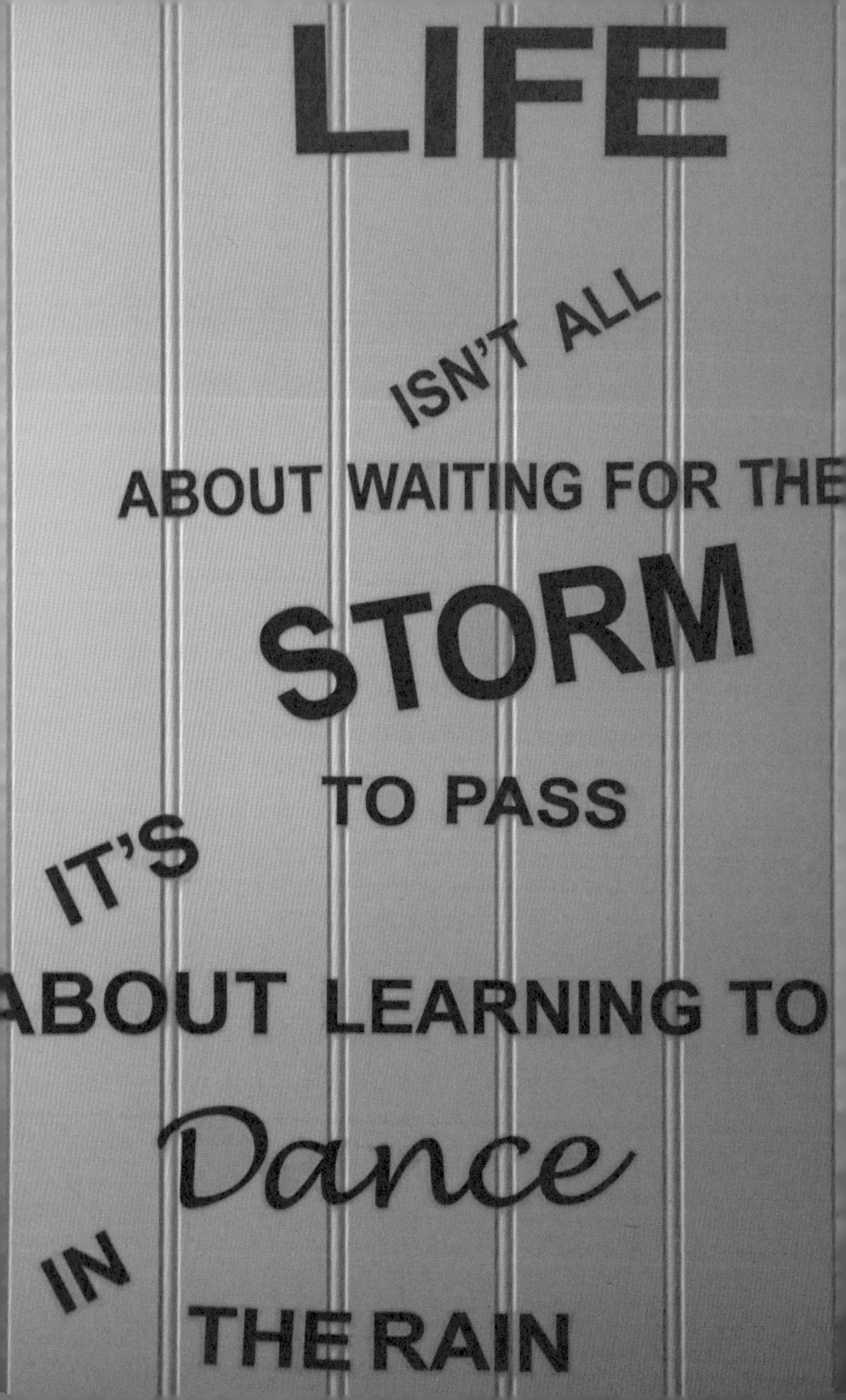

LIFE

ISN'T ALL

ABOUT WAITING FOR THE

STORM

TO PASS

IT'S

ABOUT LEARNING TO

Dance

IN

THE RAIN

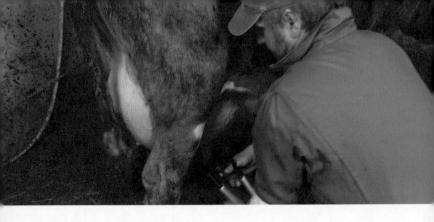

Day 54. 집으로 돌아가는 길.

나아가면서 볼 수 있는 것들이 있고 잠시 멈추어 섰을 때 보이는 것들이 있다. 바로 그것들을 이 순간 바라보고 있다. 평화롭고 행복한 순간이다. 몸도 마음도 아름다운 휴식을 취하고 있다. 새벽 3시가 넘어 잠들어 9시쯤 깨어났다. 냉기로 가득 찬 야외가 아닌 따뜻한 침대 위에서 자서 그런지 잠이 부족하지 않게 느껴졌다. 내일부터 날씨가 다시 험악해진다고 했다. 한시라도 서둘러 나가야 할 것 같았다. 그런데 그냥 이곳이 좋아서 하루 더 있고 싶어졌다. 아직은 여유가 있었다. 시릿 아주머니께 조심스럽게 물어보았다.

"시릿. 저녁에 아저씨 농장 일 도우면서 하루만 더 있어도 될까요?"

"음. 그럼 이건 어때? 나도 이틀 뒤에 레이캬비크까지 가는데 그때 차 타고 나랑 같이 가자. 이제 고생 좀 그만하고. 지금까지 한 것도 정말 대단한 거야!"

아주머니는 농담이라고 하기에는 과하게 달콤한 농담을 아무렇지 않게 했다. 무서운 농담이었다. 살짝 흔들린 것도 사실이지만, 이제 와서 포기할 수는 없었다. 여기까지 왔는데 끝까지 가봐야 후회가 없을 것이다. 내일은 배낭을 다시 쌀 것이다. 그리고 오늘은 잠시 평화로운 순간을 살겠다. 아주머니는 여기서 가끔 자신만의 왕국에 있는 느낌을 받는다고 했다. 이곳에선 가능할 것 같다. 누구 하나 방해하는 사람 없이 자신만의 시간을 보내는 아주머니의 모습에서 그런 느낌을 받을 수 있었다. 예순이 넘은 아주머니는 자신만의 왕국에서 무언가 끊임없이 배우고 있었다. 요즘은 리더십을 배우고 있다고 했다. 늘 새로운 것을 받아

들이고 배우려는 아주머니 모습을 보며 '사람은 나이와 무관하게 꿈을 꾸고, 배움의 끈을 놓지 않을 때 늙지 않는구나' 생각했다. 그런 아주머니가 눈부시게 빛나 보였다.

저녁에는 스쿨리 아저씨를 따라 농장에 갔다. 하롤드 할아버지 집에 머무를 때 소여물을 주고, 물을 준 적은 있지만 이곳은 규모가 달랐다. 소만 50마리가 넘었고, 무엇보다 젖소가 30마리나 돼서 우유를 짜는 것이 이곳에서 가장 중요한 일이었다. 태어나 처음으로 소젖을 짜는 모습을 직접 보았다. 영화로만 봤을 땐 무언가 외설적인 느낌이 들었지만 (어쩌면 그런 걸 기대했는지도 모르겠다) 현실은 훨씬 더 간결했다. 전혀 모르는 내가 보아도 아저씨의 손놀림은 간결했고 숙련된 모습이었다. 아저씨는 예민하지 않은 소를 골라 나에게도 시도해보라고 했다. 예민한 젖소는 주인의 손길이 아니면 격하게 반응하는 경우도 있다고 한다. 예민하다기보다 지조 있는 젖소 같았다. 실제로 아저씨가 농장을 비웠을 때, 잠시 온 사람은 소 뒷발에 차여 갈비뼈가 부러졌다는 무시무시한 얘기도 해주었다. 조금 떨리기도 했지만, 그것은 새로운 경험을 한다는 것에서 오는 걸지도 몰랐다. 떨림을 설렘으로 착각하며 소에게 다가갔다.

아저씨는 소의 이름을 알려줬다. 아저씨는 50마리가 넘는 소에게 직접 이름을 다 지어 주었고 매번 불러주고 있었다. 슬며시 그녀의 이름을 불렀다. 젖을 짜기 전에 먼저 따뜻한 수건으로 조심스레 닦아주면서 안심을 시켜줘야 했다. 그렇게 부드럽게 닦아주고 곧바로 기계를 젖에 딱 맞게 가져다주면 되는 것이었다.

예전처럼 일일이 손으로 젖을 짜지 않는다고 했다. 그러니 순식간에 몇십 마리 소의 젖을 다 짜낼 수 있었다. 소젖을 짜는 일까지도 역시 기술은 깊숙이 들어와 있었다. 하지만 소의 이름을 다정히 불러주며 소젖을 닦아주는 일은 기계가 대신해서 할 수 있는 일이 아니었다. 소젖 짜는 일이 마무리되어갈 때쯤 아저씨가 나에게 입을 벌려보라고 했다. 나도 모르게 '아' 하는 순간이었다. 곧바로 우유가 발사되어 입으로 들어왔다. 살짝 이마를 찌푸렸다. 바로 짜낸 우유는 왠지 비릴 거라 생각했는데 생각보다 고소하고 따끈했다. 맛있다며 엄지손가락을 치켜들자 아저씨가 유쾌하게 웃었다.

소젖을 짜는 일을 마무리한 후에는 여물을 골고루 나누어 주고, 소똥을 깨끗이 치웠다. 농장 일은 생각보다 즐거웠다. 아저씨가 원래 커서 그럴 수도 있겠지만 농장 안에서 왠지 더 커 보였다. 누구든 자기 일에 소명을 가지고 일하는 모습은 멋질 것이다. 아저씨는 자기 일을 사랑하는 분 같았다. 그래서 그런지 아저씨네 농장의 동물은 다 행복해 보였다. 염소 농장까지 일을 마무리하고 나오니, 밖은 이미 깜깜해져 있었다. 집으로 돌아가는 길에 하늘을 올려다보았다. 오로라가 수많은 별과 함께 춤추고 있었다. 그 하늘 아래로 돌아갈 집이 작은 빛을 발하고 있었다. 그 집은 참 따뜻해 보였다. 밖은 이렇게 살을 에듯 춥지만 추운 몸을 녹일 집이 있고 그 집에 사랑하는 가족이 기다리고 있는 것은 행복한 일일 것이다. 아저씨가 따스한 미소를 짓고 계셨다. 집에 가까이 가니, 김이 서린 창문으로 요리하고 있는 아주머니 모습이 흐릿하게 보였다. 오늘 저녁은 나를 위해서 특별히 밥으로 준비했다고 했다. 삶은 양고기에 기름진 카레를 얹은 밥이었다.

나에게도 따스한 미소가 허락된 밤이었다.

밥을 먹으니 곧바로 졸음이 쏟아졌지만 아저씨, 아주머니와 조금 더 시간을 보내고 싶었다. 거실 창밖으로는 오로라가 여전히 하늘을 수놓고 있었다. 아주머니와 창문에 바짝 다가가 붙었다. 창문에 내린 김을 닦아내며 오로라를 바라보는데 밤하늘이 그렇게 아름다울 수가 없었다. 밖에서 사진을 찍는 것도 좋겠지만, 지금은 따뜻한 집 안에서 좋은 사람들과 창문으로 바라보는 것만으로 충분했다. 오로라가 흩어지기 전까지 넋을 놓고 바라봤다. 창문에 댄 이마가 시려왔다.

아저씨가 오늘은 위스키를 한잔하자며, 잔을 돌렸다. 거실에서 함께 위스키를 마시며 영화를 봤다. 마신다기보다 즐긴다는 표현이 옳았다. 한 번에 털어 넣기보다 조금씩 흘려 넣기를 택했다. 향이 유난히 좋은 위스키를 천천히 마시다 보니 몸이 녹아서 사라질 것만 같았다. 나도 모르게 소파에 파묻히듯 그대로 잠이 들었다. 스쿨리 아저씨 집에서의 마지막 하루가 끝나가고 있었다.
달콤한 위스키 한잔 덕분에 시간은 더 빠르게 흘러가는 듯했다.

Day 55. 꿈을 꾸는 편이 좋았다

방을 깨끗이 청소하고 거실로 나왔다. 거실은 이미 향긋한 커피 향으로 가득했
다. 나가야 하는 발길을 끌어 잡는 향이었다. 아주머니는 내일 레이캬비크로 가
는 길 위에서 다시 만나게 될 테니까, 그때도 커피를 챙겨가겠다고 했다. 생각만
으로도 힘이 되는 말이었다. 집을 나서는 등 뒤로 한 번 더 농담이 날아왔다.
"그냥 내일 차 타고 같이 가는 게 어때?"
난 그저 말없이 웃었다. 아침 농장 일을 마치고 돌아온 스쿨리 아저씨께도 인사
를 하고 길 위에 올랐다.

날씨는 거짓말처럼 환상적이었다. 화창하고 또 따뜻해서 걷는데 땀이 다 났다.
하지만 오후가 되자 구름이 낮게 깔리고 추워졌다. 잠시 쉴 때마다 얼은 손을 녹
여가며 주린 배를 채워야 했다. 이제는 거의 두 달이 다 되었으니 적응될 때도
됐는데, 참 적응이 안 되는 변덕스러운 날씨였다. 잘 만한 곳을 찾다 보니, 시간
은 어느새 7시가 다 되었다. 날은 완전히 어둑해져 있었다. 드문드문 있는 가로
등 불빛에 기대 조심스레 걷고 있는데, 보기만 해도 아찔한 덤프트럭이 다가왔
다. 운전하는 아저씨가 뭔가를 건넸다. 야광조끼였다. 밤에 계속 이렇게 걸으면
위험하다며, 이걸 입고 걸으라고 했다. 가방은 길 위에서 만난 사람들의 선물로
조금씩 무거워지고 있다. 하지만 이건 짐이 아니라, 힘이라고 생각했다. 중간중
간 만난 사람들의 배려가 없었다면 아마 여기까지 오지도 못했을 것이다. 앞으
로 더 나아갈 수도 없을 것이다.

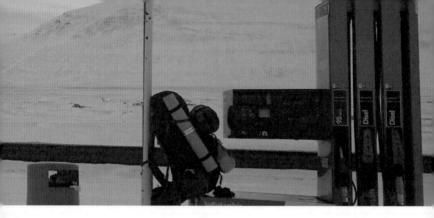

작은 마을로 들어가는 입구에서 작은 폐창고를 발견했다. 창고는 텅 비어있었다. 몸을 숙여 들어가니, 텐트 하나만 칠 수 있는 공간이었다. 지저분한 정도는 전혀 문제 되지 않았지만, 문이 없어 바람은 다 들어올 것 같았다. 그래도 바람이 거세지는 밤, 입구를 제외한 삼면에서 바람을 막아줄 수 있었다. 다행이었다. 건너편으로도 집이 하나 보였다. 폐가는 아닌 것 같았고, 잠시 집을 비운 것처럼 보였다. 좁은 공간 안에서 허리를 숙이고 꾸역꾸역 텐트를 펼쳤다. 겨우 몸 하나 눕힐 공간을 완성했고, 텐트 속으로 들어갔다. 왠지 모르게 마음이 편해졌다.

8시가 넘으니 배가 많이 고팠다. 조심스레 뭔가 먹으려는데, 밖에서 눈 밟는 소리가 들려왔다. 그 소리는 점점 가까워졌다. 나도 모르게 숨을 죽였다. 이제는 본능처럼 반응하게 됐다. 텐트의 작은 틈 사이로 염탐하듯 밖을 내다봤다. 눈 위로 주황색 손전등 불빛이 흔들렸고 조금씩 가까워지고 있었다. 깊은 한숨과 함께 먹을 걸 내려놓고 변명 아닌 변명을 준비했다. 창고 안으로 아저씨 한 분이 허리를 숙이고 들어왔다.
"무슨 일이요?"
"아, 여행 중인데 여기서 하룻밤 자고 갈까 합니다. 괜찮을까요?"
"뭐 마음대로 해요. 그런데 괜찮아요?"
아저씨는 좁은 창고 안을 잠시 두리번거렸다.
"당연히 괜찮습니다!"
아저씨는 말없이 고개만 끄덕였다. 그리고 뒤돌아서서 한마디만 남기고 갔다.
"그런데. 여기 개집인데."

"개?"

살다 살다 개집에 다 자게 되는구나. 어쩐지 털이 많더니만, 그런데 무슨 놈의 개가 송아지만 한가? 이 나라는 개집도 크구나. 개집이라고는 상상도 못 했다. 뭐 개집이든 소집이든 내 몸 하나 누울 곳 있으면 그곳이 천국이다 싶어 몸을 바로 뉘었다. 개집이라. 여행하다 아니 살면서 개집에 자본 사람은 아마 나뿐일 거야. 아무리 생각해도 우스워 히죽히죽 웃음이 났다.

저녁을 다 먹고 누워서 영화를 보는 중이었다. 아까 왔던 아저씨가 다시 찾아왔다.

"자네 말이야. 혹시 돈이 없는가?"

"돈이 없으니까 개집에서 자고 있죠"라고 하려다 그냥 "네"라고만 간단히 대답했다.

"그러면 농장에서 잠시 일해 볼 생각 없나?"

흔들렸던 동공만큼 마음도 세차게 흔들렸다. 그만큼 돈이란 말의 유혹은 강했다.

대답을 바로 못 하자 아저씨는

"한번 잘 생각해보고, 내일 아침에 다시 이야기하지" 하며 돌아갔다.

사람이란 게 꿈을 쫓아 살고 싶지만, 늘 눈앞에 욕심에 흔들리는 존재인가 보다. 아이슬란드를 한 바퀴 여행하는 꿈을 안고 이곳에 왔는데, 눈앞에 던져진 돈이라는 말에 꿈도 까맣게 잊은 채 마음이 흔들렸다. 물가가 비싼 만큼 임금도 비싼

이곳에서 잠시라도 일을 하면 앞으로 편하게 여행할 수 있을 것 같은 마음이 들었다. 더군다나 이곳을 떠나서도 한참을 더 여행을 이어가야 하는 나에게는 참으로 솔깃한 유혹이었다. 하지만 모든 기회를 다 잡을 수는 없었다. 그건 욕심이었다. 그리고 여기서 머뭇거리면 왠지 이번 여행을, 모험을 마무리할 수 없을 것 같았다. 얻는 것이 있으면 잃는 것도 있는 법이었다.

무거운 욕심을 내려놓고 가던 길을 계속 가기로 마음먹었다. 나는 편하고 싶어 여행하는 것이 아니었다. 비록 추위에 떨며 개집에서 자더라도, 지금 이 순간 행복하니까. 힘들어도 하고 싶은 걸 계속하며 꿈을 꾸는 편이 좋았다. 이대로 꿈을 향해 다가가고 싶었다.

Day 56. 더럽게도 아름다운 밤

"타닥타닥."

얇은 판자 지붕을 두드리는 빗소리가 꽤 맑았다. 덕분에 기분 좋은 새벽을 맞이했다. 이곳에 살던 개는 행복했으리란 생각이 들었다. 텐트를 정리하고 나왔더니 앞집 아저씨가 아침 먹고 가라며 찾아왔다. 요거트와 무슬리, 빵과 버터, 이곳 사람들이 즐겨 먹는 아침이지만 나에게는 무척이나 과분한 식사라 감사히 먹었다. 아저씨에게 일을 못 할 것 같다고 얘기했다. 아저씨는 잠시 나를 보면서 고개를 끄덕였다.

"괜찮아. 자네 사정은 다 알고 있네."

'하룻밤 개집에 잔 걸로 사정을 다 파악하신 건가?'

"어떻게 아세요?"

"어젯밤에 봤으니까."

"보셨다니요?"

"자네를 봤다고. TV에서."

"TV요?"

"몰랐나? 어제 저녁 뉴스에 자네가 나왔네."

그러고 보니 인터뷰를 한 지 벌써 일주일이 됐다. '정말로 나왔구나.' 사실 반신반의했는데 나왔다고 하니 기분이 묘했다. 식사를 마치고 일어섰다. 밥 먹는 내내 무뚝뚝하게 있던 아주머니가 가까이 다가왔다. 워낙 표정이 없어 뭔가 잘못했

나 생각했다.

'눈치 없이 밥을 너무 많이 먹었던 걸까?'

그제야 눈치가 보였다.

"저기. 사진 한번 찍어도 될까?"

TV에 나왔다고 찍으려는 건지, 아니면 개집에서 자고 나왔다고 찍으려는 건지 혼란스러웠지만, TV일 거라 믿고 쑥스러운 모습으로 촬영에 임했다.

'진짜 TV에 나왔구나.' 길을 걸어가면서도 여전히 믿기지 않았다. 그 덕에 오전 내내 붕 뜬 기분으로 걸었다. 그런데 그냥 주는 아침이라고, 버터와 우유를 과하게 먹었던 탓인지 갑자기 장이 춤을 추기 시작했다. 지난번 아찔한 경험이 다시 떠올랐다. 3시간을 맹추위 속에 식은땀을 흘리며 걸은 후에야 휴게소 화장실에 다다를 수 있었다. 불상사는 일어나지 않았다. 시원하게 다 쏟아 내자 빠르게 피로가 몰려왔다. 길 위에서 만나기로 한 시링 아주머니도 여태껏 만날 수가 없었다. 혹시 화장실을 갔을 때 지나친 건 아닐까 하는 불안한 생각이 들었다. 피로감은 점차 무게를 더했다.

마침내 눈으로 다 쫓아갈 수 없는 긴 오르막에 마주했다. 레이캬비크로 가는 길의 마지막 산일 것이다. 아마도 마지막 관문. 산을 올라야 한다는 것은 알고 있었다. 마음의 준비도 하고 있었지만, 지쳐있던 터라 용기가 나지 않았다. 오후 2시가 가까웠고, 해가 지기 전에 산을 넘을 수 있을까 하는 생각이 들었다. 산 위에서 밤을 맞이하면 큰일이었다. 산에서 맞이하는 추위는 차원이 다르다는 걸

경험으로 알고 있었다. 좀처럼 용기가 나질 않았다. 산 입구에서 한동안 망설였다. 옆으로 보이는 빈집에서 잠깐 몸을 녹이며 생각해볼까 고민했다. 그냥 오늘은 저곳에서 멈춰버리고 싶었다. 반쯤 포기하고 몸을 옮기려는 찰나에 뒤에서 누군가 "빵" 하고 경적을 울렸다. 아이슬란드에서 경적을 들은 것도 오랜만이었다. 천천히 고개를 돌렸다. 시링 아주머니가 창문을 열고 환하게 웃고 계셨다. 기가 막힌 타이밍이었다. 빈집으로 들어가 버렸다면, 길이 엇갈릴 뻔했다. 만나지 못했다면 어쨌을까? 정말 포기하고 싶은 심정이었는데 그 순간 피로가 싹 가시는 듯했다. 아주머니는 결국 두 번이나 나를 구조했다. 길은 아직 끊어지지 않았다.

"뭘 그렇게 죽을상을 하고 있어? 어서 차에 타."
"저 레이캬비크까지는 걸어가야 해요. 이제 차 안 타요."
누군가 시킨 것은 아니었지만, 그건 나와의 약속이었다. 그래서 더 지키고 싶었다.
"시끄러워. 뒷좌석에 가방 놓고 얼른 타! 나 시간 없어."
할 말이 없었다. 역시 리더십을 배운 분이라 확실히 강했다. 못 이기는 척 차에 탔더니 금방 내려줄 테니까 걱정하지 말라고 했다. 그런 아주머니가 고마워 한마디를 보탰다.
"시링. 나 차 탔다고 아무한테도 말하면 안돼요."
"걱정하지 말고, 어서 이거나 먹어."
아주머니는 보온 물병에 담긴 커피와 직접 싸 온 토스트를 건넸다. 커피도 토스

트도 아직 따끈따끈했다. 이틀 전에 만난 아주머니가 꼭 오래 알고 지낸 사람처럼 친근하게 느껴졌다. 말없이 먹고 있는데 아주머니가 한마디 하셨다.

"너 TV에 나왔더라. 그날 같이 저녁 먹었던 친구들도 다 너 봤다고 전화 왔어. 왜 미리 말 안 해줬어?"

"그냥 쑥스러워서요."

'진짜구나.' 아주머니한테 들으니 왠지 더 실감이 났다. 아주머니는 약속대로 10분 뒤에 날 내려 줬다. 내가 빵과 커피를 깨끗하게 다 먹은 후였고, 정확히 가파른 오르막이 끝나는 지점이었다. 아주머니는 정말 바빠서 그런 것 일 수도 있지만, 걱정이 돼서 그런 것 같았다. 아들 또래인 내가 이 엄동설한에 산속을 걸어가겠다고 하니 마음이 편치 않으셨을 거다.

"그냥 차 타고 가지 않을래?" 농담이 아닌 진담이었다.

"진짜 괜찮아요. 고마워요 시링."

"반드시 조심해서 가야 한다" 하고는 따뜻하게 안아줬다. 어머니 품처럼 따뜻해서 눈물을 참느라고 혼났다. 씩씩하게 마지막 인사를 하고 앞을 향했다. 아주머니는 빠르지 않게 떠났다. 터벅터벅 걸어가는데 마음이 따뜻해져 힘이 넘쳤다. 'No pain, No gain' 고통을 이겨내야만 사람은 강해진다고 생각했는데, 따뜻한 마음으로도 사람은 강해질 수 있었다. 내리막이라서가 아니라, 마음에 품은 따뜻함이 힘이 되어 뜨거운 발걸음을 이어갔다.

아주머니 덕분에 오르막을 쉽게 올라왔지만, 이어지는 하이랜드는 끝이 없었다.

7시가 넘도록 걸었지만, 끝이 보이지 않았다. 산속에서 어둠은 더 급하게 찾아왔다. 결국 산을 다 내려가지 못한 채 설산 한가운데에서 야영해야 했다. 바람을 막아줄 벽도, 냉기를 막아줄 따뜻한 바닥도 없었다. 온통 새하얀 눈과 주위를 감도는 바람뿐이었다. 쉽지 않은 밤이 예감되었다. 그나마 낮게 쌓인 눈 위로 바닥을 다지고 자리를 잡았다. 해가 지면서 기온도 함께 떨어졌다. 손이 얼어붙어 텐트를 치기가 더 어려워졌다. 그나마 바람이 적게 불어 다행이었다. 제발 더 이상 거칠어지지 않기를 바랐다. 얼른 텐트를 치고 라면으로 몸을 녹이고 싶은 생각뿐이었다.

겨우 식사를 마치고, 텐트에 들어가니 예상보다는 춥지 않았다. 아마 그 예상이 엄청났기 때문일 것이다. 그래도 이곳 날씨는 언제 변할지 몰랐다. 부디 바람에 날아가지 않기만을 간절히 빌면서 잠을 청했다. 잠든 이곳에서 다시 눈 뜰 수 있기를. 그대로 푹 잠들 수 있다면 얼마나 좋겠냐만 극한의 추위에 몇 번이나 더 깨어났다. 깨어났을 때는 마신 것도 얼마 없는데 추위에 쪼그라든 방광 덕분에 다시 잠을 수가 없었다. '그냥 자자. 춥다. 그냥 자자' 계속해서 주문을 외워봤지만, 이미 한 번 반응한 몸은 밖으로 나가기를 원했다. 추운 밤에 소변 때문에 밖으로 나가는 일은 참 싫다. 너무 춥다. 소변을 보고 나면 체온이 더 떨어지는 기분마저 든다. 요강이라도 하나 있으면 좋겠다는 생각이 들 정도였다. 결국 투덜거리며 텐트 지퍼를 내렸다. 차가운 신발에 발을 집어넣고 천천히 고개를 들었다. 수만 개의 빛나는 눈이 나를 바라보고 있었다. 나 홀로 온 세상을 마주하고 있었다. 자연스레 혼잣말이 터져 나왔다.

"더럽게 예쁘네."

더럽다는 말과 예쁘다는 말이 어울리는 말은 아니다. 그냥 반사적으로 터져 나온 말이었다. 머리로 생각하고 표현한 언어가 아니었다. 볼일을 마치고 추위도 잊은 채 한동안 넋을 놓고 하늘을 바라봤다. 지금까지 여행하며 많은 순간 실감했지만, 이 순간 확실하게 실감했다. '아, 내가 정말 살아있구나.'

더럽게도 아름다운 밤이었다.

POLU

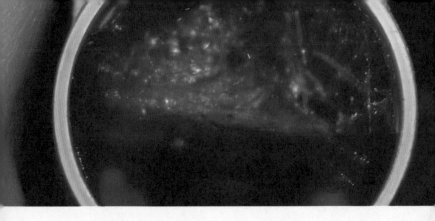

Day 57. 하루만큼 가까워졌다

새벽에 물을 마시려 일어났다. 그러나 단 한 모금의 물도 마실 수 없었다. 물은 머리부터 발끝까지 완전히 얼어 붙어있었다. 혀로 날름거리다 겨우 몇 방울 정도를 적시고 다시 잠들었다. 아침에 끓여 먹어야 할 것 같다. 셀 수 없는 별들이 눈부셨던 밤하늘과는 달리 설원 위에서 맞이한 아침은 썩 낭만적이지 못했다. 어쩌면 자는 동안 북극여우가 다녀갔을지도 모른다는 낭만 대신 차디찬 현실만이 놓여있었다. 물론 햇살이 내린 설원은 아름다웠지만 그걸 바라보는 마음이 아름답지 못했다. 밤새 눈은 오지 않았다. 하지만 기온이 내리고 서리가 내려 텐트 주변이 다 얼어붙었다. 어제저녁 혹시나 텐트 속으로 바람이 스며들까 걱정되어 텐트 주위를 눈으로 꽁꽁 덮어둔 것이 어리석었다. 텐트를 걷으려니 덮어둔 눈이 다 얼어붙어 걷을 수가 없었다. 게다가 텐트 밖에 두고 잔 가방과 신발, 장갑 위에도 다 서리가 내려 있었다. 그들은 밤새 꽁꽁 얼었다. 군대 시절 전투화가 얼까 봐 안고 잤던 걸 기억했으면서도, 내버려 두고 잤던 대가가 크게 돌아왔다. 그런 준비를 다 하기에는 어제 하루가 너무 길었다. 사실 너무 귀찮았다.

결국 얼은 신발을 그대로 신고, 눈밭 위를 총총거리며 뛰었다. 몸도 신발도 쉽게 녹지 않았다. 다음은 얼어있는 눈을 파내 텐트를 꺼내야 했다. 장갑 안의 손이 얼어붙어 5초마다 손을 꺼내 따뜻한 입김을 불었다. 미칠 것 같았다. 방법이 없을까 생각하다 얼은 장갑을 냅다 던졌다. 울 양말을 장갑 대용으로 사용했다. 말

그대로 벙어리장갑이었다. 어차피 발이나 손이나 똑같이 더러우니 상관없었다. 눈을 파내는 것은 쉽지 않았다. 양말을 신은 손으로 눈을 파내는 꼴이 우스웠다. 차츰 마음이 초조해졌다. 젓가락으로 국을 떠먹는 기분이었다. 성질이 났다. 결국 참지 못했다.

"에이씨!" 그만 텐트를 확 잡아당겨 버리고 말았다. 아랫부분이 '쫙' 하고 찢겨져 버렸다. 아, 그제야 텐트를 빌려준 친구가 생각났다. 양말로 머리를 비벼댔다. 뒤늦은 후회가 밀려왔다. 텐트 지지대(폴대)의 연결 부위도 말썽이었다. 연결 틈새가 습기인지, 이슬 때문인지 다 얼어서 뽑아지지가 않았다. 이번에도 성질대로 했다가는 영영 텐트를 쓰지 못할 것 같았다. 어쩔 수 없이 얼은 상태 그대로 뽑아 가방 위에 얹었다. 엉망진창이었다. 나도 가방도 꼴이 말이 아니었다. 엉망진창인 가방에 손에는 장갑 대신 양말이. 몰골은 말이 필요 없을 정도였다. 어떻게든 빨리 눈밭을 벗어나고 싶었다. 걷고 싶었다. 걸으면 열이 날 테고, 이 추위에서 벗어날 수 있을 것 같았다.

해가 떠오르자 생각보다 따뜻해졌고, 몸이 천천히 열을 내며 녹기 시작했다. 걸어가면서 '아, 이제 좀 살 것 같다'라는 말을 연발했다. 하지만 그것도 잠시 깊은 잠을 자지 못해서인지, 누적된 피로 때문인지 금세 지쳐왔다. 오늘은 누군가 등을 밀어줄 사람도 없었다. 혼자 힘으로 계속 나아가야 했다. 고독은 이제 익숙했지만 그리 즐겁지는 않았다. 샤워는 고사하고, 며칠 동안 양치를 못 했더니 입에서 나방이 나올 것만 같았다. 가는 길에 주유소 화장실에 들러 겨우 양치를 했다. 마치 새로운 입과 이를 얻은 기분이었다. 한동안 입을 벌린 채 걸었고, 그 상

쾌함을 동력으로 힘차게 걸어갈 수 있었다. 산에서 내려온 이후에도 작은 언덕을 반복해서 오르내렸고, 눈은 어김없이 주위를 뒤덮고 있었다. 언젠가 이 겨울이, 그리고 이 눈이 그리워지겠지만, 한동안은 그립지 않을 것 같다.

이른 시간부터 걷기 시작했던 터라 걸음을 일찍 멈췄다. 평소보다 조금 빨리 야영 준비를 했다. 언덕 아래로 문을 닫은 산장이 있어 산장 한쪽 벽면에 텐트를 쳤다. 날이 지자 바람이 거칠어지기 시작했다. 추울 것 같았지만, 산중이었던 어제보다는 나을 것 같았다. 배터리가 얼마 남지 않은 전등을 켜고 책을 읽는데 텐트가 삐걱거렸다. 희미한 불빛이 이리저리 흔들렸다. 오늘도 쉽지 않은 밤이 될 거란 걸 알 수 있었다. 한쪽 면이 바람을 막고 있는데도, 나머지 삼면에서 바람이 불어왔다. 바람이 텐트를 잡고 뒤흔들었다. 정말로 날아갈 것만 같았다. 비몽사몽 한 상태에서도 텐트 양쪽 모서리를 팔로 꽉 누른 채 버텼다. 생각 없이 밖에 놓아둔 물건들이 생각났다. 추위에 뇌까지 얼어버린 걸까? 결국 맨발로 뛰쳐나가 전부 다 텐트 안으로 집어넣었다.

겨우 잠이 들었는데 이번에는 "콰앙" 하는 소리에 정신이 번쩍 들었다. 그 순간 번개가 치고 누군가 날 심판하러 온 줄 알았다.
"으아아악."
내 목소리에 내가 놀라 허리를 벌떡 일으켰다. 조심스레 밖을 내다보았다. 바람을 막느라고 세워둔 테이블이 넘어지면서 소리를 낸 것이었다. 안도의 한숨을 쉬고 다시 잠을 청하려 했지만, 놀란 가슴은 쉽게 진정되지 않았다. 거칠어진 바

람도 진정하지 않고 밤새 마음을 흔들었다. 단 한 가지. 마음이 놓이는 사실은 어떻게든 하룻밤 버티고 나면 하루만큼 가까워진다는 사실뿐이었다. 오직 그뿐이었다. 바람이 밤새 슬피 울었다.

Day 58. 자네 뭘 찾고 있나 [Borgarnes]

텐트는 밤새 흔들렸다. 쉼 없이 흔들리는 텐트를 꼭 붙들고 "제발, 제발" 소리만
을 반복했다. 어느 때보다 간절히 아침이 오기를 바랐다. 아침은 가까스로 다가
왔다. 다시 하룻밤을 버텨냈다. 오늘은 Borgarnes로 가는 날, 그리고 레이캬비
크까지는 이제 100Km가 남지 않았다. 화가 난 하늘은 아침이 되어도 쉽게 풀
어지지 않았다. 오히려 점점 험악해지더니, 이윽고 눈물을 뚝뚝 흘리기 시작했
다. 울고 싶은 건 나였다. 걷기 시작한 지 2시간이 지나자 빗방울은 차츰차츰 굵
어졌다. 금세 신발이 다 젖어 질컥거리는 소리를 냈고, 100% 방수라고 한 장갑
에서도 물이 떨어졌다. 장갑을 꼭꼭 쥐어짜며 걸어갔다. 땅은 비와 얼음이 뒤엉
켜 엉망이었다. 어디 편하게 앉아 쉴 곳도 없었다. 비는 몸에 붙어 점점 무거워
져 갔다. 마음도 덩달아 쳐져 갔다.
정말 비가 싫다고 생각했을 때였을까? 비는 조금씩 젖은 눈으로 바뀌었다. 환장
할 노릇이었다. 맞바람과 함께 젖은 눈이 얼굴을 때리며 물어왔다.
"이제 그만 포기할래?"

그럴 수 없었다. 이를 악물고 그럴 수 없다고 되뇌었다. 가끔 지나다니는 차 소
리와 빗소리로 범벅이 된 거리 위에 우뚝 멈춰 섰다. 뱃속에서 뭔가 슬금슬금 복
받쳐 올랐다. 미친 사람처럼 소리를 내질렀다. 하늘을 향해 육두문자를 씹어뱉
었다. 어차피 들을 사람도 없었고, 듣더라도 알아듣지 못할 말들이었다. 속이 한
결 후련해졌다. 다시 발끝만 보고 한 걸음, 한 걸음 앞으로 나아갔다. 눈이 맞바

람과 함께 계속 얼굴을 때려 앞을 내다볼 수도 없었다. 한참을 그렇게 걷고 있는데 누군가 내 앞으로 다가와 있었다.

"이봐, 차 태워줄까?"

깊은 한숨을 내쉰 후 괜찮다고 대답했다. 그 사람은 차로 돌아가 출발하더니, 이내 다시 멈추고는 한 번 더 말을 건넸다.

"그런데 자네 TV에 나온 그 사람 맞지?"

대답 대신 쑥스럽게 고개를 끄덕였다.

"이제 거의 다 왔네. 조금만 더 힘내!"

얼마 남지 않은 레이캬비크가 눈에 보이는 것 같았다. 어쩌면 조금보다는 더 힘을 내야겠지만, 충분히 힘이 되는 말이었다. 심장을 두 번 두드리고, 깊게 숨을 들이마셨다. 다시 걷기 시작했다.

노면이 젖기 시작한 후로 쉴 수가 없었다. 어쩔 수 없이 5시간 동안, 스니커즈 하나로 버티며 걸었다. 정신이 아득해져 왔다. 세상이 까마득했다. 여기가 어디인지 스스로 물어야 할 때쯤, 눈에 보이는 거리에 표지판 하나가 눈에 들어왔다. 'Borgarnes' 오늘의 목적지였다. 두 손을 번쩍 들어 올렸다. Borgarnes는 생각했던 것보다 작은 마을이 아니었다. 숙소를 구하기가 쉽지 않아 보였다. 이미 예약이 다 차버린 곳도 있었고, 가장 저렴하다는 유스호스텔도 나에게는 전혀 저렴하지 않았다. 저번처럼 청소하거나 일을 돕고 저렴한 가격으로 잘 수 있을까 했지만 흥정은 쉽지 않았다. 더 물고 늘어질 에너지도 남아있질 않았다. '역시 쉽지가 않구나' 무거운 가방 때문에 늘어진 어깨를 더 늘어트린 채 걸었다. 길게

이어진 마을 끝까지 남은 숙소가 몇 개 되지 않았다. 그때 호스텔에 두고 온 장갑이 생각났다. 비록 방수는 되지 않지만, 아직 필요한 물건이었다.

무거운 발걸음을 서둘렀다. 반대 방향으로 돌아가고 있는데 누군가 차 창문을 내리고 말을 걸어왔다. 나이가 지긋하신 어르신이었다. 무표정한데 살짝 웃고 계신 것 같기도 했다.

"어이 자네 뭘 찾고 있나?"

"장갑 찾으러 가는데요."

"뭐?" 할아버지가 의도한 질문이 그게 아닌 것 같았다.

"아, 숙소 찾으러 다니는데요."

"그럼 차에 잠깐 타봐."

"네?"

할아버지가 무슨 생각을 하시는지 알 수 없었다. 일단 장갑을 먼저 찾은 뒤, 차에 올라탔다.

"무슨 일이세요?"

"일단 우리 집으로 가. 오늘 밤은 그곳에서 자면 될 거야."

머리 위로 물음표와 느낌표가 번갈아 번쩍였다.

"어떻게?"

"다 알아, TV에서 봤거든."

앞만 보며 운전하시던 할아버지가 돌아보시더니 씨익 웃으셨다. 그제야 상황 파악이 됐다. 잠시 후 차는 할아버지 집 앞에 멈춰 섰다. 할아버지 집이 생각보

다 많이 컸다.

'Borgarnes호텔!?'
할아버지 집은 다름 아니라 호텔이었다. 아마도 이 동네에서 제일 큰 집인 것 같았다.
"들어가지."
황당해서 호텔 앞에 멍청하게 서 있는 내게 말을 건네시고는 먼저 들어가셨다. 할아버지는 프런트에 있는 직원에게 "이 친구 방 하나 줘"라고 하셨다. 그냥 영감님이 아니고 사장님이셨다.
"방에 짐 풀고 차 한잔하러 내려오게."
물에 젖은 생쥐 꼴로 직원을 졸졸 따라갔다. 이상한 창고로 가는 것이 아니라, 진짜 호텔 방을 안내해줬다. 침대가 있고 화장실, 샤워실이 있었다. 무엇보다 따뜻한 방이었다. 지난 며칠간 개집에서, 눈밭에서, 폭풍 속에서 자던 설움이 다 날아가는 것 같았다. 다 젖은 옷과 양말을 라디에이터 위에 널어 두고 며칠 만에 뜨거운 물로 샤워를 했다. 물에서 계란 노른자 냄새가 났다. 화산 지반 밑에서 끓어오르는 유황온천수였다. 오랜간만에 하는 샤워로 몽롱한 기분이 들고 '혹시 벌써 천국에 온 것인가?' 하는 착각까지 들었다. 아니라면 전생에 아이슬란드를 구한 것이 확실했다.

말끔하게 샤워를 하고 내려가니, 페드로 할아버지가 호텔 주방에 앉아 계셨다. 날 보시고는 직원에게 말해 갓 만든 샌드위치와 따끈한 차를 내어주셨다.

"어때? 지금까지 많이 힘들지는 않았나?"

"정말 힘들었습니다" 부터 시작했다. 지금까지의 여행 이야기를 구구절절 할아버지께 들려 드렸다. 주위에는 방을 안내해준 매니저 피엔트루 아저씨와 샌드위치를 만들어준 직원도 함께 있었다. 모두 다 낯선 땅에서 온 젊은이의 여행 이야기를 끝까지 들어 주었다. 왠지 마음이 가라앉았다. 즐거웠던 티타임이 끝나자, 할아버지는 마저 일을 보겠다고 하시고는, 저녁 먹을 때도 주방으로 내려오라고 하셨다. 나를 위한 특별 요리는 없으니까 부담 없이 내려와 직원들과 함께 식사하면 될 거라고 말씀해주셨다.

저녁은 물고기 세트였다. 대구 알, 간, 살, 그리고 머리통까지. 할아버지는 부담없이 먹으라고 하셨지만, 초점 없는 흰자로 무섭게 날 노려보는 머리는 조금 부담스러웠다. 대신 나머지는 넉넉하게 그릇에 담았다. 생선은 아이슬란드식으로 버터를 발라 먹었다. 조금 짜긴 했지만 이렇게 먹는 스타일에 푹 빠져버렸다. 밥을 먹으며 누군가와 함께 이야기를 나눈다는 것도 너무 좋았다. 혼자 먹는 라면이 생각나지 않았다.

식사를 마치고 방으로 돌아가려니, 할아버지가 보여줄 게 있다며 잠시 차에 타보라고 하셨다. 할아버지가 보여주신 건 다름 아닌 Borgarnes 마을이었다. 지금까지 걷기만 했던 내가 마을 구경 같은 건 거의 못 했을 거란 걸 알고 계셨다. 차를 타고 마을 이곳저곳을 보여주시고 설명까지 해주셨다. 심지어 마을 외곽에 있는 작은 공장까지 알려주셨다. 그 따뜻한 배려에 마음속 깊이 감사하지 않을 수 없었다. 어쩌면 그냥 스쳐 지나가는 마을이 될 뻔했는데 오랫동안 기억에 남을 마

346

을이 되었다. 차는 다시 호텔 앞으로 돌아왔다.

"만약 내일 하루 더 있고 싶으면 그렇게 해도 좋아, 얼마든지 편하게 쉬고 가게."
반나절 만에 친근해진 마을을 떠나기가 아쉬워 꼭꼭 눈에 담고 있던 마음을 읽
으신 것 같았다. 이제 70Km 정도 남았다. 남아있는 시간은 충분했다. 할아버지
말씀대로 쉴 수 있을 때 하루 쉬기로 했다. 그렇게 하고 싶었다.

어렵게 시작한 하루가, 제법 느긋하게 저물어 가고 있었다. 거짓말 같은 하루였
다. 어젯밤은 밤새 아침이 오기만을 기도했는데, 내일 아침은 조금 천천히 오는
것도 괜찮을 것 같았다. 다시 창밖에 비가 내리고 있었다.

Day 59. 한 통의 메일

할아버지 덕분에 선물 같은 하루를 평온하게 보냈다. 잠들기 전 한 통의 메일을 확인했다. '추우신데 고생이 많습니다'라는 제목의 메일이었다.

안녕하세요.
한국 사람을 봐도 아는 척을 하는 성격이 아니라… 뭐라 말을 꺼내야 할지 모르겠네요. 그저께 집에서 저녁을 먹다가 뉴스에 나오는 걸 보고 방송국에 일하는 지인한테 연락했네요. 살이 찢어질 듯 춥고 가끔은 사무치게 외로울 텐데 하는 생각에 마음 아프더라고요. 용기 무쌍한 모습이 감동스럽기도 했고요. 그래서 부끄러움을 무릅쓰고 연락을 드리게 되었습니다. 작은 추억이 될는지는 모르겠지만, 레이캬비크에 도착하시면 연락해주세요. 떠나기 전에 밖에서 저녁이라도 가볍게 했으면 하는 바람이에요. 팬 같은 입장이랄까.^^ 부담되시면 마음만 알아주시면 되고요. 이번 주 날씨 비도 많이 오고 난리던데 걱정이 안 되지가 않네요.
앞으로 남은 여정도 응원하겠습니다.
파이팅!!

나도 모르게 한 손에는 휴대폰을 다른 한 손에는 주먹을 꽉 쥐고 있었다. 파이팅! 한동안 휴대폰 속의 메일을 뚫어지게 바라봤다. 다른 어떤 말보다 나의 도전이 누군가에게 감동으로 전해졌다는 말이 큰 울림으로 남았다. 순전히 개인적

인 이유로 시작한 도전이고 여행이다. 그런 여행이 다른 누군가에게 작은 감동이 될 수도 있었다. 지금까지 힘들었던 여정에 나름대로 의미가 더해졌다. 여행은 이제 정말 이틀 아니면 삼일 정도 남았다. 마지막까지 날씨는 변함없이 변덕을 부리고 있지만, 가야 할 길이 앞에 놓여 있다. 아직 걸을 수 있고, 그 길이 정말 얼마 남지 않았다. 천천히 마지막을 준비할 시간이다.

그대로 누운 채 '응원해주셔서 감사합니다'라고 여는 메일을 쓰기 시작했다.

Day 60. 부디 마지막 밤이기를

자정이 넘어 잠자리에 들었지만, 이른 새벽에 자연스레 눈이 떠졌다. 아마도 어 젯밤 버터를 바른 생선을 꽤 많이 먹었던 것 같다. 갈증이 가시질 않았다. 어쨌 든 일찍 일어난 덕분에 느긋하게 짐을 정리할 수 있었다. 여기까지 오면서 사람 들에게 받은 선물로 짐은 더 늘었는데, 이상하게도 가방의 부피는 더 준 듯했다. 패드로 할아버지가 마음껏 먹어도 된다고 한 뷔페식 조식을 먹었다. 날씨 때문 인지 사람이 거의 없어 푸짐하게 먹을 수 있었다. 먼저 버터 바른 식빵에 치즈를 올려 커피와 함께 먹었다. 그다음에 요거트에 시리얼, 계란에 과일, 그리고 마지 막으로 디저트까지 다 먹어 치울 무렵, 옆에서 지켜보고 있던 사람이 물었다.

"와 엄청난 아침이네, 그걸 다 먹어?"

"엄청 많이 걸어야 해서요" 하고 씩 웃으며 답했는데도, 여전히 놀라운 표정으 로 바라본다.

장장 두 시간에 걸친 아침 식사를 마치고 페드로 할아버지께 인사드리러 갔다. 할아버지는 오늘 날씨가 적힌 종이를 내밀고는 웬만하면 하루 더 있다가 출발 하는 게 어떻겠냐고 하셨다. 종이 위에는 Snowstorm(눈 폭풍)과 허리케인이라 는 말이 선명하게 적혀 있었다. 순간 망설여졌고 앞길이 막막해졌다. 몰랐더라 면 그냥 갔겠지만 알고 가려니 두려움이 생겼다. 할아버지는 내 선택에 맡기겠 다고 하셨지만, 아무래도 오늘은 힘들 것 같다는 표정이셨다. 할아버지의 호의 를 뒤로하고 출발을 강행하기로 마음먹었다. 여행 초반이면 가지 않는 쪽을 택

했겠지만, 이제 길어야 3일 남았다. 더 머뭇거리고 싶지 않았다. 이제 그만 이 길었던 여행을 마무리하고 싶었다.

무모한 선택을 후회하는 데 그리 오랜 시간이 걸리지는 않았다. 겨우 Borgarnes 를 벗어나는 다리도 다 지나지 못하고 무릎을 꿇고 말았다. 사방에서 불어대는 바람, 말 그대로 허리케인에 인정사정없이 두드려 맞고 정신 줄을 놓쳐버렸다. 조심스럽게 오늘 걸어온 길을 돌아봤다. 다시 돌아갈까 다리 난간을 붙들고 주저앉아 고민했다. 겨우 1Km 남짓한 거리였다. 지금 돌아가도 늦지 않을 것이다. '나아갈 것인가? 돌아갈 것인가?'
짧은 시간 심각하게 고민했지만, 운명은 나의 등을 앞으로 밀었다. 그대로 앞을 보고 가기로 했다. 후회하지 않으려 '괜찮다, 괜찮다'라는 말을 수없이 내뱉었지만, 후회는 계속 등 뒤에 붙어 함께 걸었다.

몰아치는 바람 때문에 앉아서 쉴 수가 없었다. 6시간 동안 걸으면서 공장 벽에 붙어 숨을 돌린 것을 제외하면 쉬지 않고 걸었다. 뭘 먹을 수도 없었다. 주머니에 초코바를 꺼내 입으로 밀어 넣는 게 고작이었다. 2시간에 걸쳐 먹은 아침도 이미 오래전에 소진되었다. 폭풍 속을 걸은 지 6시간이 지나자, 바람도 조금 숨을 돌렸다. 만신창이가 된 얼굴로 무자비한 하늘을 올려다봤다. 회색빛 구름 사이로 자그마한 파란 조각이 눈에 들어왔다. 희망이 웃고 있었다. 그 작던 조각이 조금씩 회색빛 하늘을 푸르게 물들이기 시작했다. 저렇게 환하게 웃어버리면, 만신창이가 되어버린 마음도 금세 고마운 마음을 품는다. 그런 마음이 무안하게 다시 표정을 바꾼다는 것이 문제이기는 하지만, 잠시라도 파란 하늘을 볼 수 있는 거로 만족했다. 그것만으로 희망은 충분하니까.

마음이 급해졌다. 어느새 어둠이 내려오고 있었다. 다시 바람이 몰아치기 시작하는데도 발걸음은 멈추지 않고 앞을 향하고 있었다. 다행히 누군가 내 등을 붙들었다.

"어이, 지금 어디가?"

뒤돌아보니 차에 타신 아주머니가 날 태워주려고 했다. 걸어간다는 얘기를 듣고는 오늘은 이만 멈추는 게 좋을 것 같다고 했다. 해도 이제 거의 다 졌고, 바람도 더 거칠어질 거라는 이유에서였다. 어떻게 해야 할지 망설여졌다. 계획했던 거리보다 많이 걷지 못했기 때문이었다. 오늘 많이 걷지 못하면 내일 더 많이 걸어야 했다. 미룬다고 누군가 대신 갚아줄 수 있는 이자 같은 것이 아니었다.

망설이는 나에게 아주머니가 솔깃한 제안을 하나 던졌다. 아주머니 집 옆에 쓰지 않는 창고가 하나 있는데, 원한다면 거기서 하루 캠핑을 해도 좋다는 것이었다. 마음은 작은 바람에도 쉽게 흔들렸다. 아주머니 말씀대로 하는 것이 좋을 것 같았다. 왔던 길을 되돌아가야 했지만 멀지 않은 곳이었다. 고맙다는 인사를 하고 집으로 찾아가자, 전화를 받은 아저씨가 창고 문을 열어주었다. 창고바닥에는 물이 젖어있고 천장에서는 빗물이 조금씩 세고 있었다. 먼지가 소복이 쌓인 드럼과 테이블이 있는 걸 보니 예전에 가족들끼리 작은 파티를 즐기던 곳이었던 것 같다. 전기는 들어오지 않아도 작은 촛불이 하나 있었다. 그 정도면 충분했다.

예순 번째 밤. 첫 번째 밤에 봤던 영화를 다시 보며 그때를 떠올렸다. 그날 밤 나는 추위와 고독에 몸서리치며 부모 잃은 아이처럼 흐느껴 울었다. 참 서럽게도 울었다. 그러나 예순 번의 낮과 밤을 보낸 후, 이 영화를 보고 있는 지금은 가볍게 미소를 머금고 있다. '60일 동안 빛과 어둠을, 이곳 사람들의 따뜻함과 이곳의 추위를 오가며 조금이라도 단단해진 걸까?' 그걸 깨닫게 되는 것이 당장 내일이 될지, 아니면 먼 미래가 될지 알 수 없지만, 언제나 그렇듯 여행은 날 깨우고 키웠을 것이라 믿는다. 아무리 생각해봐도 어떤 내일이 다가올지 예상할 수는 없다. 어렵게 내일 밤 레이캬비크에 도착할 모습을 상상해본다. 이제 45Km가 남았다. 결코 짧지 않은 거리, 쉽지 않을 마지막 발걸음, 온 힘을 다해 마무리하는 것만이 남았다.

벌어진 문틈으로 바람 소리가 새어 들어왔다. 밤이 깊어지자 비는 다시 눈으로 바뀌었다. 천장의 녹슨 구멍으로 눈이 비집고 들어왔다. 눈은 소리 없이 흩어졌다. 쌓인 먼지 위로 싸락눈이 조금씩 포개어지고 있었다.

Safetravel warning!

Saturday, March 14, 2016 heavy snowstorm with hurricane like windgusts is expected in more or less all Iceland.

Bad or no travelling conditions in many areas.

Get information from your accommodation staff or the nearest info point and follow their instructions.

Day 61. 괜찮다 아직 끝나지 않았다

"괜찮아?"

괜찮지 않았다. 지나가던 차가 멈춰서 안부를 묻는 것이 오늘만 벌써 서른 번이 다 되어 간다. 휘몰아치는 폭풍 때문이었다. 거대한 배낭을 메고 도로 밖으로 밀려 넘어지고 일어서기를 수없이 반복했다.

"너 정말 괜찮겠어?"

다시 한번 물어온다. 나는 사실 괜찮지 않았다. 하지만 온 힘을 다해 웃으며 거짓말을 했다.

"괜찮습니다"라고. 그렇게 할 수밖에 없었다. 이제 정말 마지막이었다. 그 끝이 눈앞에 아른거리는 것 같았다. 도저히 여기서 포기할 수가 없었다. 모험의 끝은 쉽게 나를 받아주지 않았다.

쉬지 않고, 불어오는 바람 소리에 몇 번이나 잠에서 깨어났다. 아무리 잘 자더라도 차가운 텐트 속에서 일어나면, 몸은 정상이 될 수 없다. 뼈 이음새가 모두 차갑게 굳어 있는 느낌이었다. 계획보다 조금 늦어진 시간에 출발했다. 마음이 급해졌다. 40Km가 넘는 거리를 하루 만에 걸어가야 한다는 압박감도 있었다. 그보다 하룻밤을 알 수 없는 어딘가에서 또 보내야 한다는 게 싫었다. 가능하면 오늘 안에 마지막을 보고 싶었다. 걷기 시작한 지 1시간도 채 되지 않아, 왼쪽 발목에 이상이 왔다. 걸어오면서 계속 안 좋았던 곳이었다. 참을 만하다 싶어 참고 걸어왔는데 이제는 절뚝거리지 않으면 걸을 수가 없었다. 가끔 내가 평발이

라는 걸 잊고 산다. 조금 뒤에는 정해진 순서처럼 어깨가 아프기 시작했다. 마치 바늘로 쑤시는 것처럼 찌릿했다. 온몸이 비명을 지르고 있었다. 폭풍은 멈추지 않고 나를 몰아붙였다.

1시간쯤 걷자 터널이 나왔다. 5Km가 넘는 해저터널이었다. 당연히 사람은 지나 다닐 수 없었고, 몰래 지나갈 수 있는 거리도 아니었다. 터널 앞에 서서 히치하 이크를 시도했고, 태워 주신 분은 레이캬비크까지 가시는 분이었다. 그냥 이대 로 레이캬비크까지 타고 가는 게 어떻겠냐고 물어왔다. 차 안은 따뜻하고 편안 했다. 귀여운 강아지도 한 마리 있었다. 그렇게 하고 싶었다. 하지만 괜찮을 거라 고 생각했다. 정중히 인사드리고 터널 끝에서 내렸다. 문제는 거기서부터였다.

터널은 가운데 흐르는 바다를 사이에 두고 반대편 육지로 연결되었다. 건너편 으로 넘어가면 바람이 적게 불지도 모른다는 일말의 기대감을 안고 있었다. 기 대는 내리자마자 산산이 조각났다. 다시 주워 담을 수도 없을 만큼. 철저한 계산 착오였다. 지금까지 두 달 넘게 걸으며 느꼈던 최악의 바람이 불어왔다. 아무래 도 신은 끝까지 나를 받아줄 생각이 없는 것 같았다. 옆바람이 몰아쳐, 계속해서 도로 바깥쪽으로 미끄러져 넘어졌다. 바람이 반대쪽으로 불었다면, 도로 안쪽으 로 넘어졌을 것이다. 생각만 해도 아찔했다. 그랬다면 바로 포기해야 했을 것이 다. 포기할 수밖에 없었을 것이다.

수없이 많은 사람이 괜찮겠냐고 물어왔다. 심지어 경찰차까지 다가왔다. 그중

누가 한 명이라도, "이건 너무 위험해! 어서 차에 타!" 하고 억지로 차에 태웠다면 못 이기는 척 차에 탔을지도 몰랐다. 하지만 이곳 사람들은 가겠다는 사람의 자유의지를 존중해줬다. 제정신 아닌 사람처럼 계속 넘어지고 일어서며 걸어갔다. 거의 좀비에 가까웠다. 보통 1시간에 4Km 걸어가는데, 1시간 동안 1Km를 채 걸어가지 못했다. 오늘 도착할 거라 생각했던 레이캬비크가 점점 멀어지고 있었다. 이성적으로 생각하면 갈 수 없다는 걸 알고 있었다. 하지만 이미 이성을 잃은 터였다. 그냥 걸었다. 포기하고 싶지 않았다. 끝까지 가고 싶었다.

마을이 하나 보였다. 바로 앞에 가는 것이 그렇게 힘들지 몰랐다. 마치 신기루 같았다. 거의 기다시피 해서 마을에 도착했다. 잠시 숨이라도 돌리고 싶었다. 무엇보다 화장실이 가고 싶었다. 세찬 바람 때문에 몇 시간 동안 소변도 한번 볼 수 없었기 때문이다. 마을 입구에서 제일 먼저 보인 집으로 찾아가 조심스레 문을 두드렸다. 문이 열리자 귀신에게 쫓겨 온 얼굴로 물었다.
"잠시 화장실을 써도 될까요?"
화장실에서 나오자, 향긋한 커피 향이 났다. 아이슬란드는 집마다 커피메이커가 있었다. 이 정도면 시간이 흘러 아이슬란드 꿈을 꾸면 그 꿈속에서 커피 향이 날 수도 있겠다. 아주머니는(사실 누나에 가까웠다) 물에 젖은 생쥐 꼴인 내가 안쓰러웠는지 치즈케이크도 내밀며 먹으라고 했다. 고맙게 먹고 있는데 꼬마 하나가 다가오더니 씨익 웃었다. 이제 막 웃을 기운이 생긴 터라 함께 웃었다. 그런데 이 녀석이 나를 손가락으로 가리키며 엄마에게 말했다.
"엄마 나 이 사람 알아."

그리고는 내가 알아듣지 못하는 아이슬란드말로 둘이서 대화를 나눴다. 잠시
후 웃으며 아주머니가 말했다.

"난 TV를 잘 보는 사람이 아니라서 몰랐는데, 우리 아들은 TV를 엄청 좋아하거
든."

'설마 날 본 거니?' 꼬마를 한 번 더 바라보았다. 아까보다 더 밝게 웃었다.

"널 TV에서 봤대, 신기하다고 웃는 거야."

이런 상황에 있는 내가 더 신기하다고 말해주고 싶었다.

"한번 볼래?"

"뭘요?"

"네가 나왔던 뉴스."

한번 보고 싶었다. TV에 내가 어떻게 나오는지 궁금하기도 했다.

TV에 지난 뉴스를 보는 목록이 있었다. 정확한 날짜를 몰라 뉴스를 뒤적거리는
데 낯익은 얼굴이 나타났다. 엉망진창인 모습이었다. 진짜 내 모습이 맞을까 싶
었지만, 분명 나였다. 어릴 적 '텔레비전에 내가 나왔으면 정말 좋겠네. 정말 좋
겠네' 부르던 동요의 꿈이 이루어지는 순간이었다. 꿈은 이루어지는 순간 더 이
상 꿈이 아니라고 했던가. TV속 모습에 몸이 오글거려 나도 모르게 어깨춤을
추고 있었다. 말도 못하게 쑥스럽기도 했지만, 능청스럽게 인터뷰하는 모습이
나름 대견하기도 했다. 무엇보다 인터뷰 마지막에 했던 말.

"사실 너무 힘들지만, 끝까지 해낼 것입니다"라는 말을 거의 다 지켰기 때문이
다. '거의 다.' 한숨이 나왔다. 창밖으로 잠시 고개를 돌렸다. 여전히 폭풍이 창문

을 흔들고 있었다. '하아' 한숨은 조금 더 짙어졌다. 따뜻한 집에 들어와 이성을
차리고 보니, 도저히 다시 밖으로 나갈 날씨가 아니었다. 제정신이 아니었다.

"다시 나갈 거야? 저렇게 바람이 부는데? 아마 내일은 지나야 폭풍이 지나갈 것
같은데."

마음이 약해지기 시작했다. 아니 가기 싫었다. 지금 출발해도 이 날씨에 오늘 안
으로 레이캬비크까지 가는 건 글렀다. 너무나 간절히 오늘 도착하고 싶었지만,
포기하고 싶은 마음이 더 컸다. 포기하면 편해질 것 같았다. 그래서 그냥 포기했
다. 이미 다 녹아 찌꺼기만 남은 용기를 집어 모아 말을 꺼냈다.

"스바바 나 오늘 여기 차고에서 자고 가면 안 될까?"

스바바는 호탕하게 웃으며 말했다.

"차고는 안 돼. 너무 더러워서 정리하는데 시간이 더 들 테니까, 그냥 여기 거실
에서 자는 게 어때?"

어렵게 한 질문에 쉽게 대답해서 그저 놀랍고 고마울 따름이었다.

바람은 계속해서 창문을 두드렸다. 나를 부르는 듯했지만 듣지 않기로 했다. 오
늘은 여기서 넘어져 포기하더라도, 내일 다시 일어서서 도전하면 되는 것이었
다. 지금까지 수도 없이 넘어지고 일어서며 여기까지 왔다. 딱 한 번만 더 넘어
지자, 그리고 내일 다시 일어서자. 괜찮다, 괜찮다. 아직 끝나지 않았다.

늘어진 등 뒤로 스바바의 목소리가 다가왔다.

"우리 지금 할머니 집에 갈 건데, 같이 가지 않을래?"

스바바 할머니 집은 레이캬비크로 가는 길에 있었다. 차를 타고 10분 정도 달려간 길은 원래 지금쯤 걷고 있어야 할 길이었다. 창밖으로 다른 세상을 바라보듯 화가 나 있는 하늘을 올려다봤다. 성난 하늘은 쉽게 화를 삭이지 못했다. 내일도 쉽지 않을 것 같았다. 이제 비행기를 타기까지 이틀 남았다. 내일 넘어지면 끝이었다. 내일 다음은 내일이 없었다. 마음은 여전히 무거웠다.

스바바의 할머니 집에 도착하고 무거웠던 마음은 조금 가벼워졌다. 잠시 멈춘 이 시간을 즐기고 싶었다. 아름다운 집이었다. 아흔이 넘으신 할머니는 아직도 스스로 집을 꾸미시고 정원을 가꾸시고, 또 끊임없이 무언가를 배우는 데 여념이 없다고 하셨다. 정말로 아흔이라는 나이가 믿기지 않을 만큼 정정해 보이셨다. 역시 꿈꾸는 사람은 늙지 않는 것 같았다. 이곳에는 아이슬란드 가족이 풍기는 여유가 흘러넘쳤다. 할머니의 딸에 손녀까지, 그 손녀에 아이들까지 4대가 모여 행복하고 따뜻한 휴일을 보내고 있었다. 요즘 우리는 명절에도 상상하기 힘들어진 풍경을 이 사람들은 거의 매주 만들어 가고 있다고 했다. 바쁘게 사느라 보지 못하는 것들이 이들의 삶 속에는 따뜻하게 녹아있었다. 그저 그들의 삶을 바라보는 것만으로 행복해졌다. 두 달 동안 힘들게 여행하면서, 조금이나마 차분해진 이유 중 하나는 가까이서 그들의 여유를 함께 느꼈기 때문일 거란 생각이 들었다. 그들의 여유가 참 좋았고, 한편으로는 조금 부럽기도 했다.

4대가 모이니 가족의 수가 엄청났다. 그리고 그중에는 조용히 그들을 바라보는 나를 알아봐 주는 사람도 있었다.

"이야, 여기 TV 스타가 와 있었네!"
너무 부끄러운 말이었지만, 누군가 알아봐 주고 반가워해 주는 사람이 있어서
고마웠다. 덕분에 사람들과 사진도 찍고, 웃음도 나눌 수 있었다. 할머니가 직접
만드셔 기가 막히게 맛있는 와플과 향긋한 커피까지 맛보고 이제 떠나려는데
할머니가 다가오셨다. 절뚝거리는 걸 보셨는지, 발목보호대를 손에 꼭 쥐어주셨
다. 이곳에 와서 외롭고 힘들어서 울고, 따뜻하고 고마워서 울고 이제 남아있는
눈물도 없는 줄만 알았는데 어느새 눈시울이 뜨거워졌다. 이 정도면 누가 울보
라고 놀려도 할 말이 없겠다.

저녁에 거대한 몸집을 가진 스바바의 남편이 거실로 내려왔다. 순간 곰이 내려
오는 줄 알았다. 숙취 때문에 온종일 2층에서 자다가 방금 내려온 거였다. 아저
씨는 아무 말 없이 에어매트를 가지고 내려오더니 직접 바람을 넣어서 침대를
만들어줬다. 거기다가 푹신한 스타워즈 이불과 베개 세트를 가져다줬다. 왠지
오늘 밤 꿈에는 우주에 다녀올 것 같았다. 다들 2층으로 올라가고 홀로 거실에
누워있는데 여전히 엄청난 바람 소리가 귓속으로 파고들었다. 뉴스에서는 거대
한 폭풍이 올라오고 있다고 했다. 정말 겨우내 폭풍 속에 있는 기분이었다. 여전
히 두렵기는 하지만 걱정한다고 내일이 달라지는 것도 아니었다. 아침에 일어
났을 때 바람은 줄어들고, 용기는 늘어나기를 간절히 바랄 뿐이었다.
피곤한 몸이 조금씩 우주 속으로 흘러 들어가고 있었다.

Day 62. 그러나 조금 슬픈

바람 소리에 잠에서 깼다. 우주선에서 몸을 일으켰다. 에어매트는 생각보다 편안하고 기분 좋은 것이었다. 아침으로 먹은 커피와 토스트만으로 충분히 고마웠는데 스바바는 뭔가 부족하지 않을까 더 챙겨주려 했다. 어제 남은 치즈 케이크에 바나나, 사과, 커피는 이미 두 잔이나 마셨는데도 가면서 마시라고 텀블러에 한 잔을 더 챙겨줬다. 계란까지 삶아서 챙겨주려는 걸 겨우 말렸다. 어떻게 이곳 사람들은 이렇게 아낌없이 베풀 수가 있는 건지. 변함없이 거친 날씨와 달리 이곳 사람들은 변함없이 따뜻했다. 어쩌면 조금은 괜찮아졌겠지 하는 희망으로 밖을 나섰는데, 비바람은 여전히 거칠게 몰아치고 있었다. 한숨이 절로 나왔지만 어제보다는 괜찮아진 것 같았다. 하룻밤 사이에 용기는 채워졌고, 몸은 따뜻함으로 충분히 데워져 있었다.

어제 넘어진 자리에서 다시 일어서 레이캬비크를 향해, 마지막을 향해 걷기 시작했다. 바람은 조금씩이지만, 약해지고 있었다. 어제를 기준으로 생각하면 모든 것이 견딜 만했다. 삐걱거리던 발목도 할머니가 주신 보호대가 확실히 잡아주고 있었다. 덕분에 마음도 가벼워졌다. 무엇보다 저 멀리 바다 쪽으로 구름 낀 레이캬비크가 두 눈에 들어왔다. 오늘은 정말로 갈 수 있을 것 같았다. 반드시 도착할 것이다. 지금까지 걸어오며 거의 수천 대가 넘는 차에게 손을 흔들고 인사를 해왔다. 이제는 인사하기도 전에 많은 사람이 나를 먼저 알아보고 인사를 건네주었다. 가끔은 창문 밖으로 고개를 내밀어 응원을 해주기도 했다. 차창 너

머로 보이는 그들의 미소가 오늘도 발걸음에 힘을 실어준다. 발걸음이 점점 가벼워진다. 정말 끝나는 걸까? 무언가 모를 아쉬움까지 든다. 그렇게 끝나기를 바랐는데 그 끝이 눈앞에 와 있는 순간, 아쉬워지려 한다니 아이러니하다는 생각밖에 들지 않는다.

걷기 시작한 지 4시간이 지나자, 어제 왔던 스바바 할머니 집 근처까지 왔다. 할머니께 인사나 드리고 갈까 했는데 어제는 차로 와서 정확한 위치가 기억나질 않았다. 갈림길에서 망설이고 있는데 누가 부르는 소리가 들렸다. 돌아봤더니, 스바바가 차에 타고 있었다. 손가락으로 할머니 집 방향을 가리켰다. 너무나도 절묘한 타이밍에 웃음이 났다. 스바바는 출근길에 할머니 집에서 커피 한잔하기 위해 들렀다고 했다. 집으로 들어가자 어머니가 먼저 커피를 마시고 계셨다. 그렇게 아무렇지 않듯 3대가 모여 커피를 마시고 있었다. 할머니는 내게도 커피를 내어주셨다. 이제는 커피 없이 못 살 것 같다.

레이캬비크 도착하기 전에 들러야 할 곳이 생겼다. 스바바의 헤어숍이었다. 덥수룩한 가발 같은 머리를 여행이 끝나면 어떻게든 하고 싶었는데, 스바바가 일하는 곳이 다름 아닌 헤어숍이었다. 헤어숍은 레이캬비크로 가는 길에 있다며 직접 지도까지 그려서 건네주며 꼭 들렀다 가라고 했다. 종이 위에 도저히 알아볼 수 없는 그림들이 그려져 있었다. '뭐지? 이건 마지막 미션인가?' 하는 생각까지 들었지만 용기를 가지고 찾아가 보기로 했다. 못 그린 그림이었지만, 설명은 정확했다. 신기하게도 그림대로 찾아가니 정말로 스바바의 헤어숍이 나왔다.

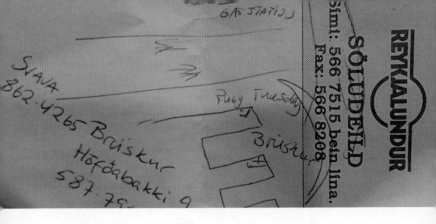

예상보다 좋은 헤어숍이라 놀랐고, 스바바가 사장님이라 더 놀랐다. 누추한 내 모습이 혹시 민폐가 되진 않을까 했는데 반갑게 맞아줘서 고마웠다.

"이제 진짜 끝났네."

"아직 레이캬비크는 조금 남았잖아요."

"아닌데. 우리 가게 레이캬비크에 있는 거야."

그림을 보고 찾느라 몰랐는데 1번 국도가 끝나 있었다. 믿을 수 없어 지도를 꼼꼼히 들여다봤다. 지긋지긋했던 1번 국도가 끝나고 나는 레이캬비크 안에 들어와 있었다. '어쩐지 차가 엄청나게 많고, 건물이 많더라니.' 믿고 싶지 않았다. 기분 좋다기보다 무언가 허무했다. '뭐야? 끝난 거야? 진짜? 도착하면 정들었던 1번 국도에 무릎 꿇은 채 키스라도 하려고 했는데. 아 끝나버렸구나.' 시무룩하게 거울 속 나를 바라보고 있는데, 누군가 알아보고 인사를 건넸다.

"TV에서 봤어요. 이제 끝났나 보네요. 축하드립니다."

"네 감사합니다."

머리를 자르고 있어 살짝 고개를 숙였다.

"그럼 오늘 밤에는 축하파티라도 하는 건가요?"

그런 계획은커녕 생각해본 적도 없었다. 그냥 도착하는 것만 생각했는데, 도착해버렸다. 그 이후는 아직 가본 적 없는 곳이었다. '진짜 축하파티라도 해야 하나?' 잠시 생각했다가 혼자 파티를 할 수도 없어 이내 생각을 접었다. 무엇보다 아직 실감이 나질 않았으니까. 믿을 수가 없었다.

뒷머리를 이미 다 잘랐는데도, 얕게 숙인 고개가 들리지 않았다.

머리를 짧게 자르고 보니 머릿결이 많이 상해 있었다. 게다가 서리가 내린 것처럼 흰머리가 많이 나 있었다. '아 고생을 많이 하긴 했구나.' 그런데 왠지 볼수록 거울 속의 내 모습이 슬퍼 보였다. 이유는 내가 가장 잘 알고 있었다. 나는 지금 그토록 끝나길 바랐던 여행의 끝을 슬퍼하고 있었다. 계산대에 가니 스바바가 당연하다는 듯이 돈을 받지 않았다. 축하 선물이라며 시내에 가서 이 돈으로 마사지나 받으라고 했다. 전생에 이 나라를 구한 것이 아니라면, 현생에 이 나라를 구해야 하는 날이 올지도 모르겠다.

머리를 자르고 구아나 아줌마 딸인 피올라 집으로 향했다. 이미 레이캬비크라는 테두리 안에 들어와 있었기 때문에, 그 테두리의 외각에 위치하는 피올라 집까지 그리 오랜 시간이 걸리지 않았다. 잠잠해진 하늘이 해가 지기 전 다시 비를 뿌렸다. 접어 넣었던 우비를 유유히 꺼내 입으며, 이제 이 정도는 샤워하는 거나 마찬가지야 하는 생각이 들었다. 그리고 꺼내 입은 우비가 무안할 정도로 빠르게 피올라의 집을 찾았다. 이미 도착했다는 것을 알면서 잠시 집 앞을 서성였다. 생각보다 너무 빠르고, 쉽게 도착해서 허무했기 때문이었다. 아마도 좀 더 힘들고 어려운 마지막을 기대했던 것 같다. 더 많이 기쁘고 감격적인 기분을 마지막 순간에 느끼고 싶었다. 조심스레 다가가 벨을 눌렀다. 웬 할머니가 나오셨다.

'어라. 딸이 아니라 할머니였나?'

다시 쪽지를 확인했다. 정문이 아니라 뒷문이었다. 한 집에 문이 두 개 있고, 사

는 사람이 달랐다. 신기한 구조였다. 다시 반대쪽 뒷문으로 가서 벨을 누르자, 다행히 피올라가 나왔다. 누가 봐도 아주머니 딸이었다. 지나가다 봤어도, 혹시 아주머니 딸이 아닐까 생각이 들 정도로 아주머니와 닮았다. 좀 더 들여다보니, 동생을 더 닮은 것 같기도 했다. 무엇보다 닮은 건 따뜻한 마음이었다. 나보다 어린 대학생인데도 어머니 전화만 받고 찾아온 거지 행색을 한 남자를 친절하게 맞아줬다. 내가 온다고 옆방 친구가 하룻밤 방을 비워줘, 그 방에 짐을 내려놓았다. 조금 쉬었다가 함께 버스를 타고 마트에 다녀왔다. 생각해보니 처음 공항에서 공항버스를 탄 후로 처음 타보는 버스였다. 창밖으로 보이는 레이캬비크 모습이 낯설었다. '이제 정말 끝난 거지?' 도시의 불빛이 물어오는 것 같았다. 꿈을 꾸는 기분이 들었다.

저녁엔 고마운 그녀에게 두 달 넘게 아이슬란드 전역을 함께 여행한 간짬뽕을 내어놓았다. 춥고 더 힘들 때 먹으려고 아껴둔 녀석을 끝끝내 먹지 못하고, 마지막 날 밤이 되어서야 먹게 됐다. 이게 뭐라고 두 달 동안이나 그렇게 아끼고 또 아꼈는지. 내가 생각해도 우스웠다. 매운 것을 잘 먹지 못하는 피올라를 위해서 먼저 버터에 양파를 볶은 다음에 면과 소스를 섞고, 마무리로 그 위에 치즈를 한 장 얹었다. 덜 맵고, 부드러운 간짬뽕을 만들었다. 피올라가 맛있어서 그런 건지, 매워서 그런 건지 눈물을 흘리며 먹고 있었다. 부디 맛있어서 흘리는 눈물이기를.

그렇게 처음부터 끝까지 여행을 함께한 녀석이 누군가의 위장으로 흘러 들어가

고 있었다. 동지와의 작별이 생각보다 후련했다. 2.25% 저 알코올 맥주와 피올
라가 만들어 준 달콤한 칵테일을 마셨다. 살짝 오르는 취기와 함께 여행의 끝을
실감하고 싶었다. 창밖으로 아직 잠들지 않은 도시의 조명이 빛을 내고 있었다.
취기 때문인지, 밤안개 때문인지 거리가 조금 부옇게 보였다. 실감이 나지 않았
다. '끝났다, 해냈다'라는 생각보다, 지금은 그저 편안하다는 생각이 들었다.
정말로 끝나버린 걸까?

내일, 처음 시작했던 게스트하우스와 시가지 중심 아니면 공항으로 돌아가면
좀 더 실감이 날지도 모르겠다. 두 날이 넘는 나의 여행 이야기보다 길었던 피올
라의 일상을 듣느라 뒤늦게 잠자리에 들었다. 몸은 피곤했지만, 아무래도 상관
없었다. 내일이면 이제 어디까지 가기 위해 서두르지 않아도, 외롭게 어두운 밤
을 향해 걷지 않아도 된다. 이제 더 이상 추위와 어둠, 그리고 고독과 싸우지 않
아도 된다. 다행이었다. 다행이고 또 다행이었는데 나는 왠지 모르게 슬퍼졌다.

정말로 여행이 끝나버렸다.

Day 63. 너는 나에게 뜨거웠다

새벽녘, 창가에 서서 아직 잠들어 있는 도시를 바라보았다. 밤새 도시를 비추던 불빛과 떠오르는 태양이 역할을 바꿀 시간이 차츰 가까워지고 있었다. 두 달 전 이 시간, 나는 도저히 끝날 것 같지 않은 어둠과의 사투를 벌이고 있었다. 하지만 이제 아침 7시에 뜬 해는 저녁 7시가 넘어서야 저물어간다. 낮과 밤의 시간이 같아진 것이다. 빛과 어둠이 평등하게 하루를 나누고 있었다. 아직도 그 사실이 쉽게 받아들여지지 않는다.

차분하게 아이슬란드에서의 마지막 짐을 쌌다. 마지막으로 싸는 짐이 왜 이렇게 완벽하게 싸지는 것인지, 그동안 정신없이 짐을 싸고 풀고를 반복했던 시간이 이제야 익숙해진 걸지도 모르겠다. 짐 정리를 마무리하고 다시 창밖을 보았다. 어젯밤부터 진하게 뭉쳐있던 먹구름이 조금씩 열어지고 있었다. 그리고 열어진 구름 사이로 파란 하늘이 모습을 드러냈다. 순간 '서둘러 출발해야 해!' 하는 조바심이 났다. 이제 서둘러 출발하지 않아도 괜찮은데, 맑은 날 집안에서 창밖을 바라보는 게 꽤 어색하고 불안한 일이 되어버렸다. 서둘러 나가지 않으면 이 비 온 뒤의 맑은 하늘이, 상쾌한 공기가 금세 날아가 버릴 것 같았기 때문이다.

학교에서 돌아온 피올라에게 작별인사를 했다. 그녀뿐 아니라, 그녀의 가족 모두에게 감사 인사를 간곡히 전하고 집을 나섰다. 먼저 처음 여행을 시작한 게스트하우스로 향했다. 시작한 곳으로 돌아가야 끝을 실감할 수 있을 것 같았다. 돌

아가는 내내 발걸음이 가벼웠다. 걷는다는 게 이렇게 기분 좋은 일인지 몰랐다. 목적지를 향해 급하게 걷지 않아도 되었다. 종종 가는 길을 멈추고 하늘을 올려다봤다. 먹구름 사이로 보이는 파란 하늘은 역시나 기분 좋은 것이었다. 게스트하우스 근처에 다가가자 낯익은 거리가 눈에 들어왔다. 이곳에 처음 왔던 1월과 달리 거리의 눈이 거의 다 녹은 모습이 어색하기는 했지만, 확실히 처음 그곳이 맞았다.

'정말로 돌아왔구나.'

가슴이 조금씩 두근거리기 시작했다.

게스트하우스에 도착해 안을 둘러봤다. 여행을 준비하며 두려움과 설렘으로 복잡했던 기분이 되살아났다. 장 보러 가던 길, 시내로 가던 길을 따라 도시 중심지로 걸어갔다. 확실히 실감이 났다. '그렇구나, 과연 해냈구나.' 정말로 63일 만에 아이슬란드를 한 바퀴 돌아 이곳으로 다시 왔구나. 왠지 모를 뿌듯함으로 가슴이 벅차올랐다. 나는 나에게 박수를 보냈다. 길을 몰라도 전혀 당황스럽지 않았다. 나라 전체를 돌아본 내가, 도시에서 길을 잃을 리는 없었다. 여유롭게 간다면 어디든 갈 수 있었다. 여행하는 동안 온몸으로 배운 사실이었다.

공항으로 떠나기 전, 메일을 주신 한국 분을 만났다. 그분은 한국에서 살았던 시간과 아이슬란드에서 보낸 시간이 거의 같았고, 아이슬란드 국적으로 바꾼 분이었지만, 내게는 한국 분이었다. 밥을 먹는 내내 행복했다. 맛은 중요하지 않았다. 어차피 뭘 먹어도 맛있을 테니까. 하고 싶던 모험을 끝내고, 다시 이곳으로 돌아

와 밥을 먹는다는 자체가 믿기지 않을 만큼 기분 좋았다. 무엇보다 누군가 나의 이야기를 들어주고, 진심으로 공감해 주고 있었다. 너무나 고마운 일이었다. "한국에 돌아가 아이슬란드를 모르는 사람에게 이곳 이야기를 해줘도 공감해 줄 수 없을 거예요. 난 여기서 반평생을 살아 이곳을 정말 잘 알잖아요. 그래서 여행을 하면서 얼마나 고생했을지 상상할 수 있었고, 그 힘들었던 이야기를 꼭 들어주고 싶었어요."

정말로 그랬다. 돌아가서 친구들에게 아무리 이야기하더라도, 그건 군대 다녀오지 않은 사람에게 하는 군대 이야기와 같을 것이다. 어쩌면 "생각보다 안 춥다던데?" 하는 대답이 돌아올지도 모르겠다. 그래서 더 고마웠다. 누군가에게 하고 싶던 이야기들, 누군가 들어줬으면 했던 이야기를 이곳을 떠나는 날 밤 그것도 모국어로 마음껏 쏟아낼 수 있어서 행복했다. 꿈같은 시간이 다시 살아나고 있었다.

떠나는 마지막 순간까지 비가 내렸다. 비만 보면 울렁거렸던 마음이 지금은 조금 서글펐다. 가는 비가 크고 두꺼운 창문을 두드리고는 눈물처럼 흘러내렸다. 습기와 빗방울로 창문이 얼룩져갔다.

비행기가 이륙했다.

조금은 느리게 이별하고 싶었는데, 참 빠르게도 구름 속으로 빨려 올라갔다. 역

시나 구름 위로 올라가니 비구름으로 덮인 아이슬란드가 보이지 않았다. 아무리 뚫어지게 보아도 보이지 않았다. 왠지 모르게 가슴이 저렸다. 하늘 위에서 조금이라도 더 바라보고 싶었다. 다시 한번 돌아보고 싶었다. 내가 만난 아이슬란드를, 그리고 지난 63일을. 마법 같은 만남과 순간들의 연속이었다.

정말로 고마웠다, 말하고 싶었다.

눈과 얼음뿐인 이곳에서 참으로 뜨거웠다, 말하고 싶었다.

아이슬란드 '너는 나에게 뜨거웠다' 그리고,

'너로 인해 나도 이제 뜨거워졌다' 말하고 싶었다.

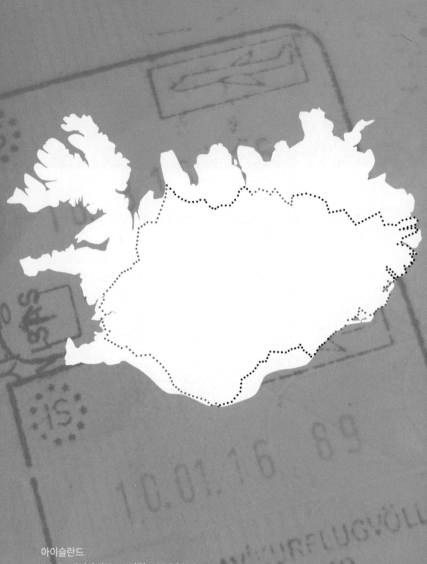

아이슬란드
- 수도: 레이캬비크   · 면적: 103,000㎢
- 인구: 313,183명   · 언어: 아이슬란드어
- 이동 거리: 도보 710Km 히치하이크 676Km(총 1386Km)
- 체류 기간: 67일(2016년 1월 10일~3월 16일)

••••• 히치하이크
••••• 도보

기체는 빠르게 한 층 위의 구름을 통과했고,
그보다 조금 느리게 눈꺼풀이 눈을 완전히 덮었다.
구름 아래로 거대한 얼음의 나라가 조금씩 작아지고 있을 것이다.

이윽고 기내는 어두워졌다.
나는 그대로 눈을 감은 채 새로운 꿈을 꾸기 시작했다.

아이슬란드 너는 나에게 뜨거웠다

1판 1쇄 발행   2018년 8월 10일

지은이   박종성
발행인   이상영
편집장   서상민
편집인   채지선
디자인   서상민, 오윤하
마케팅   정혜리
펴낸곳   디자인이음
등록일   2009년 2월 4일 : 제 300-2009-10호
주소   서울시 종로구 자하문로24길 24
전화   02-723-2556
이메일   designeum@naver.com
인스타그램   instagram.com/design_eum

값 15,000원
ISBN 979-11-88694-27-3 13980